梭编蕾丝完全技法 A-Z

[日]山中惠 [日]绫（aYa）/著
虎耳草咩咩/译

中国纺织出版社有限公司

CONTENTS 目录

基础花片A-Z

改编的基础花片

将改编花片制作成饰品

梭编蕾丝基础知识

基础花片
制作方法

技法索引

梭编蕾丝

制作成饰品

连接方法

加入珠子

使用丝带、鱼线

遇到困扰时的处理方法

基础花片 A - Z

将梭编蕾丝的基础花片
以字母为序排列，由 A 至 Z 逐渐添加技法，共介绍了 26 种花片。

花样 A

花样 B

花样 C

梭编蕾丝首先需要掌握的三个技法分别是
A环、B耳和C用耳尺制作耳。均使用一个梭编器来制作。

制作方法… A→p.38 B→p.44 C→p.46

以第4页中的A-C为基础，加入了“接耳”的技法，制作了D-G。
H-K则进一步讲解了将环连接成圆的方法。

制作方法… D→p.52 E→p.54 F→p.56 G→p.58 H→p.61 I→p.65 J→p.68 K→p.70

花样 D

花样 E

花样 F

花样 G

花样 H

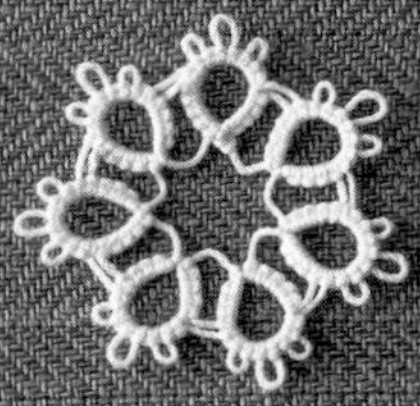

花样 I

花样 J

花样 K

此页花样加入了“桥”的技法。

L–N为桥的初级，O–R则是“桥＋连接成圆”的技法。

制作方法… L→p.72　M→p.76　N→p.78　O→p.80　P→p.82　Q→p.85　R→p.87

花样 L

花样 M

花样 N

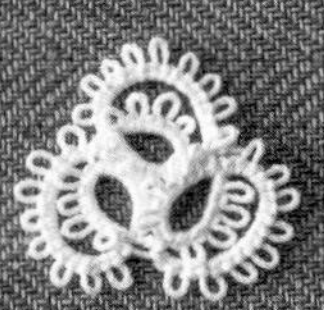

花样 O

花样 P

花样 Q

花样 R

S–V是制作第1行后断线，续新线制作下一行。
W–Z是使用两个梭编器制作。
待熟练掌握目前所介绍的花片后再正式开始梭编蕾丝作品吧。
制作方法… S→p.90 T→p.92 U→p.94 V→p.97 W→p.100 X→p.103 Y→p.106 Z→p.109

花样 S

花样 T

花样 U

花样 V

花样 W

花样 X

花样 Y

花样 Z

改编的基础花片

在制作时或变换线材，如用细线、粗线、金属线、丝带和鱼线等制作，或加入珠子、亮片等装饰，让我们一起感受改编的乐趣吧。一些花片也有改变针数的情况，但制作方法均相同。

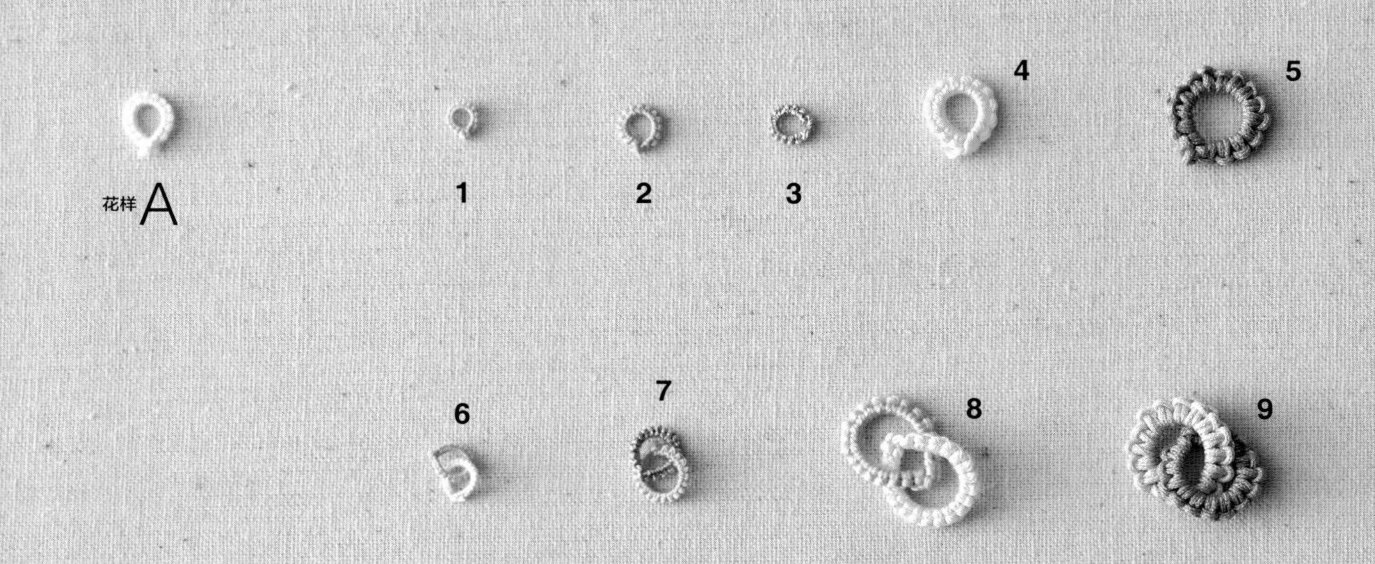

A-6 ～ 9是在制作第2个环时，穿入第1个环的中心来制作。
B-4 ～ 6是在耳处加入了亮片。

制作方法… A-1～9→p.42　B-1～6→p.44

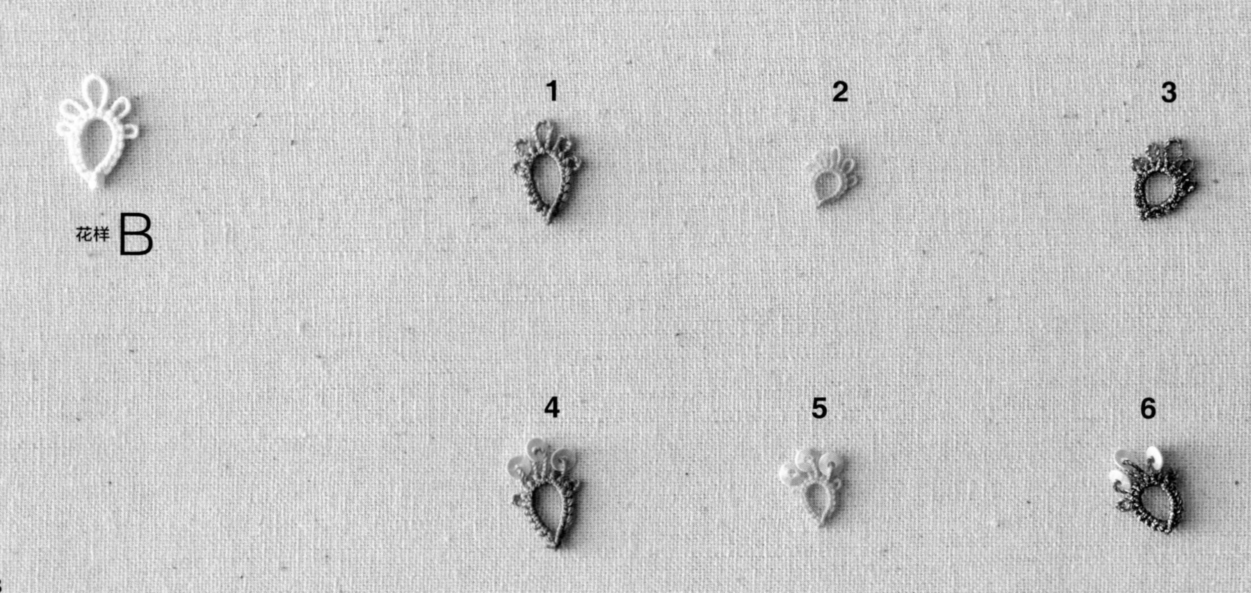

运用丝带、鱼线、珠子、亮片呈现丰富多彩的花片。

制作方法… p.47

花样 C

1

3

2

5

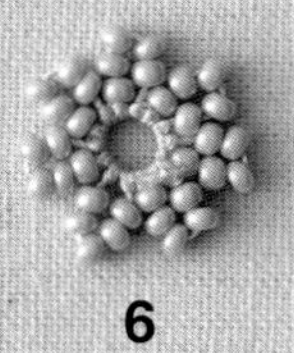

6

4

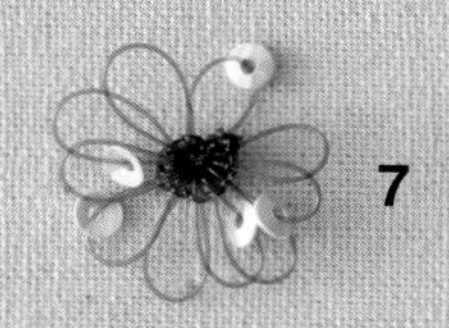

7

D为使用不同的线材制作，E为将环作成2圈和3圈两种款式，F和G为加入天然石或珠子制作。

制作方法… D-1～4→p.53 E-1～6→p.54 F-1～3→p.57 G-1～3→p.59

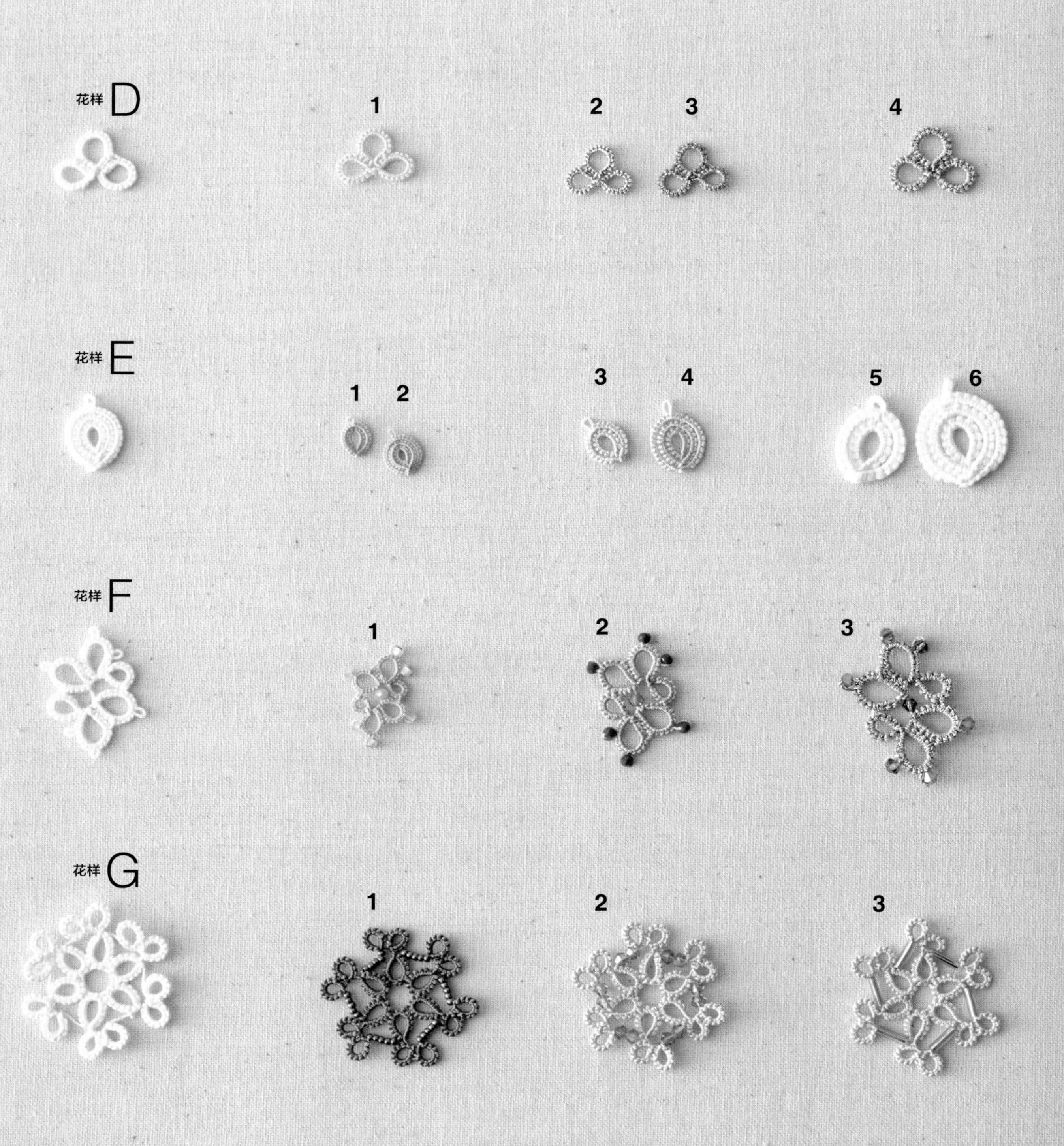

H-1是换成了金属线制作，其他是加入了珠子或天然石。

制作方法… H-1～3→p.62 I-1～5→p.66

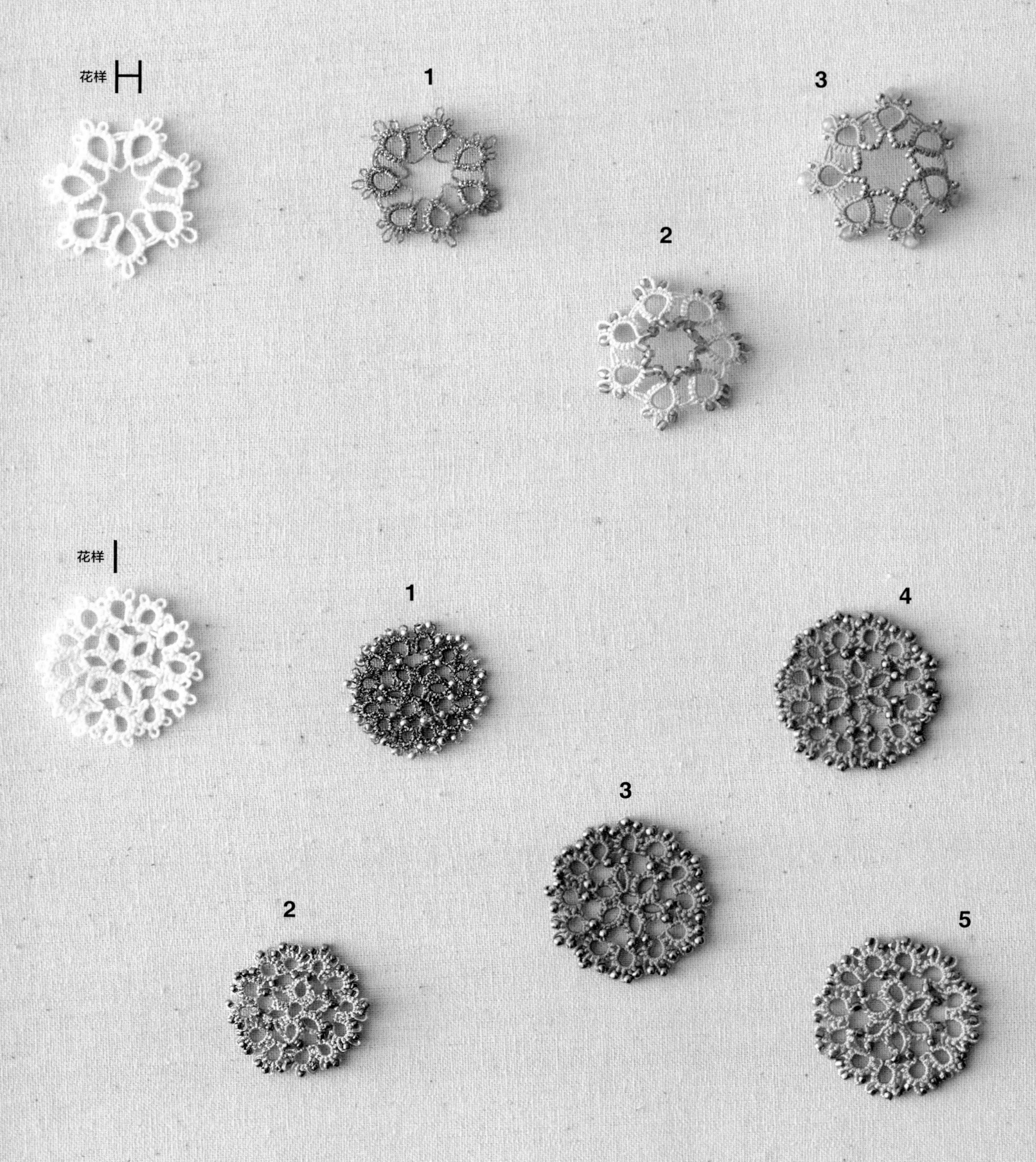

J的亮点在于制作时加入了满满的珠子，而K-2的亮点在于中心处加入的少量珠子，L为通过不同的线来呈现不同的效果。

制作方法… J-1～4→p.69 K-1、2→p.71 L-1～4→p.73

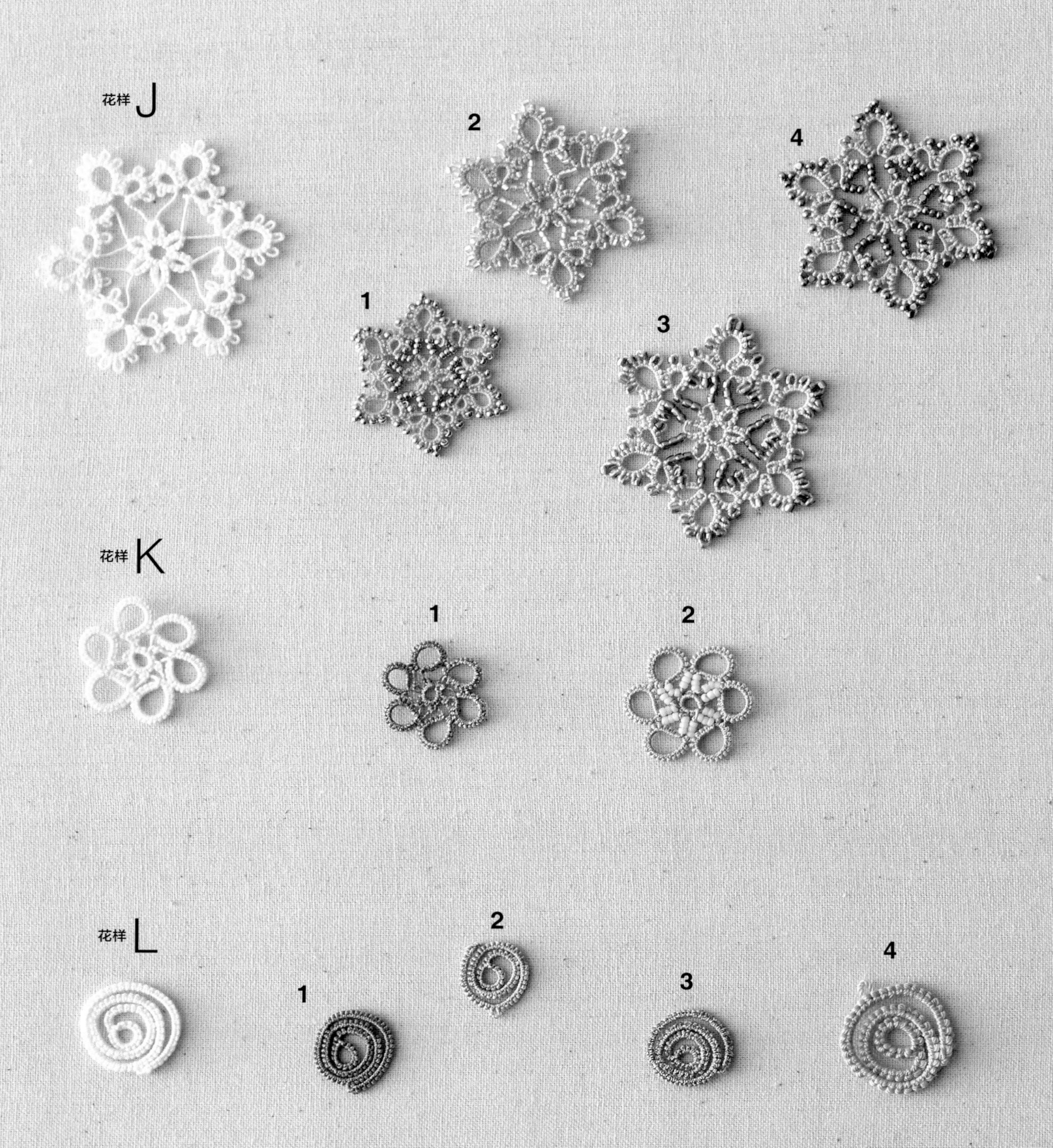

N-2是加入了珠子，O-3是加入了天然石，其他为变换线材制作。N-2、3是将N放大2倍制作的。

制作方法… M-1～4→p.77　N-1～3→p.78　O-1～3→p.81

P-2、P-3、Q-3和R-4加入了天然石或珠子。虽然P-2和P-3加入珠子的位置相同，但P-3的部分位置使用了天然石。

制作方法… P-1～3→p.83 Q-1～3→p.86 R-1～4→p.89

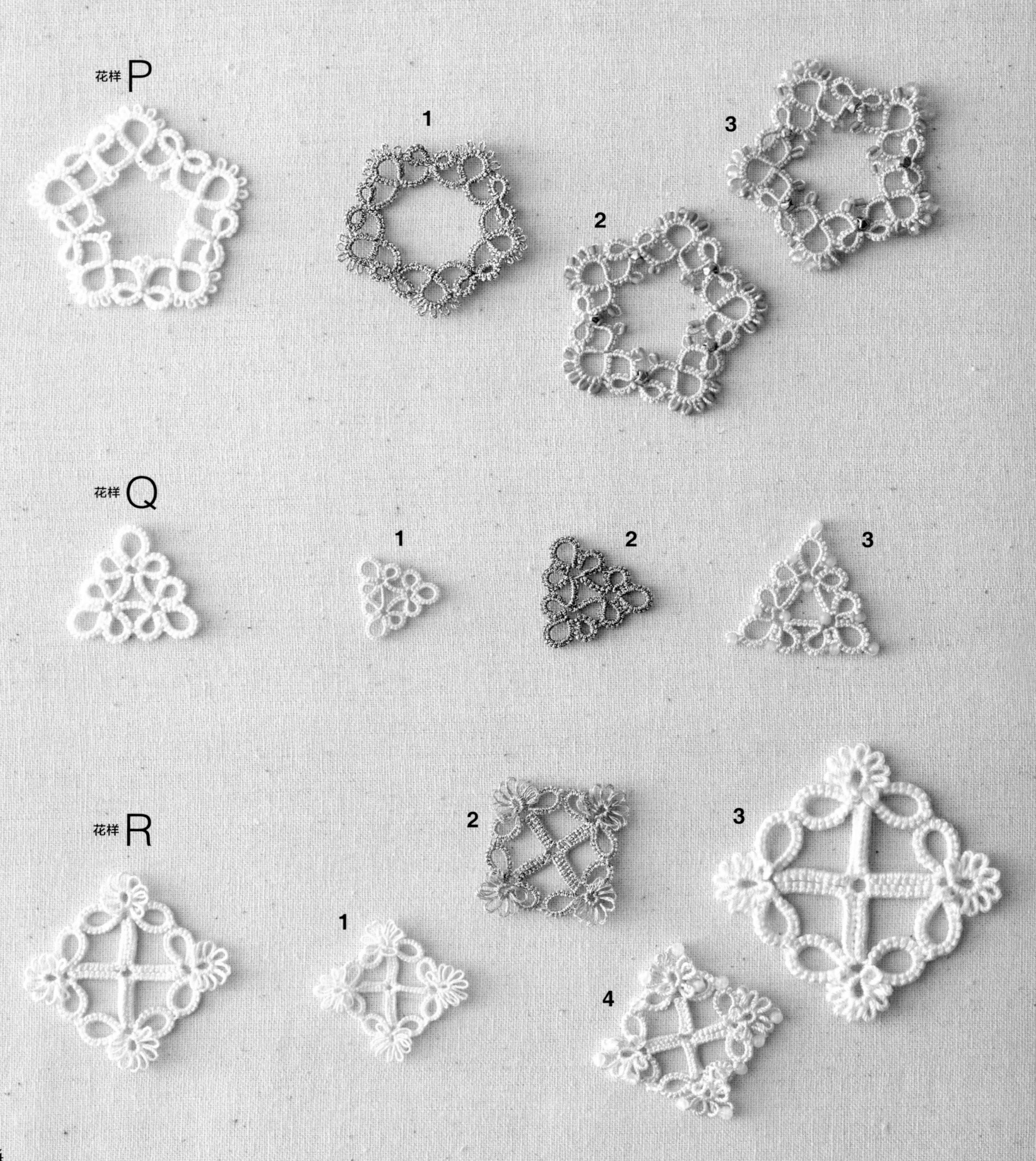

制作时变换花片内外侧线的颜色，混搭配色十分有趣。
建议加入和线材相同色系的珠子或天然石。

制作方法… S-1、2→p.91　T-1～3→p.93　U-1～3→p.95

V为用1个梭编器制作、W为用2个梭编器制作。作品的不同部分均可换色制作，因此待到熟练掌握梭编蕾丝后，尝试使用双色线进行制作吧。

制作方法… V-1～3→p.98　W-1～4→p.101

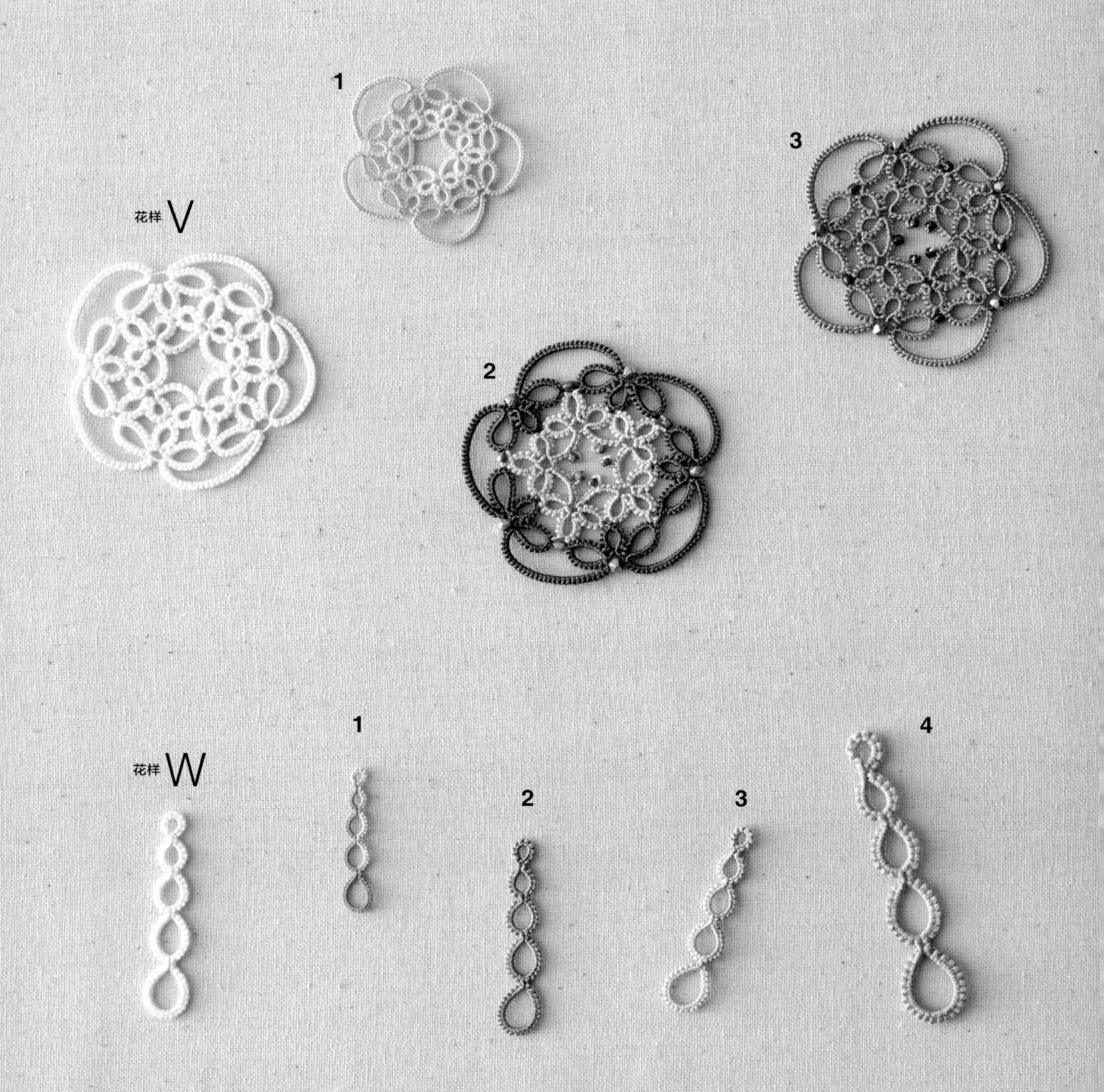

在经过练习熟练掌握了梭编蕾丝的制作技法后，尝试制作以下的花片吧。
Y为可连续制作的环形设计，Z已经可以称得上是一件完美的作品了。

制作方法… X-1～3→p.104 Y-1～4→p.107 Z-1～3→p.111

将改编花片制作成饰品

用 1 ～ 2 片花片制作

将花片制作成饰品佩戴在身上吧。
首先介绍几款花片数量少、可简单完成的作品。

花样 J 的耳坠
制作方法… p.69

花样 L 的耳坠
制作方法…p.73

花样 R 的耳坠
制作方法… p.89

花样 T 的耳饰
制作方法… p.93

花样N的胸针
制作方法…p.79

花样W的项链
制作方法…p.102

花样V的锁骨链
制作方法… p.99

用多个花片制作

待可以熟练制作多个相同花片后，你的设计视角将变得更为宽广。
将不同颜色的花片与其他配饰合理搭配，将带给你无尽的快乐和成就感。

花样M的项链
制作方法… p.77

花样O的项链

制作方法… p.81

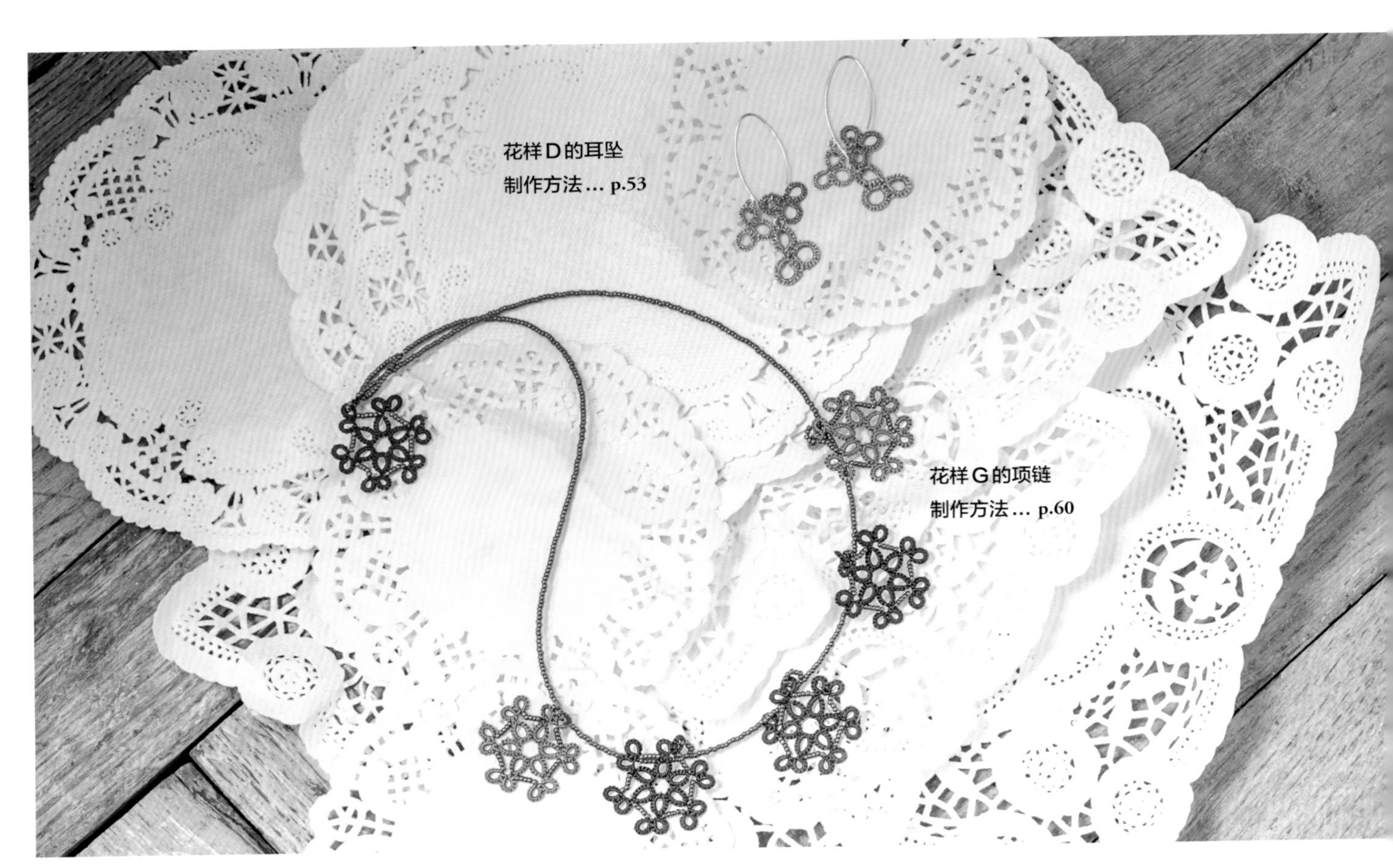

花样D的耳坠
制作方法… p.53

花样G的项链
制作方法… p.60

花样L的耳坠
制作方法… p.73

花样 Q 的项链

制作方法… p.86

花样Ⅰ的项链

制作方法… p.66

花样C的胸针
制作方法… p.50

花样E的手链
制作方法… p.55

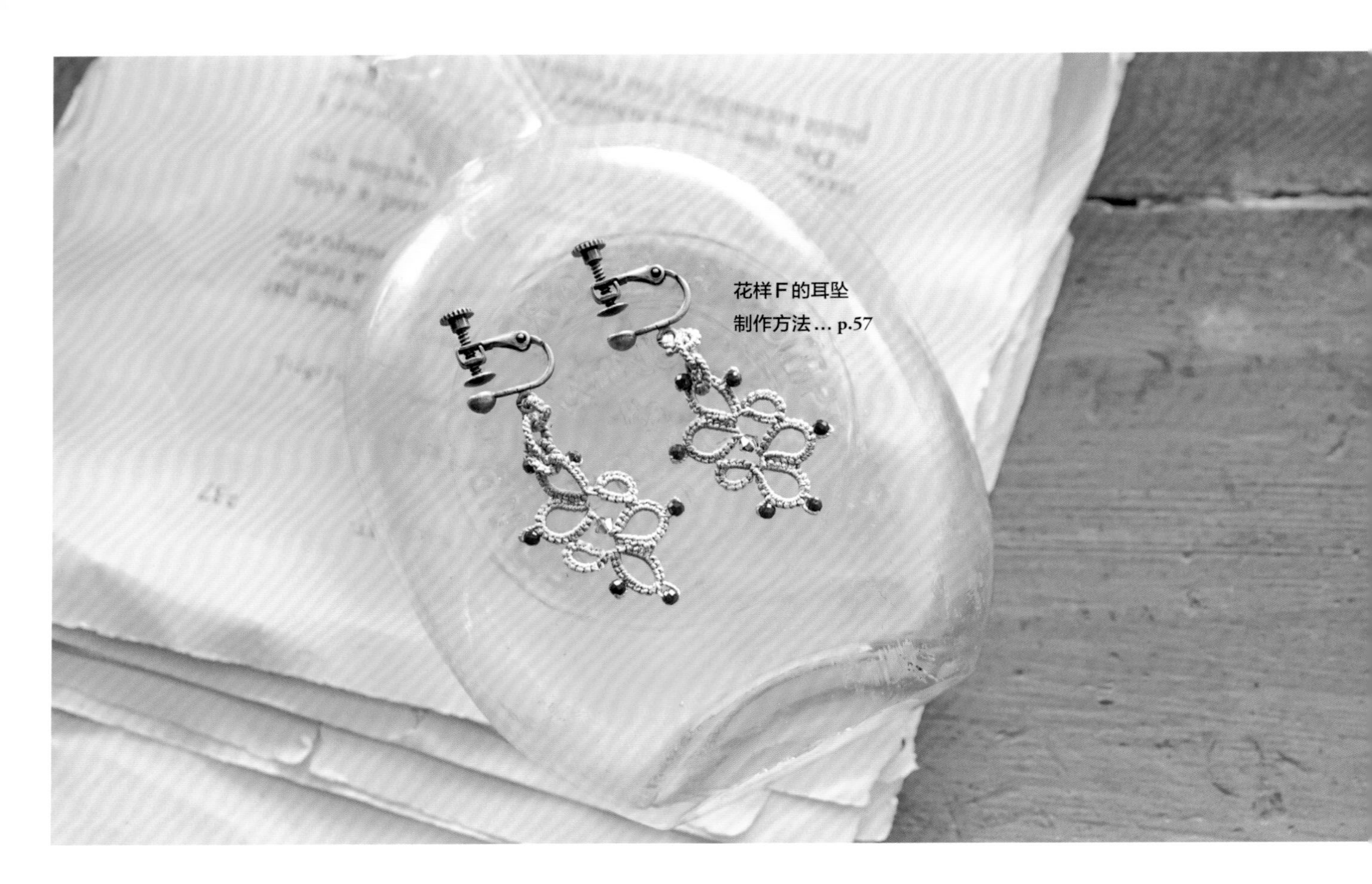

花样F的耳坠
制作方法… p.57

花样S的耳坠
制作方法… p.91

花样U的项链
制作方法… p.96

花样Z的项链
制作方法… p.111

花样 A 的耳坠 & 项链

制作方法… p.43

用相连的花片制作

先制作 1 片花片，从第 2 片开始要边和前一片花片相连边进行制作。
变换相连花片的片数，可制作成专属自己的作品。

花样K的手链
制作方法… p.71

花样H的项链
制作方法… p.63

用连续的花片制作

将花片变身为花辫制成各种饰品。
有多片花片相连的项链，也有只用几片花片相连的耳坠，请先从简单的作品开始练习。

花样P的项链
制作方法… p.84

花样B的耳坠
制作方法… p.45

花样X的手链
制作方法… p.105

花样Y的套索项链
制作方法… p.107

梭编蕾丝基础知识

来了解一下制作梭编蕾丝需准备的物品和一些基本操作吧。

材料和工具

线材

这本书中所使用的线材，图片均为实物粗细。

1. **奥林巴斯（OLYMPUS）梭编蕾丝线·细** / 1 团约 40m 100% 棉
2. **奥林巴斯（OLYMPUS）梭编蕾丝线·中粗** / 1 团约 40m 100% 棉
3. **奥林巴斯（OLYMPUS）梭编蕾丝线·粗** / 1 团约 40m 100% 棉
4. **奥林巴斯（OLYMPUS）贵妇人蕾丝线（Emmy Grande）**/ HERBS 系列（1 团约 88m）、**COLORS** 系列（1 团约 44m）均为 100% 棉
5. **DMC Diamant 金属刺绣线** / 1 卷 35m 72% 黏胶纤维 +28% 聚酯纤维
6. **奥林巴斯（OLYMPUS）梭编蕾丝线·金属线** / 1 团约 40m 100% 聚酯纤维
7. **横田（DARUMA）30 号金属蕾丝线** / 1 团约 137m 80% 铜氨纤维 +20% 聚酯纤维
8. **MARCHEN ART 0.8㎜ 粗 不锈钢丝** / 1 绞 5m 33% 尼龙 + 67% 聚酯纤维
9. **丝线** / 手缝线 书中使用了多个厂家的产品 16 号 · 绕在绕线板上 1 板 20m 100% 丝
10. **丝带** / 宽 4㎜ 丝带绣使用绕在绕线板上的丝带，用电熨斗熨烫平整后使用 聚酯纤维、尼龙线、丝带等各类材质
11. **鱼线** / 分透明和有色线材，用在饰品或小物的制作中，本书用了 1 号和 4 号粗细的线材

梭编器

绕线、制作梭结的工具，使用前端翘起带尖角的梭编器。本书介绍了使用 1 个和 2 个梭编器制作的作品。

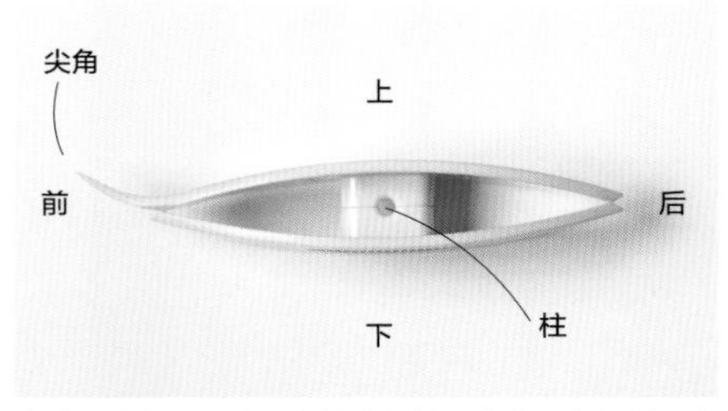

梭编器的部位名称。在柱上打结，绕线。角朝前，右手食指在上，拇指在下，将梭编器捏于手中。

其他需准备的物品

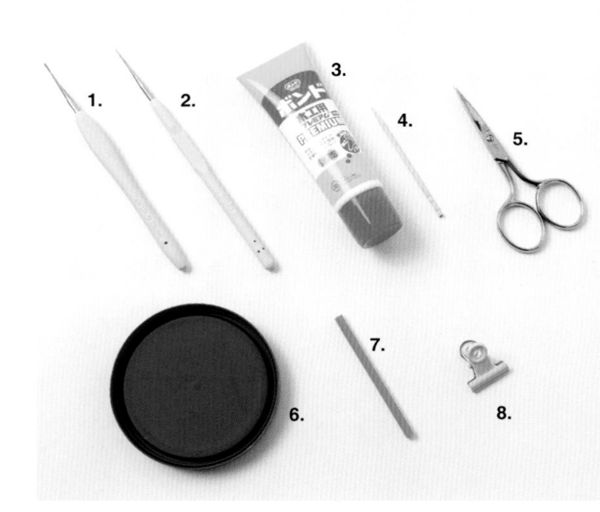

1. **蕾丝钩针** / 在接耳、芯线接耳等时插入耳，或将制作完成的线头穿入花片时使用。
2. **锥子** / 在拆开做错的针脚时使用。
3. **木工胶** / 用于线头收尾。将线头穿入配件，固定顶端时使用。
4. **牙签** / 在线头收尾或制作耳时使用。
5. **剪刀** / 线的收尾通常是沿针脚边缘断线的，因此细尖头的剪刀用起来会更顺手。
6. **冰激凌等的盒盖** / 在制作指定尺寸的耳尺时使用。推荐可重复使用的塑料盖子。
7. **吸管** / 直径约 4㎜。防止在用丝带或鱼线制作接耳时出现折痕时使用。
8. **小夹子** / 梭编要同时拿起 2 个分别制作的花片时，可解决错位或降低操作难度。

※ 除此之外，还会用到量尺（或卷尺）。依据作品需要，有时会用到强力胶等。

花样改编和制作饰品所需的物品

珠子 & 天然石

图片左侧的穿珠针用于将珠子穿入线上。

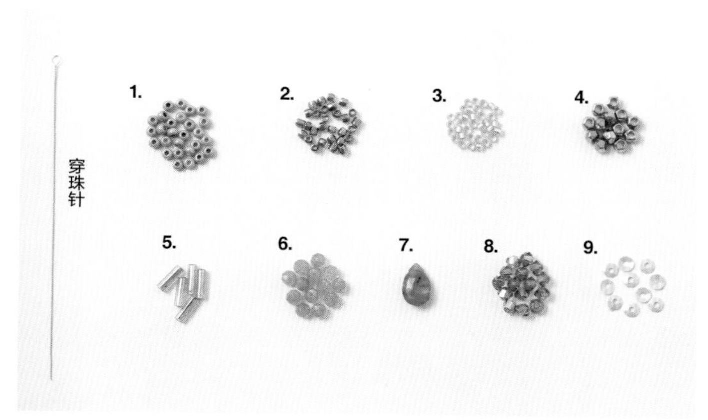

1. 小圆米珠
2. 角珠
3. 特小米珠
4. 金属珠
5. 管珠
6. 天然石 · 日长石
7. 天然石 · 堇青石
8. 施华洛世奇水晶珠
9. 亮片

耳坠 & 耳饰的配件

耳堵可以防止耳坠脱落，能很方便地插在耳坠上。

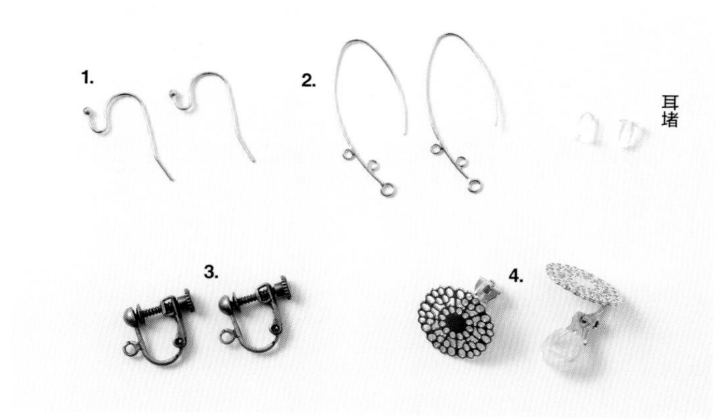

1. 耳坠配件（U 形款）
2. 耳坠配件（带三个吊环）
3. 耳饰配件（带吊环的螺丝款耳夹）
4. 耳饰配件（带镂空托盘）

金属配件及环圈类

用于和金属配件相连。**1** 是穿过配件用胶水固定的款式。
5、**6** 是可以用线或圆形开口圈等在穿孔内相连。

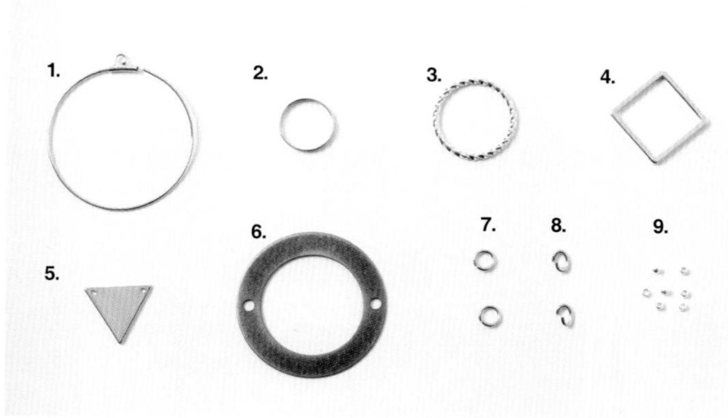

1. 钢环（带吊环）
2. 金属环
3. 金属环（螺纹）
4. 金属配件（方形）
5. 金属配件（三角形）
6. 环形配件
7. 圆形开口圈
8. C 形开口圈
9. 定位珠

制作项链及锁骨链会使用到的配件

1～**3** 是使用在项链部分的物品，**4**～**8** 为链扣配件。
使用链扣配件时请对应主体颜色进行准备。

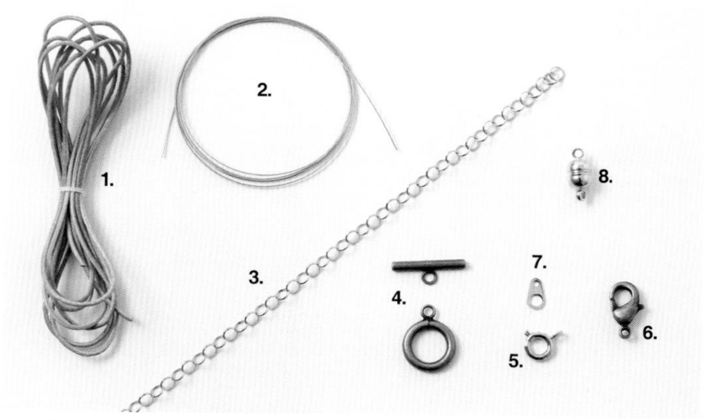

1. 圆皮绳
2. 钢丝
3. 链条
4. 收尾扣（OT 扣套装）
5. 弹簧扣
6. 龙虾扣
7. 收尾连接片
8. 磁铁扣

制作胸针会使用到的配件

1 可用鱼线将花片固定在镂空托盘上，**2** 可用花片的线头固定在花洒样托盘上。

1. 胸针配件（椭圆镂空款）
2. 胸针配件（甜甜圈款）

开始制作前需了解的事项

正结和反结

梭编蕾丝是由正结和反结来完成的，按“正结＋反结＝1针”来计数。

挂在左手上的线
梭编器上的线
反结
正结
1针

挂在左
手上的线
梭编器
上的线
正结 反结
1针

正结和反结的辨识方法

手持梭编器制作正结及反结的面为正面，另一面则为反面。看带耳的织物更易辨识。

正面

反面

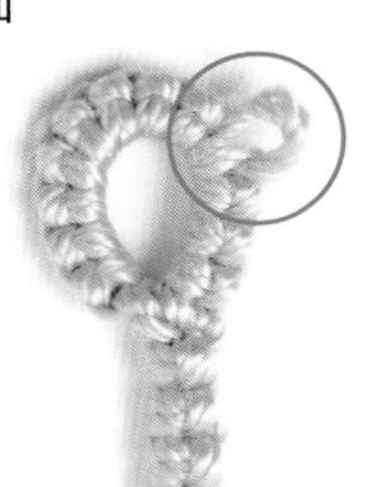

环和桥

用梭编器的线作成环后梭编指定针数，拉线做成圈状的部分被称为“环”。用梭编器的线和别线（也有接着用梭编器上的线的情况）梭编的部分即为“桥”。

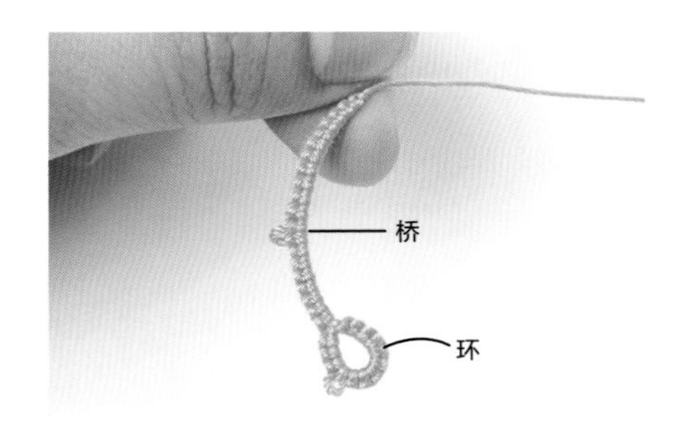

耳

用反结和下一针的正结之间的线制作一个环，叫作耳可用来做装饰，也可用于连接。耳的大小可依据线的粗细及花片的设计来改变。因为耳并不是打结的针脚，所以不会像正结和反结那样计入针数中。

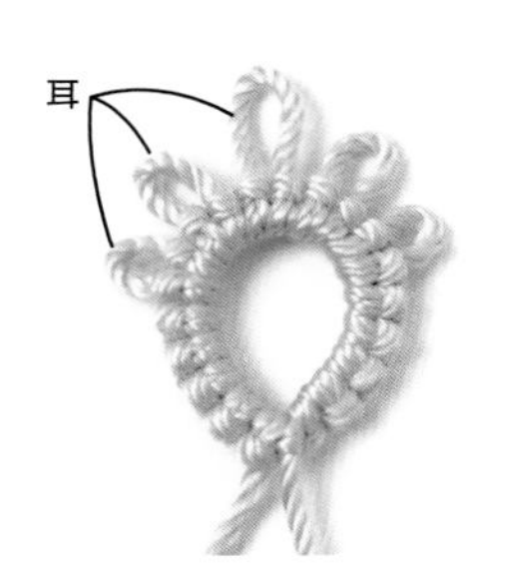

耳尺

希望制作固定大小的耳时，使用耳尺。耳尺有市售品，不过也可用冰激凌等的盒盖来代替。

翻转

即翻面的意思。制作由环改桥、由桥改环时使用的用语（本书标注为“翻转”）。

接耳和芯线接耳

用左手挂线相连为“接耳”，用芯线上的线连接为“芯线接耳”。相连后，接耳为芯线上的线前后活动，而芯线接耳为不活动。

图解的阅读方法

用图来分别说明花片及饰品的制作方法。
第100页以后的花片W～Z是由2个梭编器制作的，图解中会用线的颜色来区分梭编器。

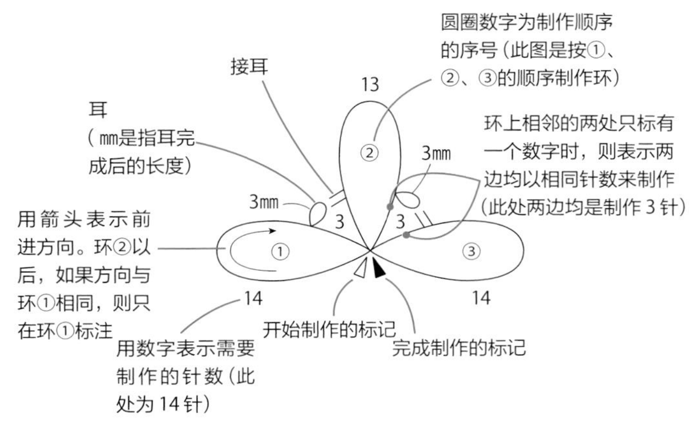

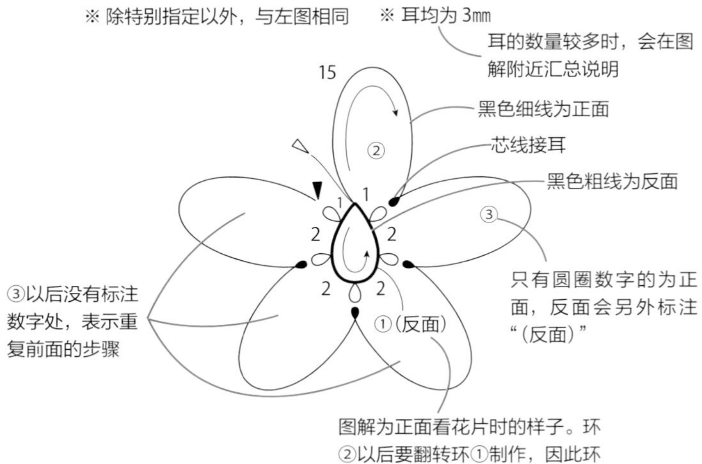

梭编器的绕线方法

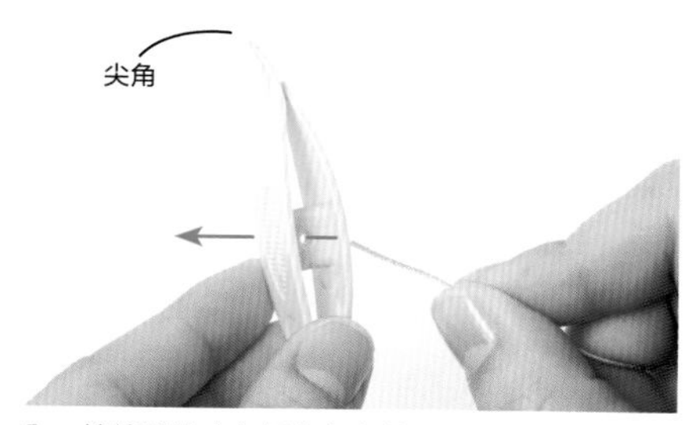

1 梭编器的尖角朝左上拿着，将线穿入柱的孔内。

2 穿入线。

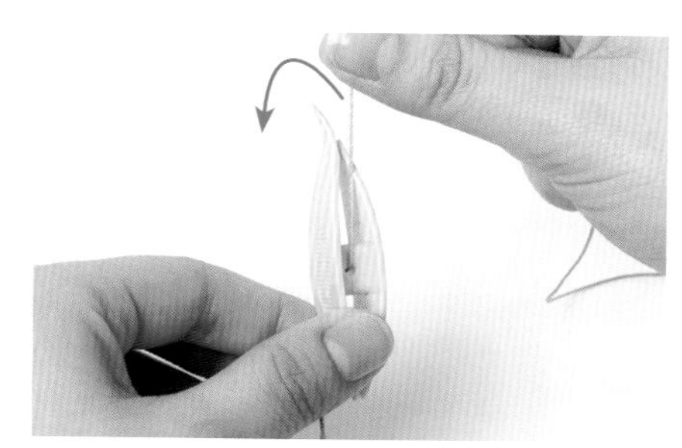

3 压住线头，将线按箭头方向（从前向后）绕。

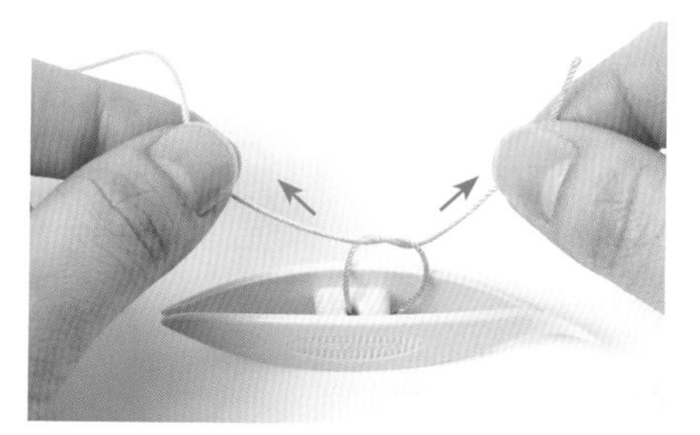

4 用线头打 1 个结。

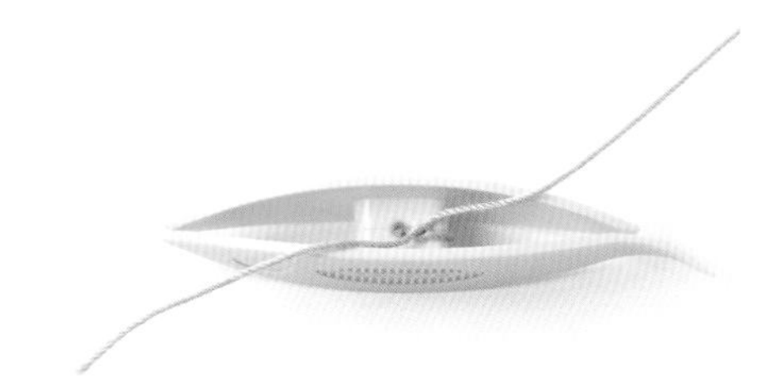

5 接着再打 1 个结。

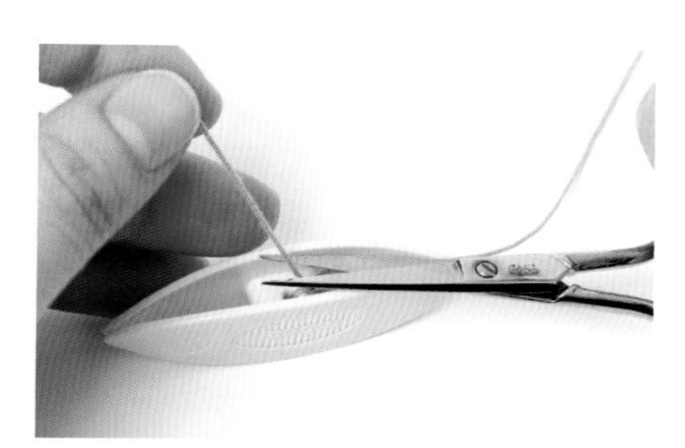

6 剪断露在梭编器外的多余线头。

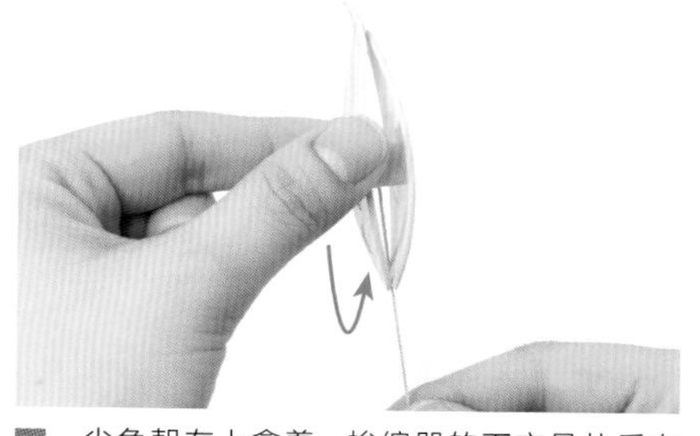

7 尖角朝左上拿着，梭编器的下方是从后向前绕。

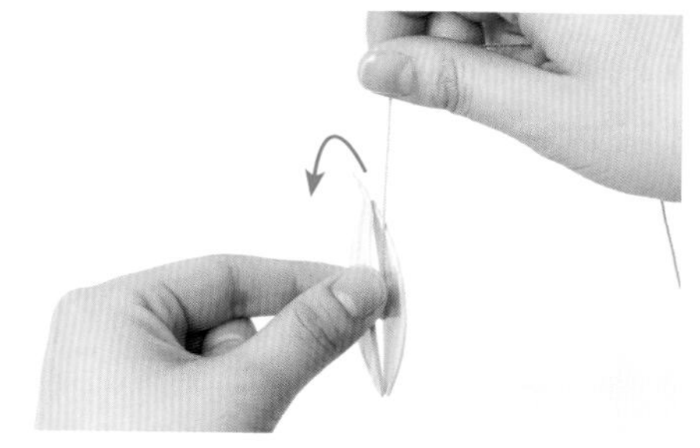

8 梭编器的上方是从前向后绕。

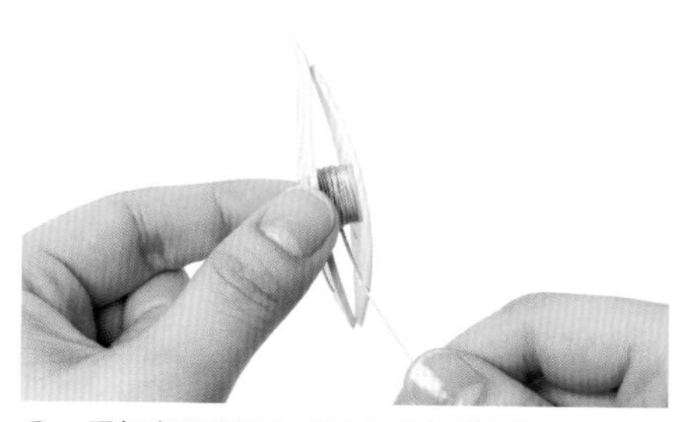

9 重复步骤 7 和 8，均匀平整地进行绕线。

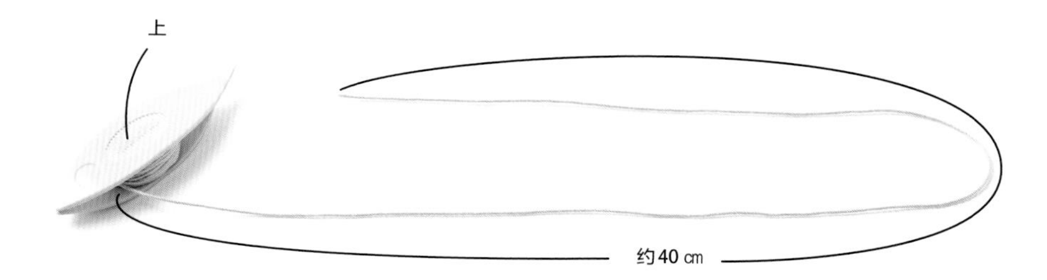

10 待线绕至不外露于梭编器的程度后，留线约 40cm 线头后断线。以梭编器朝上（尖角向上）的状态来观察，线头一定是在梭编器右侧。

基础花片

花样A的制作方法 …p.4

让我们通过环的制作来学习正结、反结的制作方法以及线的收尾方法等操作吧。

线 奥林巴斯（OLYMPUS）梭编蕾丝线·中粗 / 米色（T202）…70cm
工具 1个梭编器、剪刀、木工胶、牙签、量尺
※ 为便于理解，更换了线进行解说。

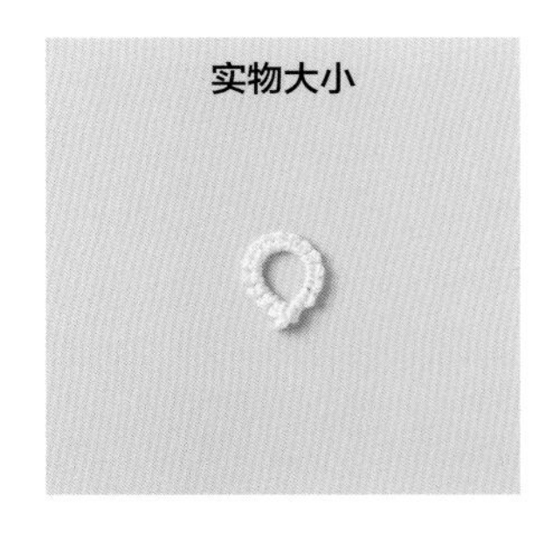

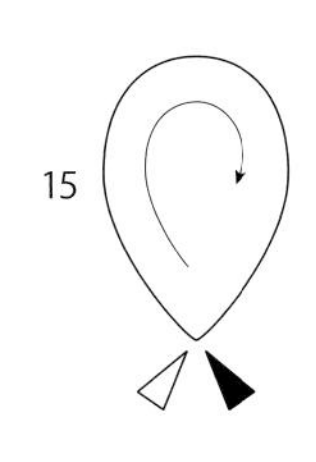

制作环

●梭编器的拿法和持线方法

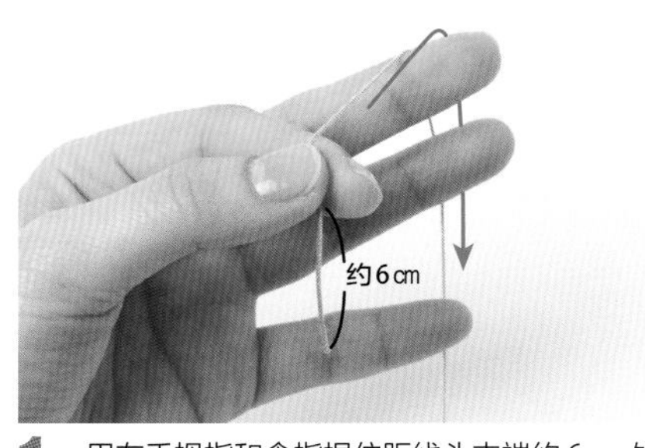

1 用左手拇指和食指捏住距线头末端约 6cm 处，将线挂在中指、无名指、小指上。

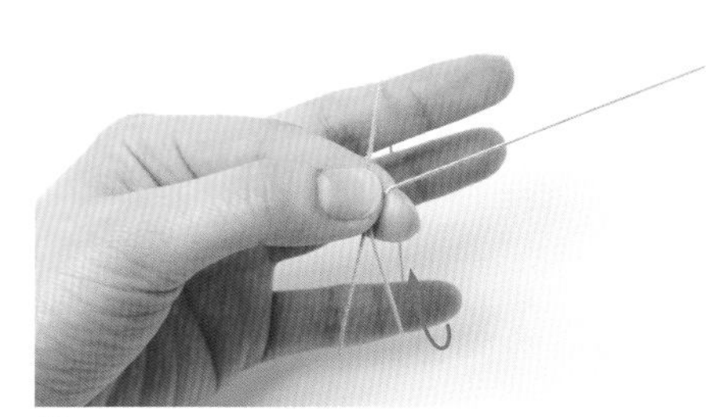

2 将挂至小指上的线绕过来捏在拇指和食指之间，形成一个线圈。

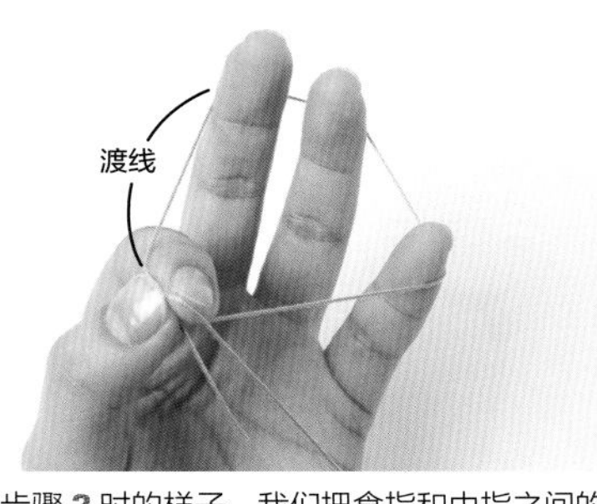

横向看步骤 **2** 时的样子。我们把食指和中指之间的线称为“渡线”，在这段线上制作正、反结。

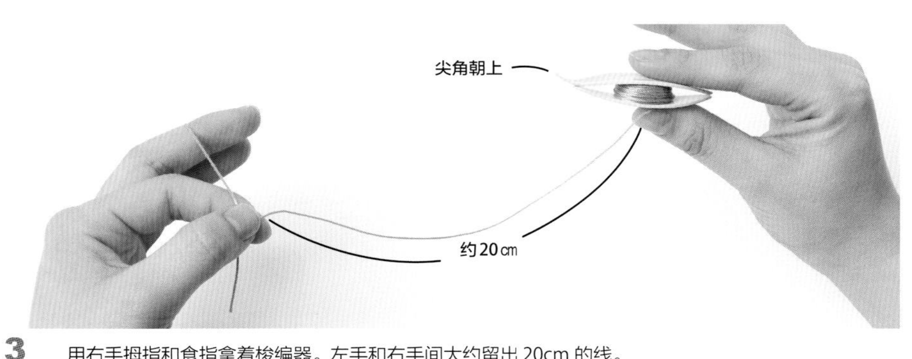

3 用右手拇指和食指拿着梭编器。左手和右手间大约留出 20cm 的线。

重点

①在梭编中，**正结加反结计为 1 针**。

②将梭编器穿过渡线时，**要在梭编器不离手的状态下**操作。

③熟练掌握 p.39“制作正结”的步骤 **10～12**、p.40“制作反结”的步骤 **7**、**8** 中**线的更替**操作。

●制作正结

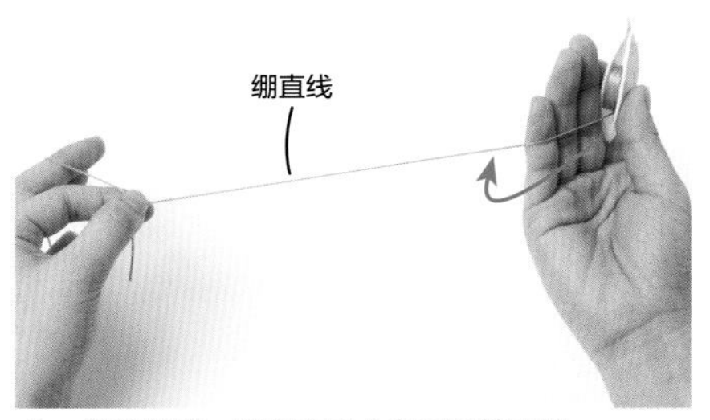

1 将线绷直，绕在右手小指后翻转手腕。

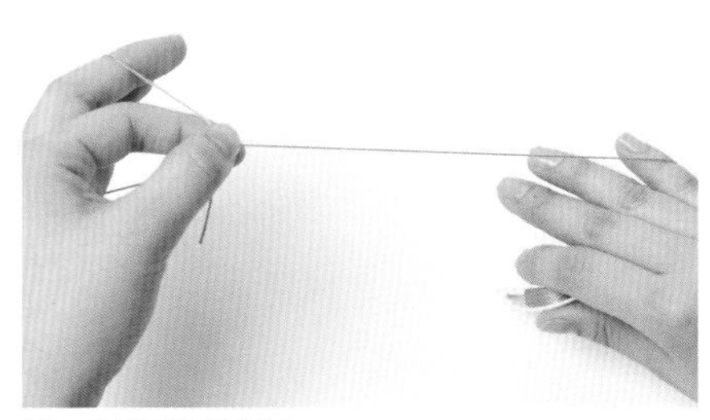

2 将线搭在手背上。

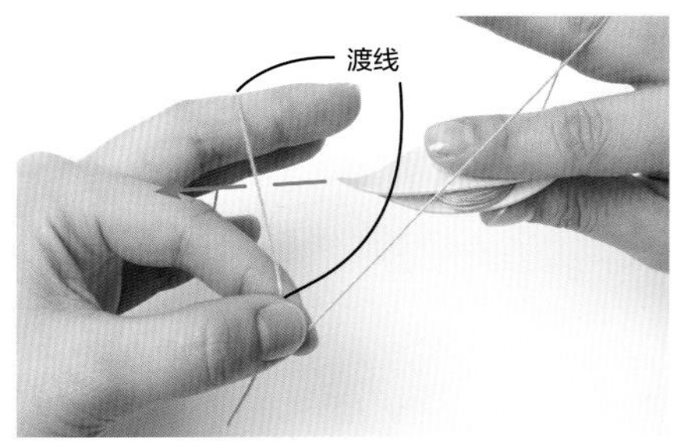

3 左手不动，将梭编器插入渡线的下方。

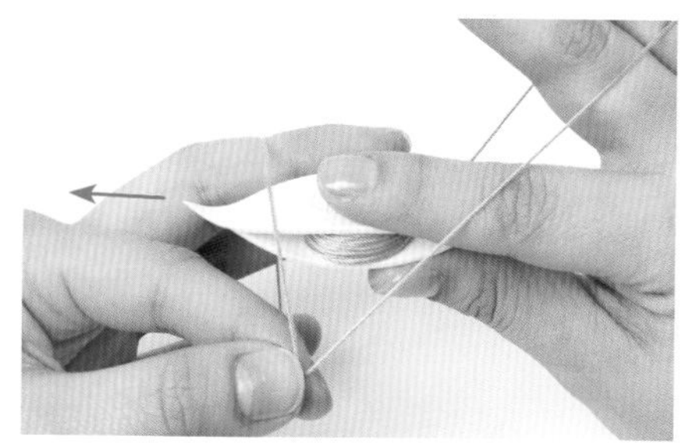

4 保持不动插入梭编器。

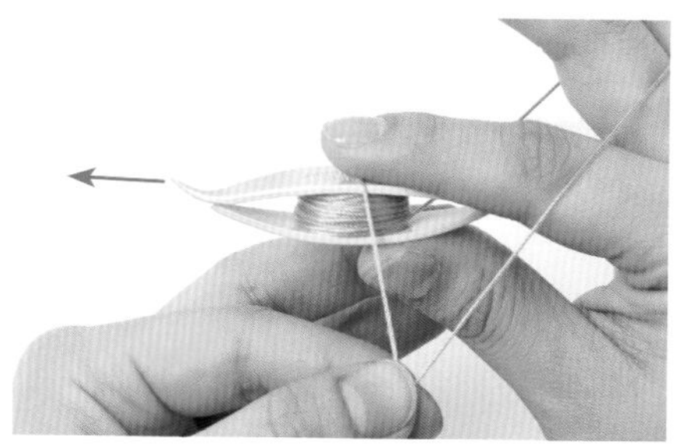

5 将渡线穿过右手食指和梭编器之间。

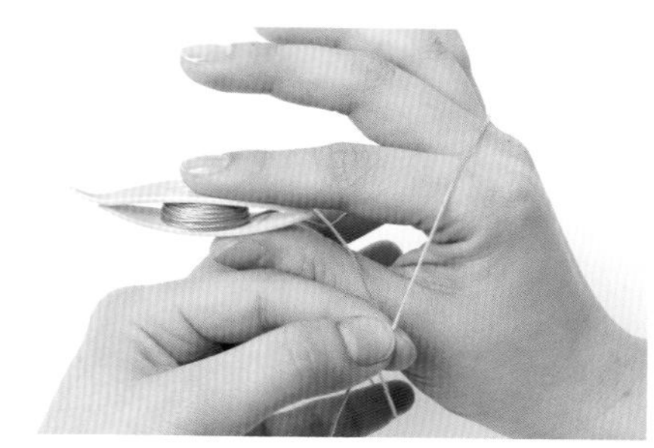

6 穿过梭编器。

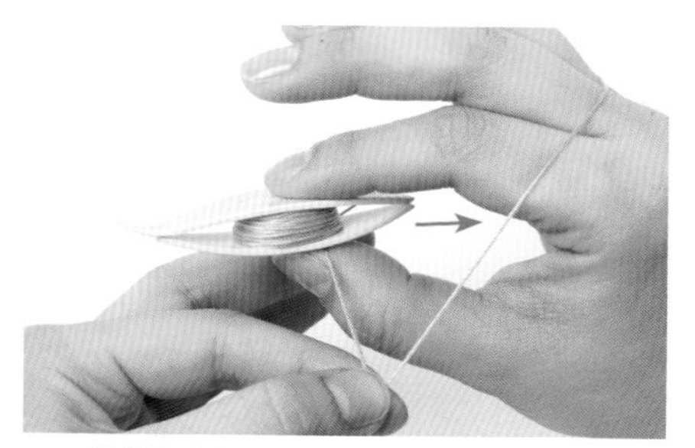

7 接着将渡线穿过梭编器和拇指之间。

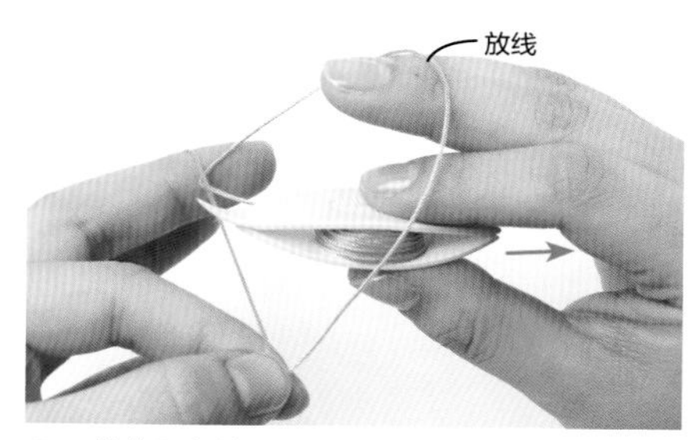

8 梭编器穿过后。保持状态不变地拉动梭编器，放掉挂在右手上的线。

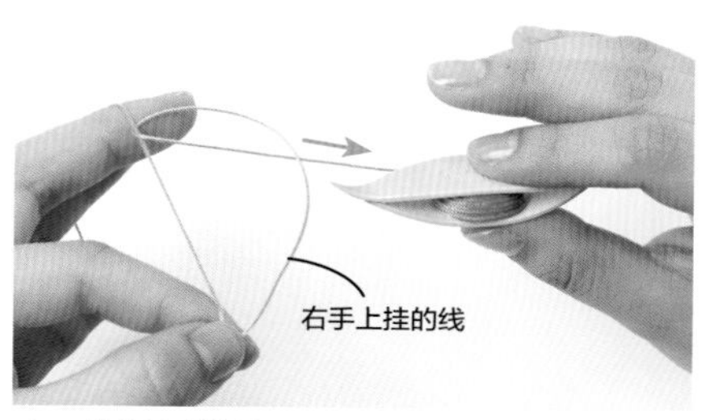

9 接着拉动梭编器。

卷针更替的重点

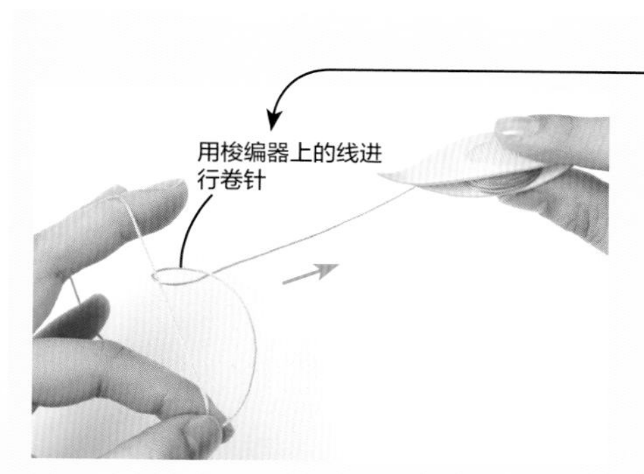

10 用梭编器上的线完成卷针。

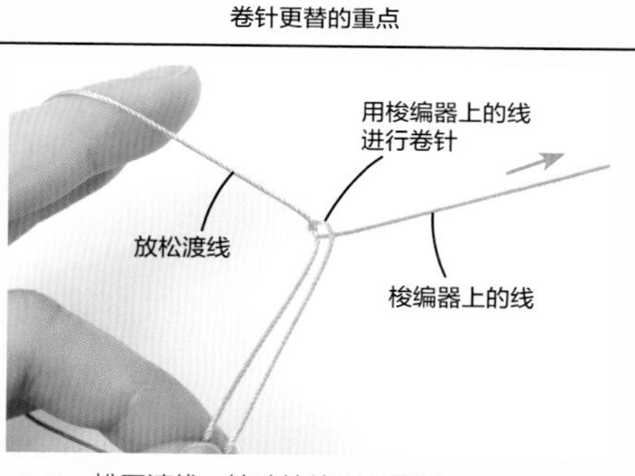

11 松开渡线，拉动梭编器上的线。

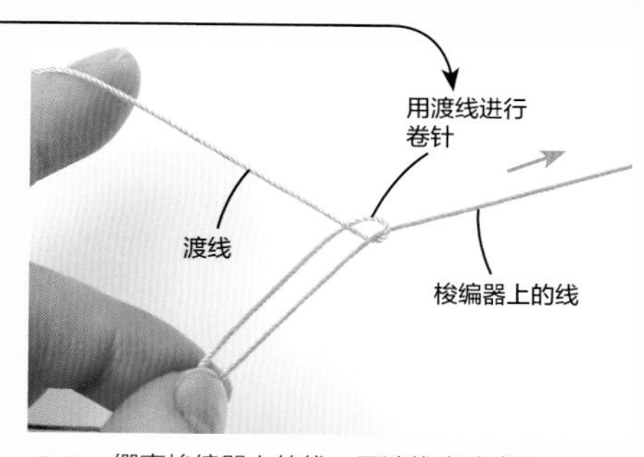

12 绷直梭编器上的线，用渡线完成卷针。

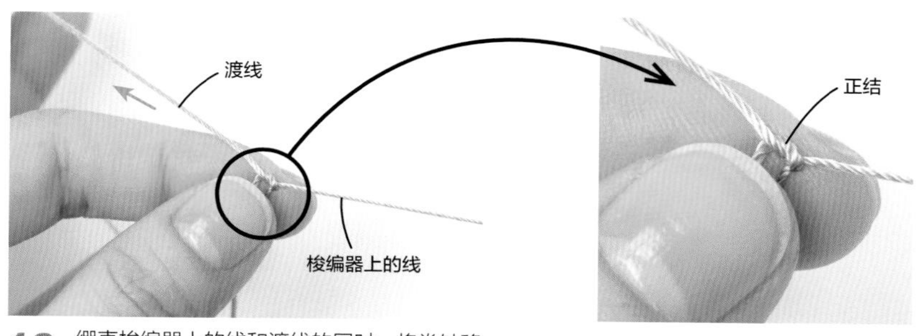

13 绷直梭编器上的线和渡线的同时，将卷针移至靠近食指，正结就完成了。

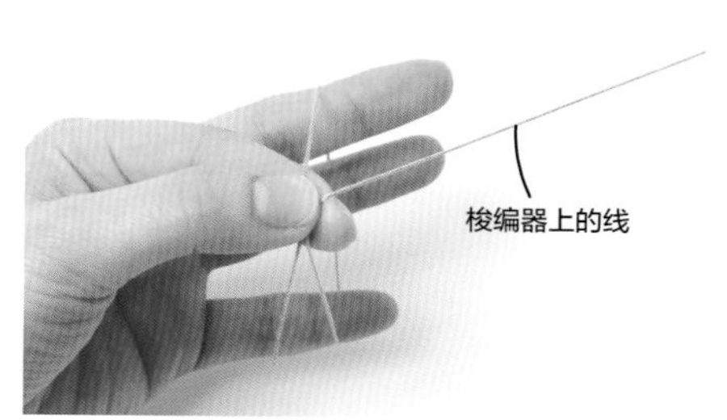

14 用拇指和食指压住正结。

●制作反结

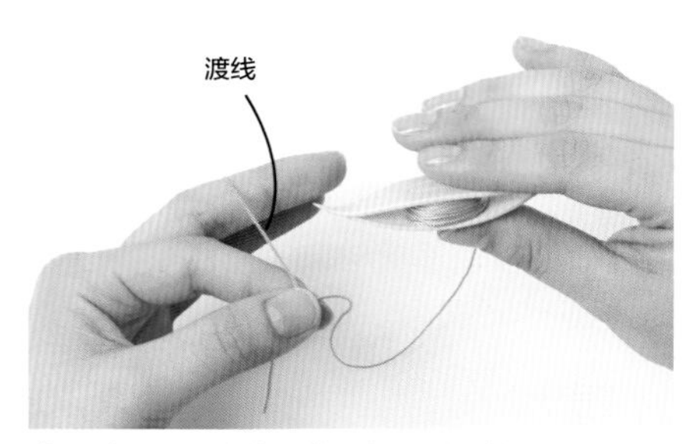

1 右手上不挂线，进行步骤 2 的动作。

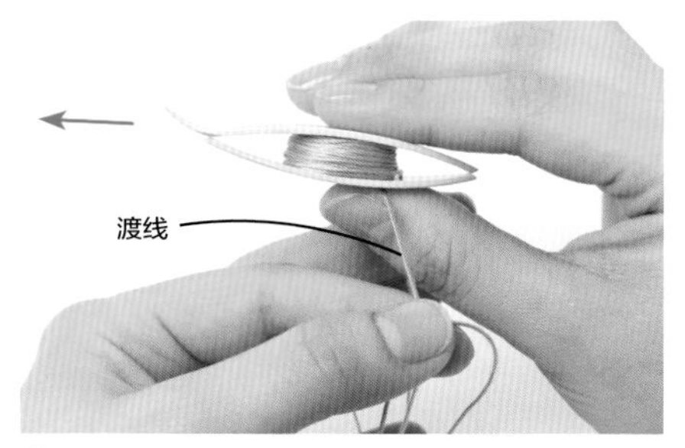

2 左手不动，将渡线穿过梭编器下方和拇指之间。

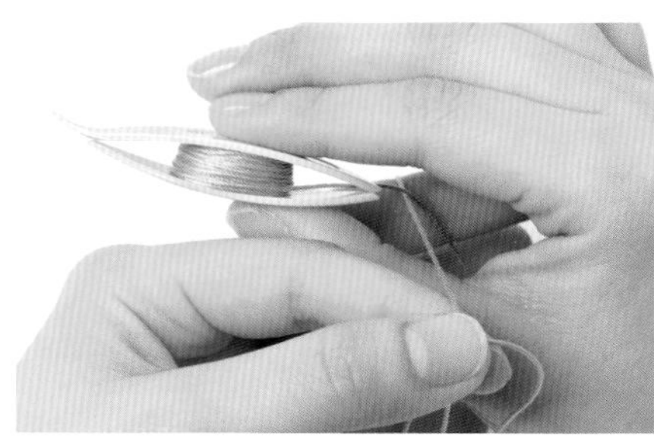

3 梭编器穿过后。

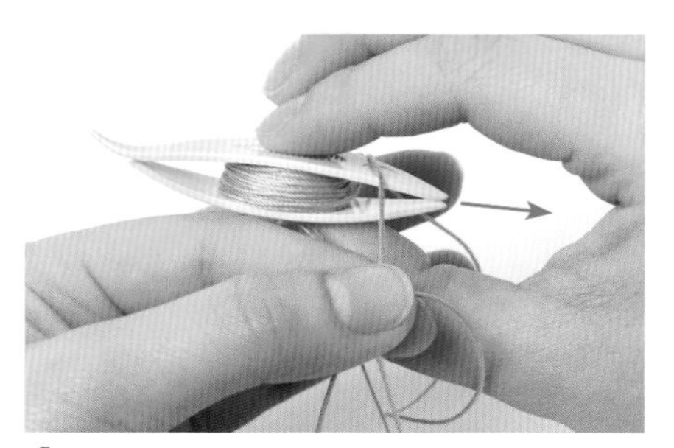

4 接着将渡线穿过食指和梭编器之间。

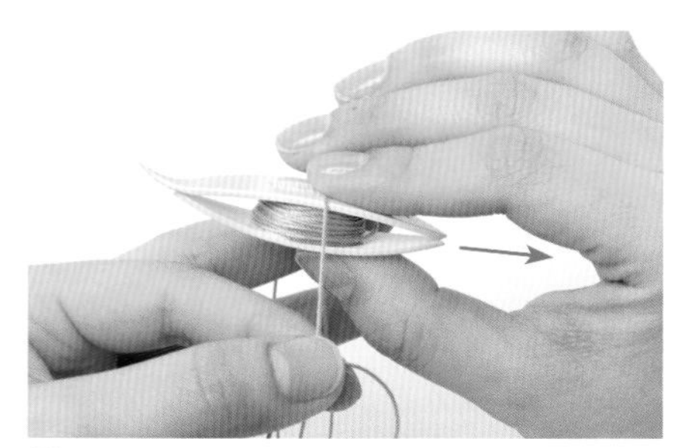

5 保持状态不变地带出梭编器。

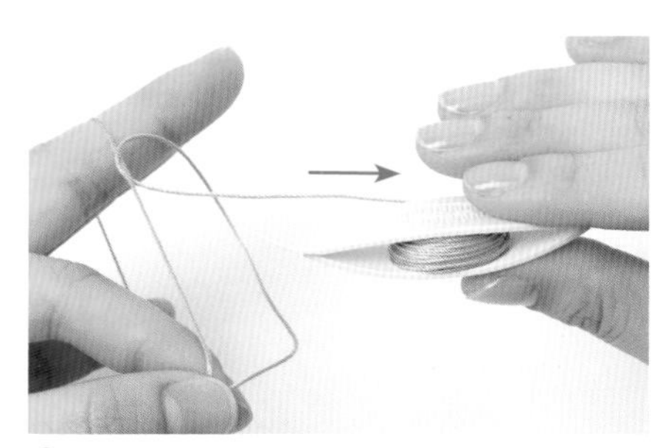

6 继续将梭编器带出。

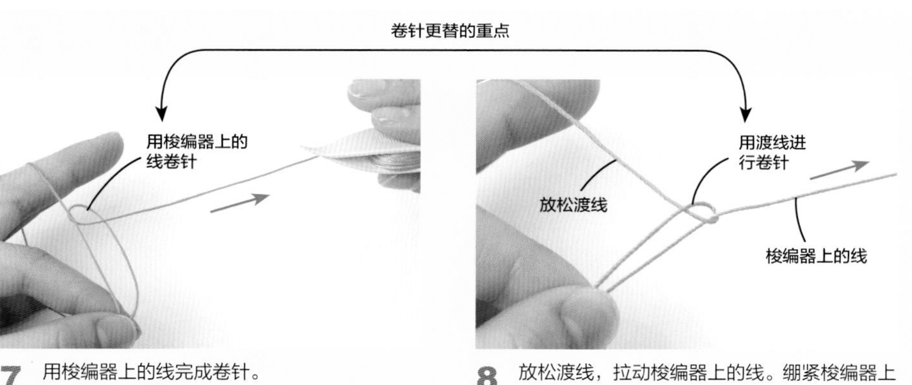

7 用梭编器上的线完成卷针。

8 放松渡线，拉动梭编器上的线。绷紧梭编器上的线，用渡线完成卷针。

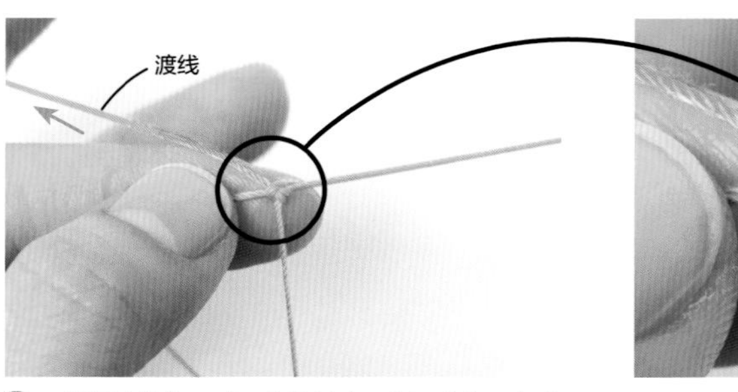

9 绷紧渡线的同时，将卷针移至靠近食指，完成反结。正结和反结计为 1 针。

重点

完成了 1 针后，让我们来确认一下是不是正确吧！

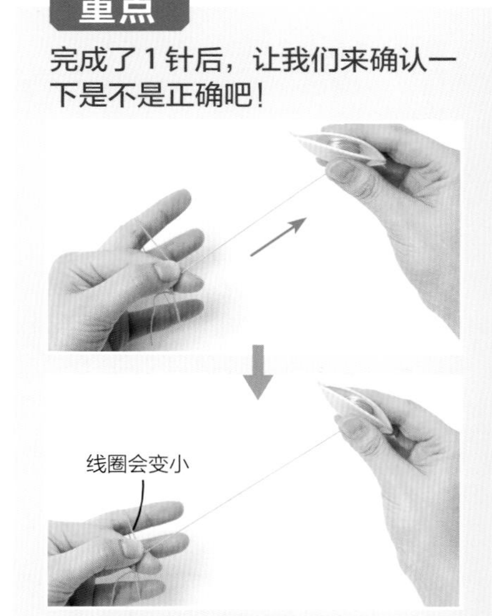

压住完成的针脚，拉动梭编器上的线，如果左手上的线圈会变小的话，就说明正确。如果拉不动线，说明是用梭编器上的线完成的卷针，所以请参考 p.41“正反结梭编错误时”来拆开错误针脚。对于变小的线圈，请参考 p.41“左手上的线圈变小时”中的内容将其恢复到开始状态。

花样 B 的耳坠 …p.32

尺寸　长度约 4.5cm（不含配件）

材料

丝线 / 杏黄色…2.4m

　　黄绿色…3m

　　深橘色…3.6m

亮片 / 极光米咖色（3㎜）…18 片

角珠 / 金橙色…42 颗

耳坠配件 / 金色…1 对

工具

1 个梭编器、穿珠针、剪刀、

木工胶、牙签、量尺、平口钳

❶ 用杏黄色的线按 **a**～**e** 的顺序制作配件

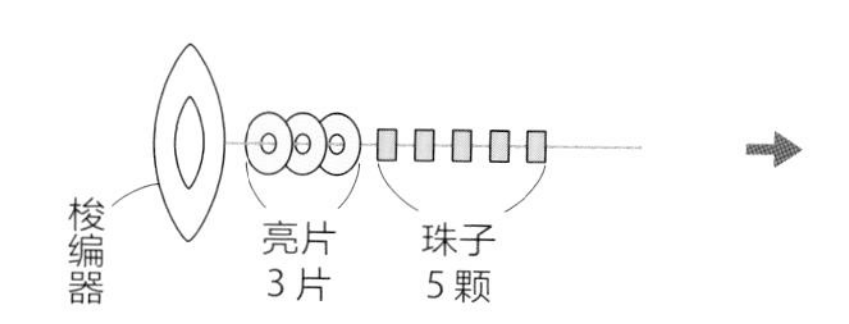

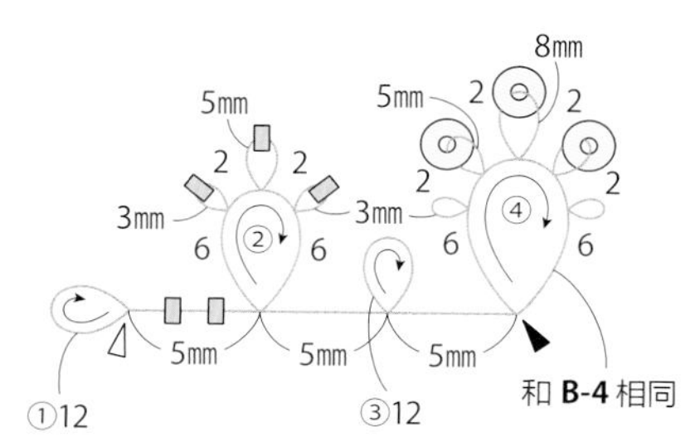

a　将线绕在梭子上，在线上用穿珠针穿上亮片和珠子，并将它们绕在梭编器上

【请参考 p.48 的“将珠子穿在线上”】

b　留约 60cm 的线头制作 12 针的环①

c　从梭编器上放出 2 颗珠子，在相隔 5㎜处开始制作环②（将 3 颗珠子带入左手的线圈内）

d　分别制作相隔 5㎜的环③和环④

e　线头收尾

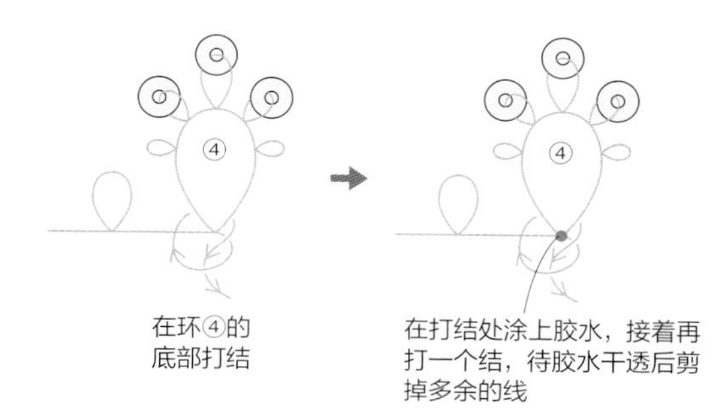

※ 环①的线头也要按上述要领进行收尾

❷ 按步骤❶的要领，用黄绿色的线制作配件

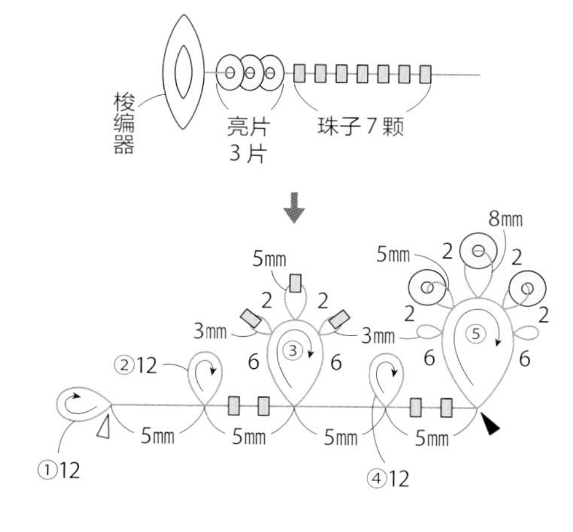

❸ 按步骤❶的要领，用深橘色的线制作配件

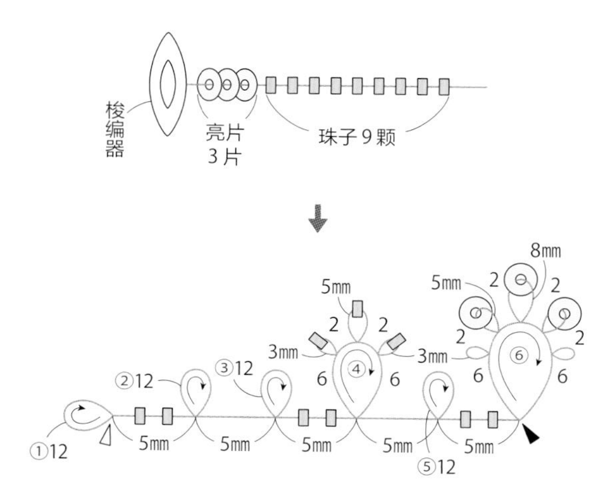

❹ 用深橘色的线将步骤❶～❸的配件用 15 针的环相连（参考 p.42“第 2 个环的制作方法”）

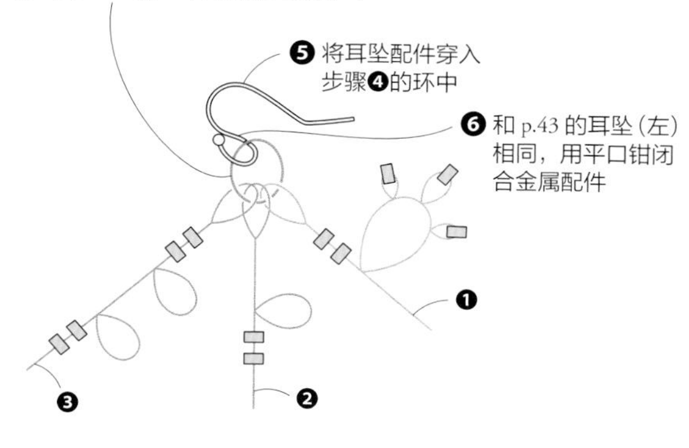

花样C的制作方法 …p.4

让我们来学习一下使用耳尺在环上制作耳的方法吧。

线　奥林巴斯（OLYMPUS）梭编蕾丝线 · 中粗 / 米色（T202）…70cm
工具　1个梭编器、冰激凌等的盒盖、剪刀、木工胶、牙签、量尺
※ 为便于理解，更换了线进行解说。

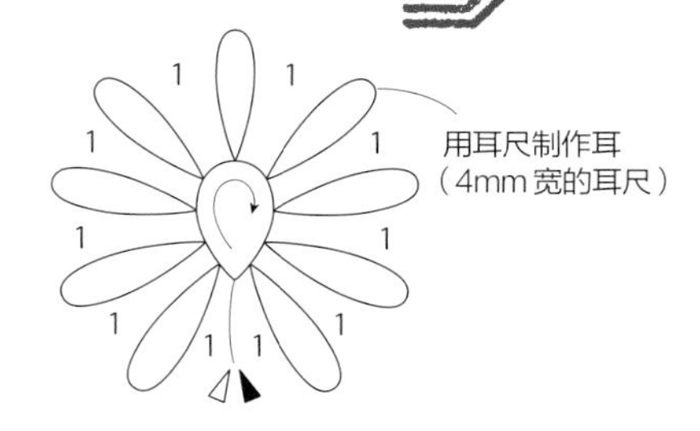

●用耳尺制作耳

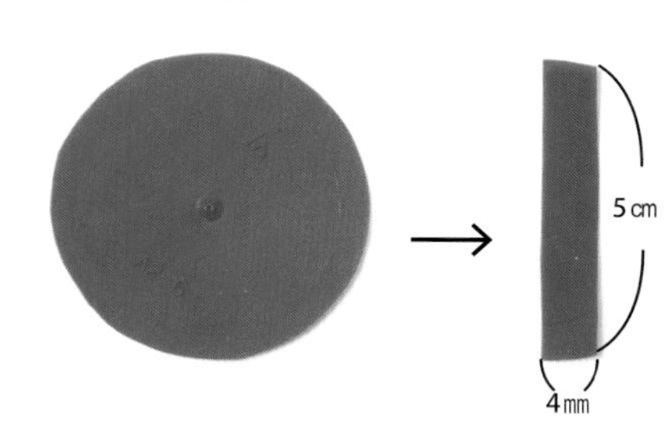

1　使用冰激凌盒盖等制作塑料耳尺，按指定宽度裁剪。

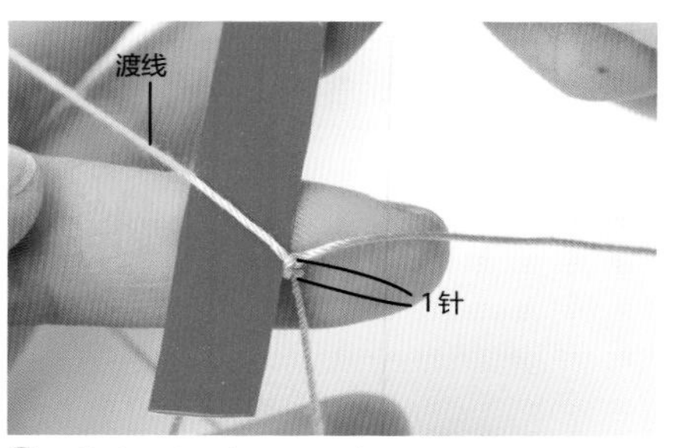

2　梭编1针环（参考 p.38），在渡线和食指之间插入耳尺。

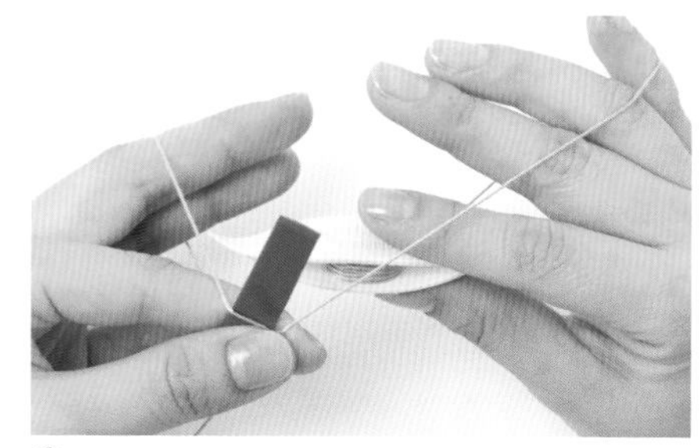

3　边压住第1针和耳尺，边在耳尺的右侧梭编正结。

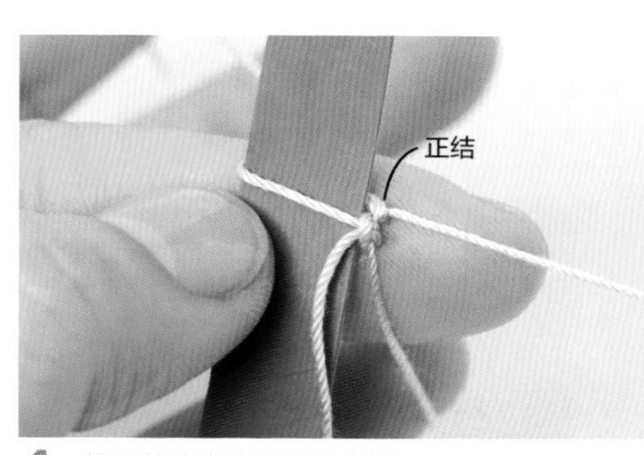

4　将正结移靠至耳尺的右侧。

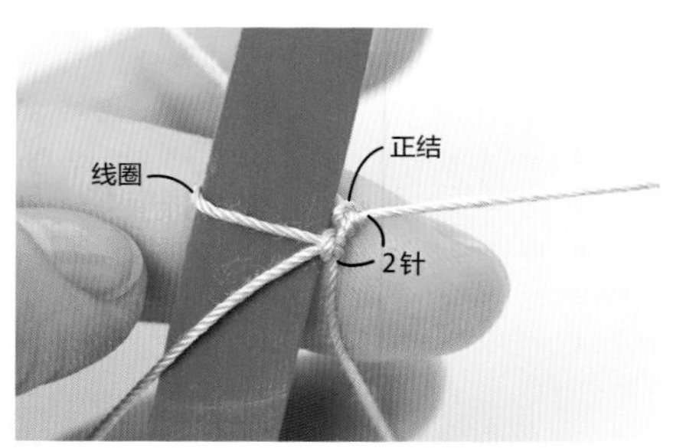

5　接着梭编反结。注意不要松开挂在耳尺上的线（线圈）。在耳尺上完成了1个线圈，梭编完2针。

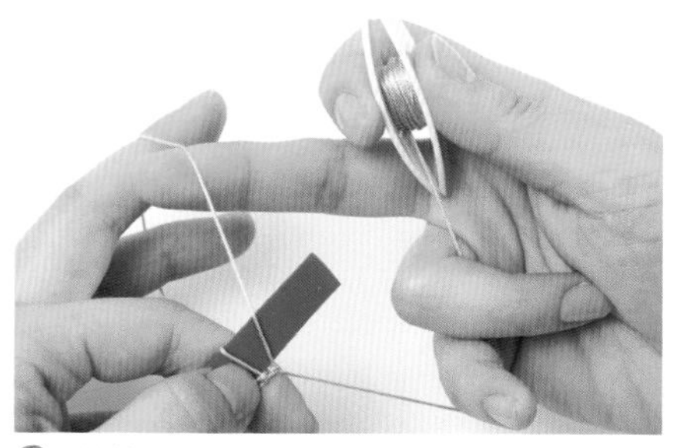

6　从第3针开始，在梭编正结前，将渡线移至耳尺的前面。

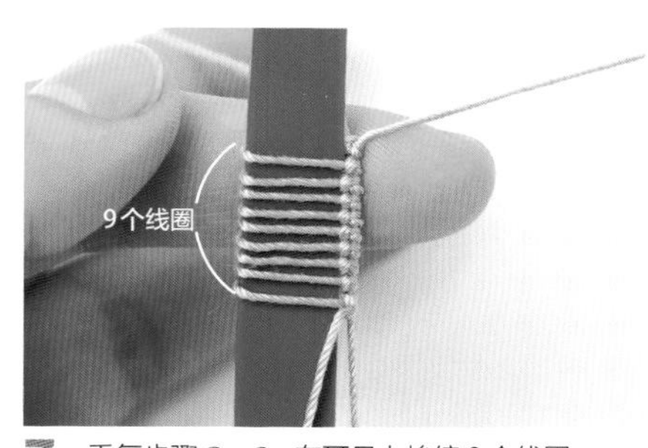

7　重复步骤**3～6**，在耳尺上梭编9个线圈。

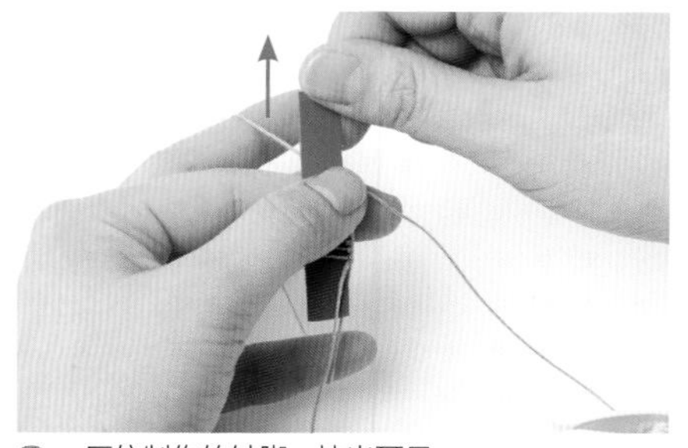

8　压住制作的针脚，抽出耳尺。

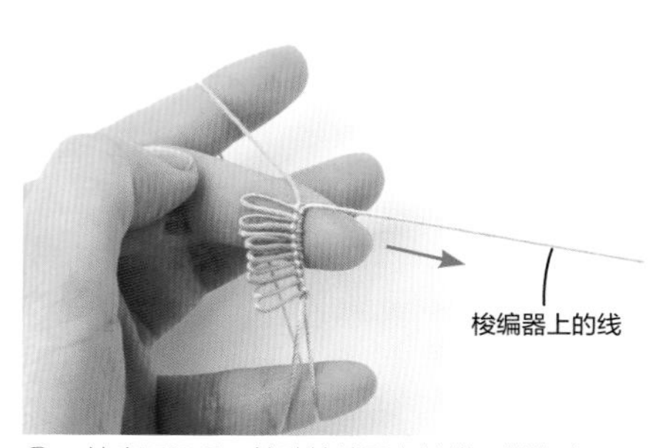

9　抽出耳尺后。拉动梭编器上的线，制作成环。

10　完成了使用耳尺制作的花片。反面看上去要比正面更加饱满，因而将反面作为正面使用（线头收尾请参考 p.42）。

改编的基础花片 花样C-1～7 …p.9

线材

C-1 奥林巴斯（OLYMPUS）梭编蕾丝线·细/绿松石色（T113）…70cm
C-2 丝线/淡蓝色…70cm
C-3 丝线/沙米色…70cm
C-4 丝带/青灰色（宽4㎜）…70cm
C-5 丝线/沙米色…70cm
角珠/灰色…35颗
C-6 丝线/淡蓝色…70cm
小圆米珠/珍珠绿色…35颗
C-7 彩色鱼线/棕色…70cm
亮片/极光米咖色（3㎜）…5片

工具

1个梭编器、剪刀、木工胶、牙签、量尺
除此之外，**C-3**会用到冰激凌等的盒盖制作的耳尺，**C-4**、**7**会用到直径4㎜的吸管，**C-5**、**6**会用到穿珠针

制作方法

C-1、**2**按下图所示制作，**C-3**～**6**的制作方法和p.46的花片C相同。**C-4**、**C-5**、**6**和**C-7**的制作方法分别参考p.48和p.49。

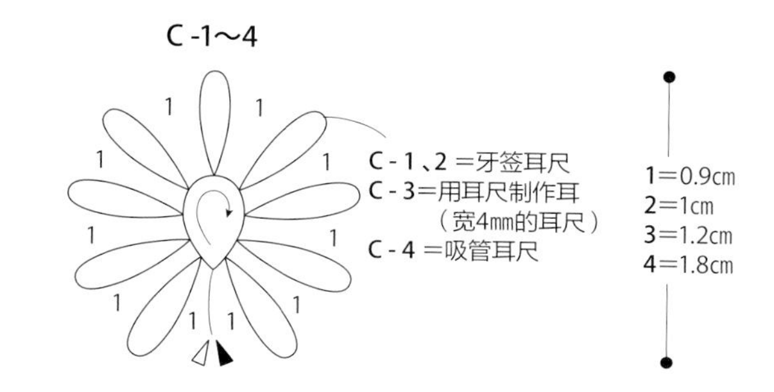

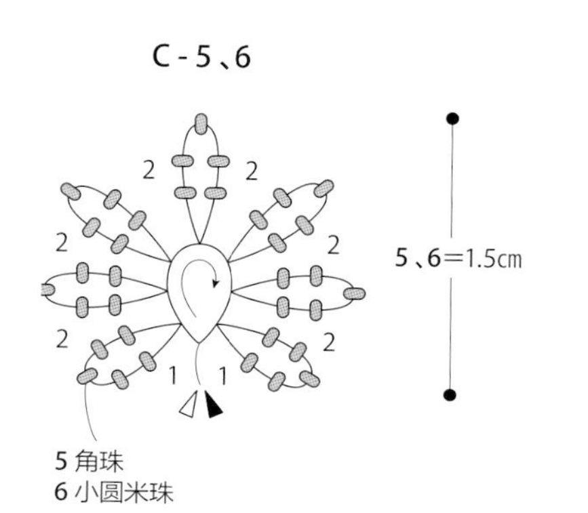

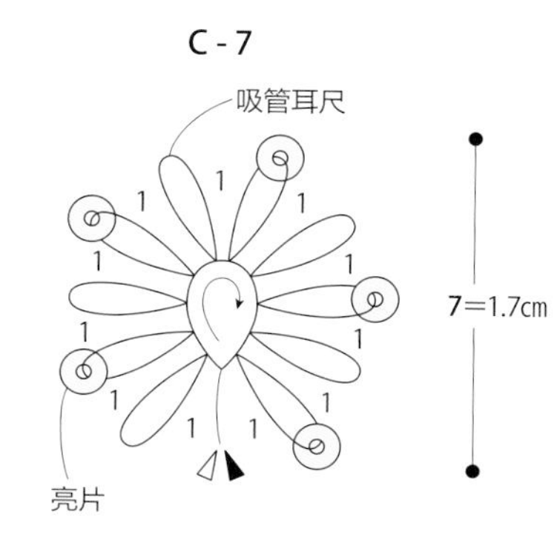

C-1、2的制作方法

将牙签作为耳尺进行梭编。为便于理解，更换了线进行解说。

●牙签耳尺

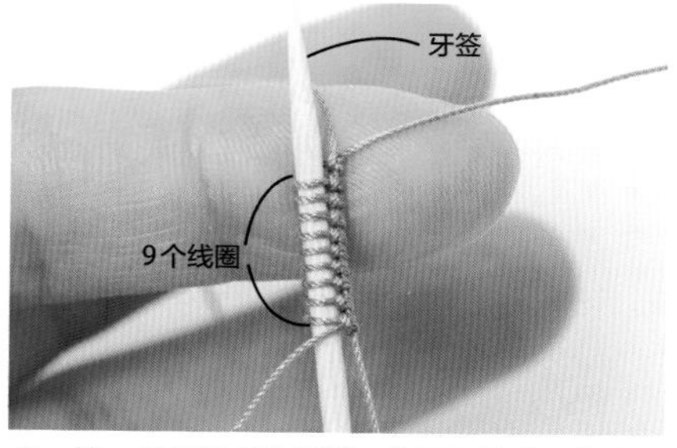

1 按p.46花片C的要领，将耳尺换成牙签进行梭编。

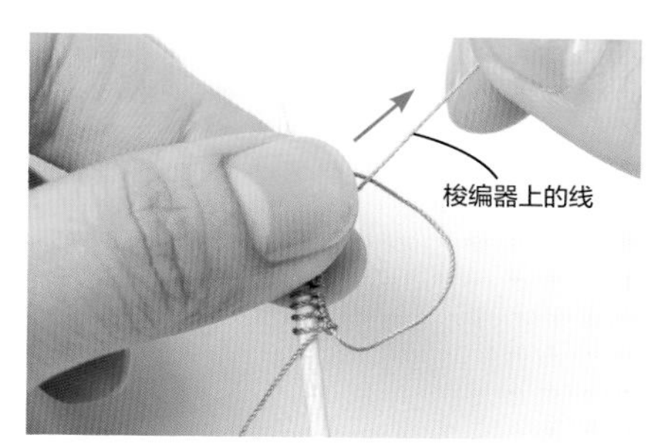

2 用手指压住最后梭编的针脚，拉动梭编器上的线，使线圈变小。

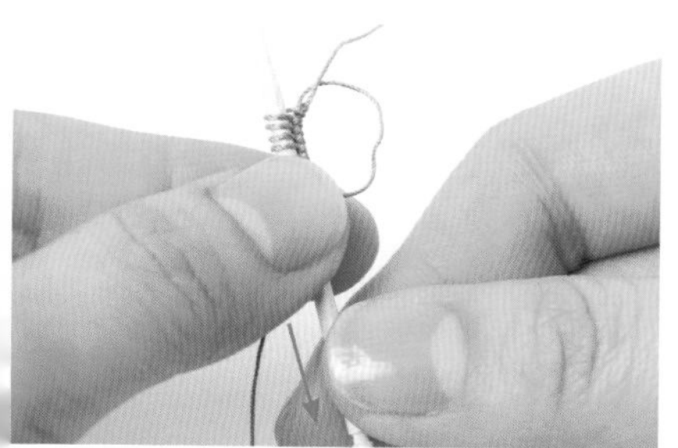

3 接着，用手指压住开始制作的针脚，抽出牙签。

反面

4 拉动梭编器上的线，制作成环。反面看上去要比正面更加饱满，因而将反面作为正面使用（线头收尾请参考p.42）

重点

用牙签制作耳

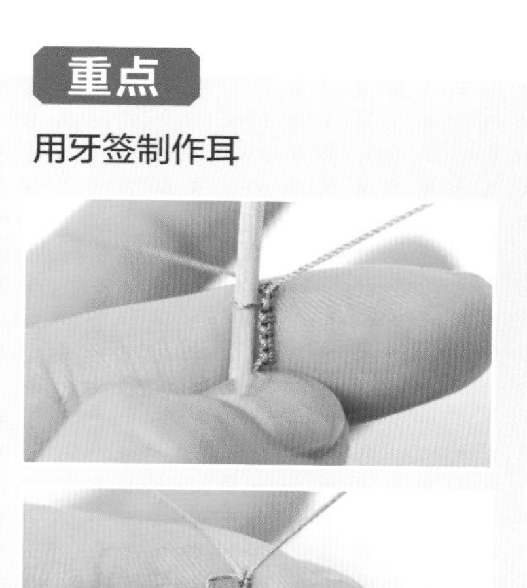

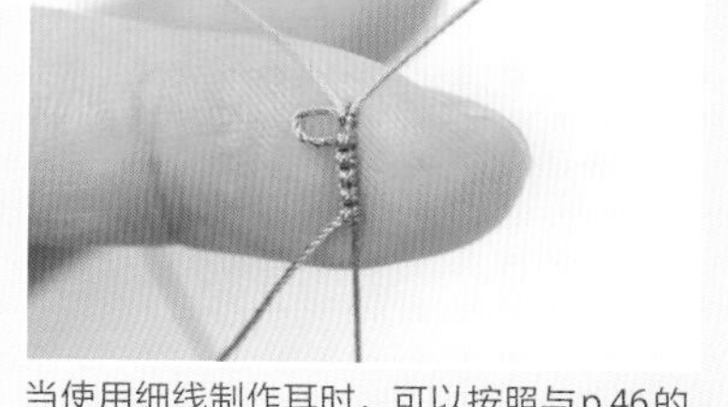

当使用细线制作耳时，可以按照与p.46的耳尺相同的方法，用牙签作为耳尺来进行梭编，可以制作出大小相同的耳。

C-4的制作方法 把吸管作为耳尺进行梭编。让我们来学习一下如何将丝带绕在梭编器上及怎样用丝带进行梭编吧。

●将丝带绕在梭编器上

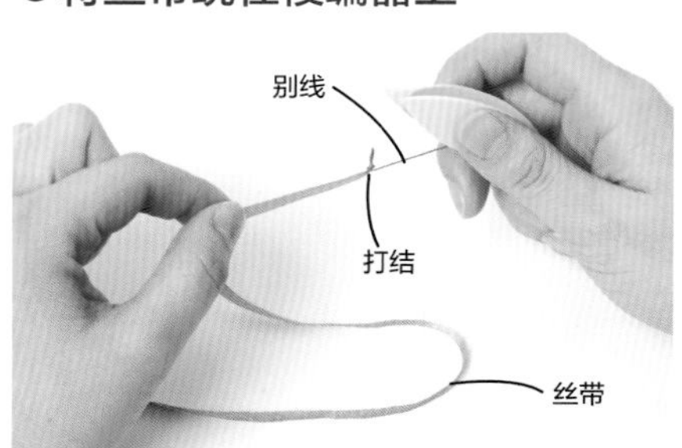

1 在梭编器上稍留一些别线的状态下，将别线和丝带打结。

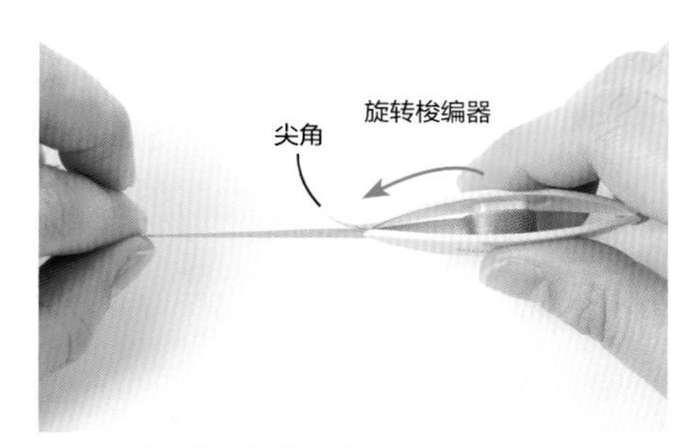

2 用左手夹住丝带。横向拿着梭编器，左手不要动，旋转梭编器让丝带不弯折地绕在上面。

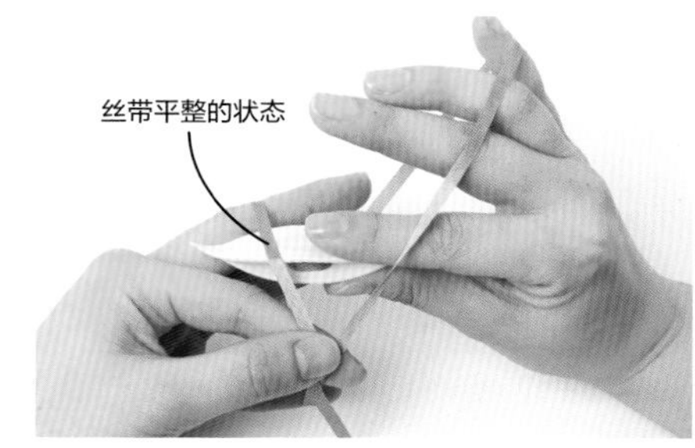

3 待在梭编器上绕好丝带后，将丝带作成环。在丝带平整的状态下将其挂线在手指上，梭编1针。

●吸管耳尺

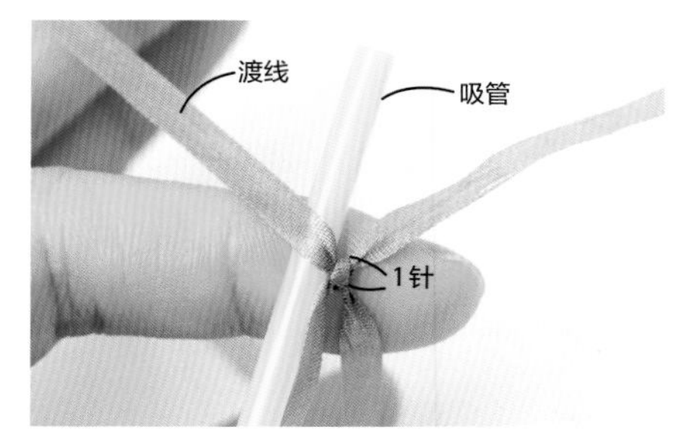

4 将吸管插入渡线和食指间。

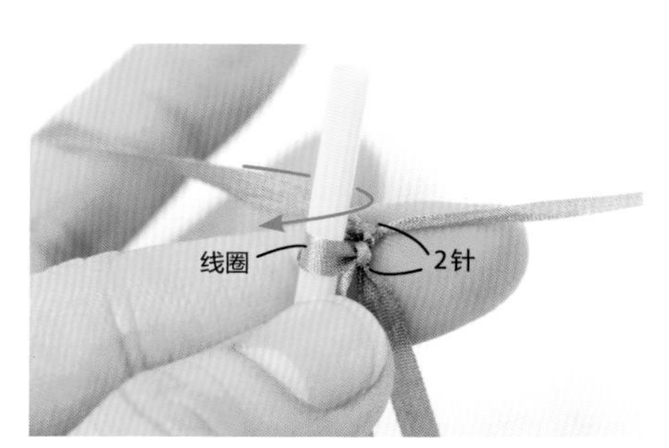

5 按照与p.46的步骤**3～5**相同的方法，在吸管右侧制作1针，将渡线移至前面。

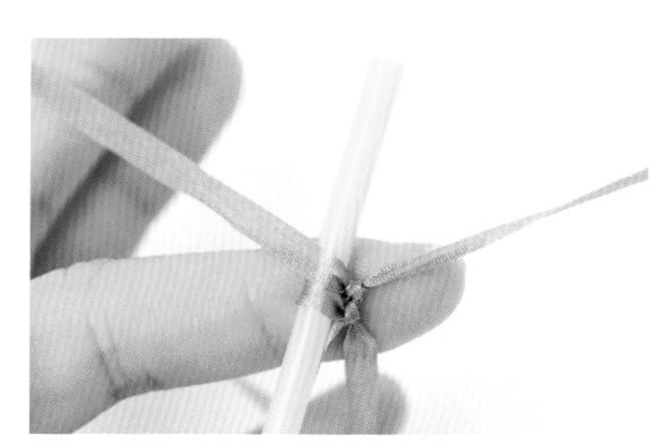

6 回到与步骤**4**相同的状态。

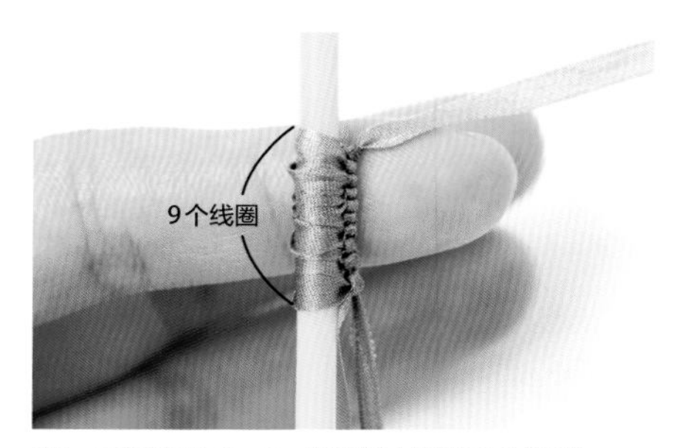

7 重复步骤**5～6**，在吸管上制作9个线圈。

正面

8 抽出吸管，拉动梭编器上的丝带，制作成环。

反面

9 反面看上去要比正面更加饱满，因而将反面作为正面使用（线头收尾请参考p.42）。

C-5、6的制作方法 用珠子作成花样C的外形。图片以C-6为例进行解说。

●将珠子穿在线上

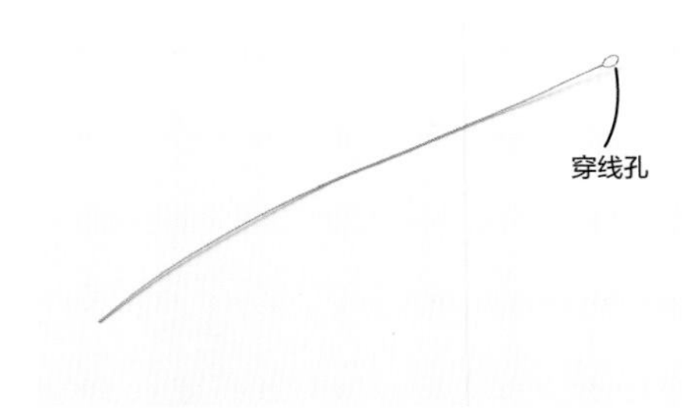

1 使用穿珠针将珠子穿入线上。

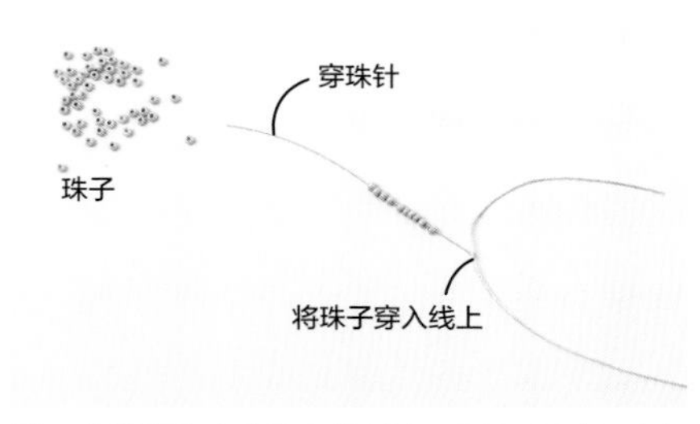

2 将线穿入穿珠针上的针孔，把35颗珠子穿在穿珠针上。

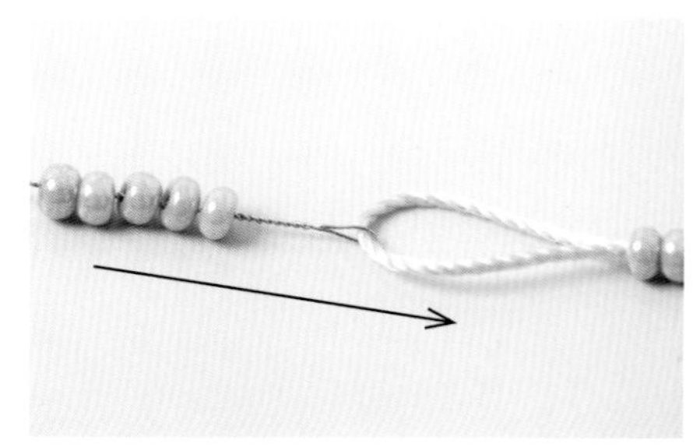

3 用手指将珠子移向线处，并将珠子移到线上。穿珠针的孔会向纵长方向变形，待穿好珠子后，可以用锥子等扩孔工具将其恢复到原来的状态。

●将珠子带入耳内

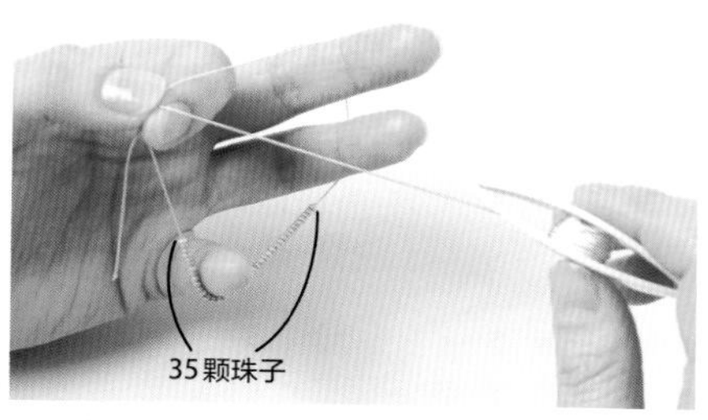

4 将穿了珠子的线作成环（参照 p.38）。在左手线圈中带有 35 颗珠子的状态下梭编 1 针。

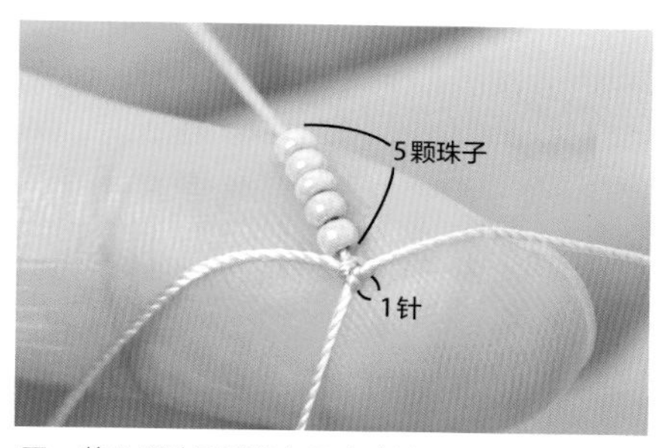

5 将 5 颗珠子移靠向已完成的 1 针。

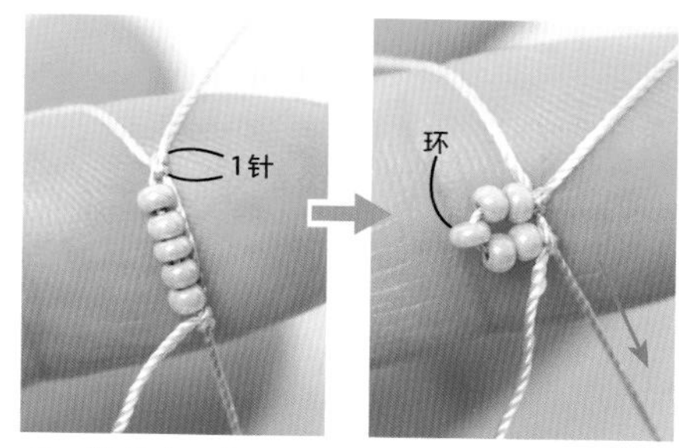

6 紧邻珠子梭编 1 针，将这一针移靠向步骤 **5** 的针脚。完成环的制作。

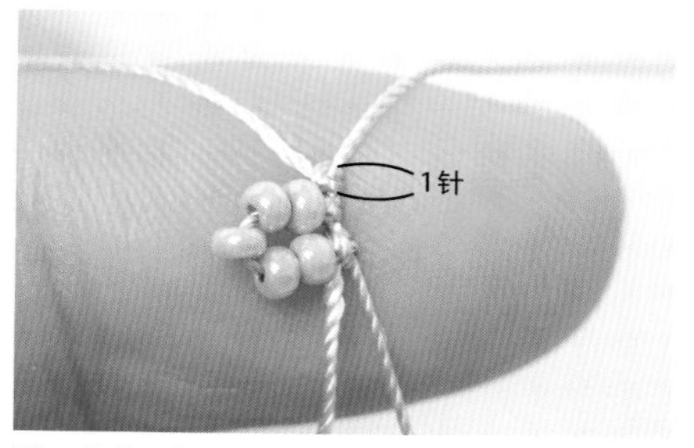

7 接着再梭编 1 针。

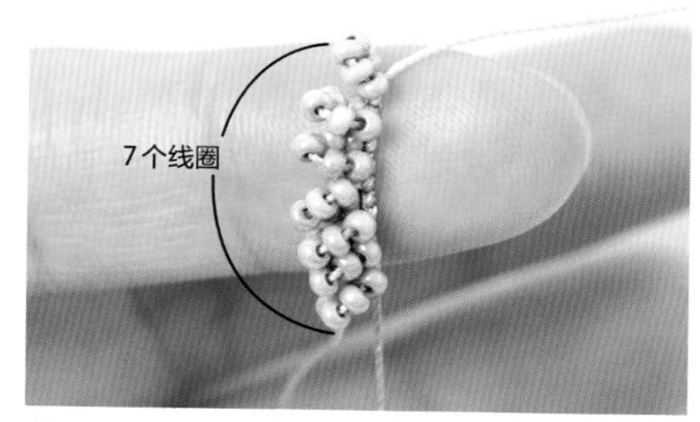

8 重复 6 次步骤 **5～7**（注意第 6 次是梭编至步骤 **6**），共制作 7 个线圈。

反面

9 拉动梭编器上的线，制作成环。反面看上去要比正面更加饱满，因而将反面作为正面使用（线头收尾请参考 p.42）。

C-7的制作方法

将吸管作为耳尺进行梭编。因为鱼线张力较大，所以梭编起来可能会较为困难。请在熟悉了用蕾丝线等进行梭编制作后再开始。

●将鱼线绕在梭编器上

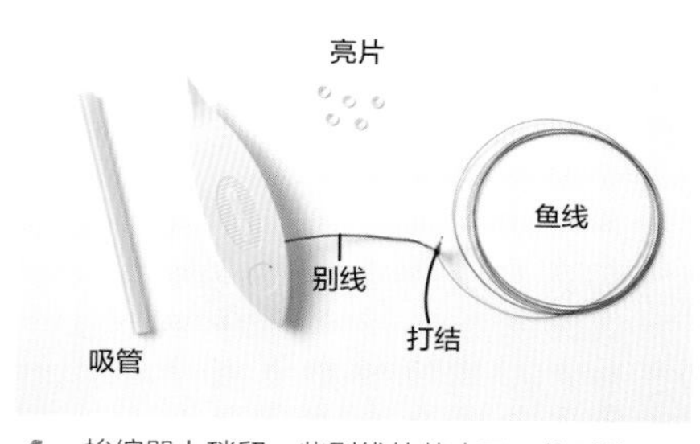

1 梭编器上稍留一些别线的状态下，将别线和鱼线打结，在梭编器上绕鱼线。待鱼线绕好后，将 5 片亮片穿入鱼线，并准备好吸管。

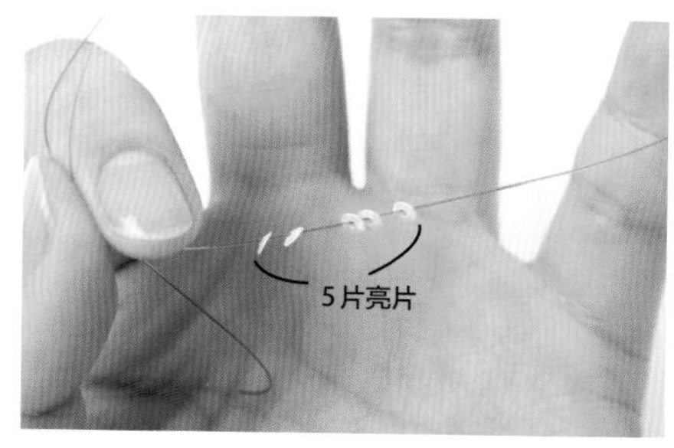

2 将线作成环。在 5 片亮片位于左手线环中的状态下制作 1 针。

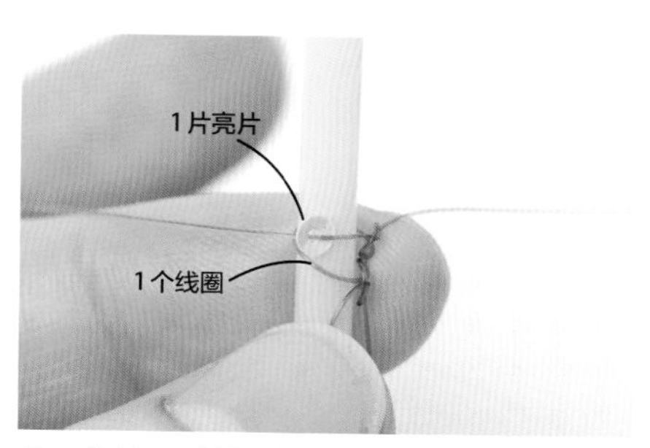

3 参考 p.47 的图片，按照与 p.46 步骤 **2～6** 相同的要领，在吸管上梭编线圈。制作第 2 个线圈时将 1 片亮片移靠过来后再梭编线圈。

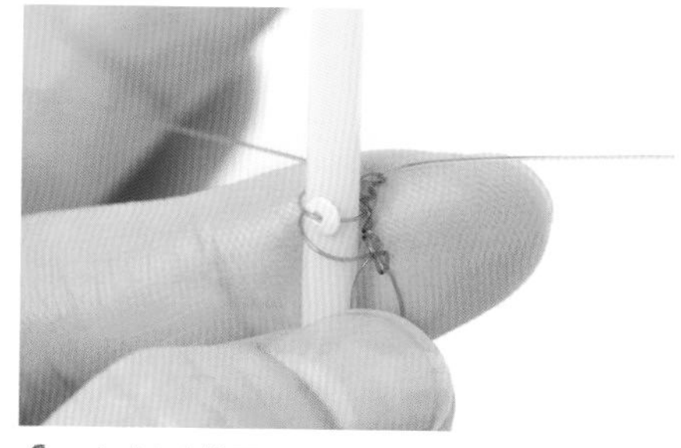

4 完成 2 个线圈。

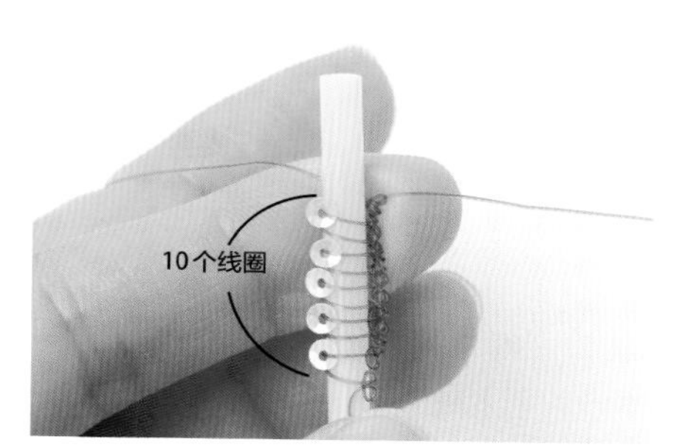

5 抽出吸管，拉动梭编器上的鱼线制作成环。

反面

6 按照与 p.51 步骤 **10** 相同的方式进行线的收尾。反面看上去要比正面更加饱满，因而将反面作为正面使用。

花样 C 的胸针 …p.25

尺寸 直径约 4cm

材料

丝线 / 淡蓝色、沙米色 …各 3m
丝带 / 青灰色（宽 4㎜）…2m
彩色鱼线 4 号 / 棕色 …1.5m
小圆米珠 / 珍珠绿色 …105 颗
角珠 / 灰色 …175 颗
特小圆米珠 / 摩卡色…70 颗
亮片 / 极光米咖色（3㎜）…15 片
天然石 / 大理石（约 3㎜）…10 颗
胸针针托 · 甜甜圈款 / 复古金（38㎜）…1 个

工具

1 个梭编器、穿珠针、冰激凌等的盒盖制作的耳尺、
直径约 4㎜的吸管、剪刀、木工胶、牙签、
量尺、平口钳

❶ 制作花片　※ 所有线头均保留

小花（9 瓣）

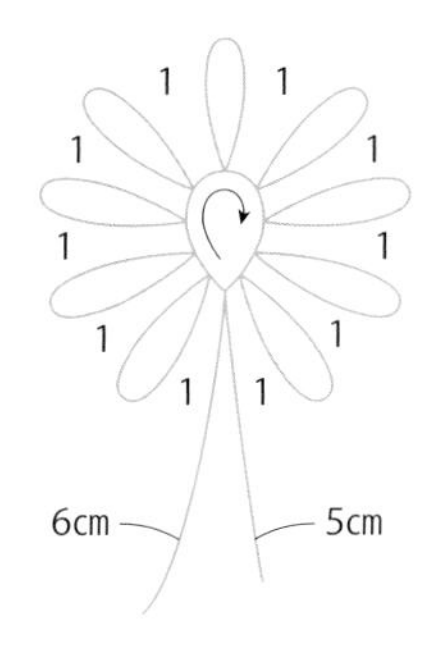

a= 丝线（淡蓝色）2 朵→和 p.47 **C-1**、**2** 相同，用牙签作为耳尺进行梭编

b= 丝线（沙米色）4 朵→和 p.46 **C** 相同，用耳尺进行梭编

c= 丝带 2 朵→和 p.48 **C-4** 相同，用吸管作为耳尺进行梭编

小花（7 瓣）

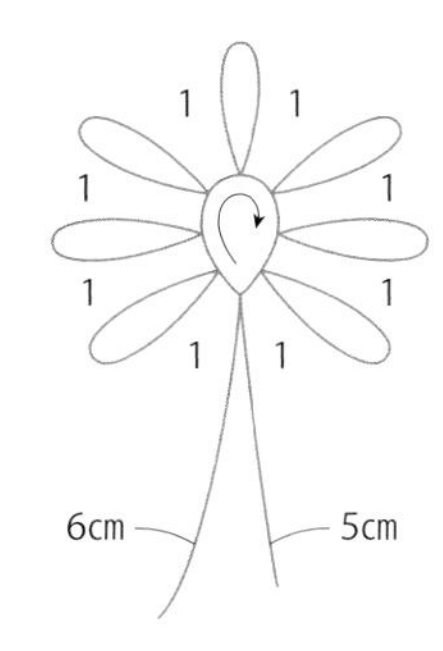

d= 丝带 2 朵→和 p.48 **C-4** 相同，用吸管作为耳尺进行梭编

珠花

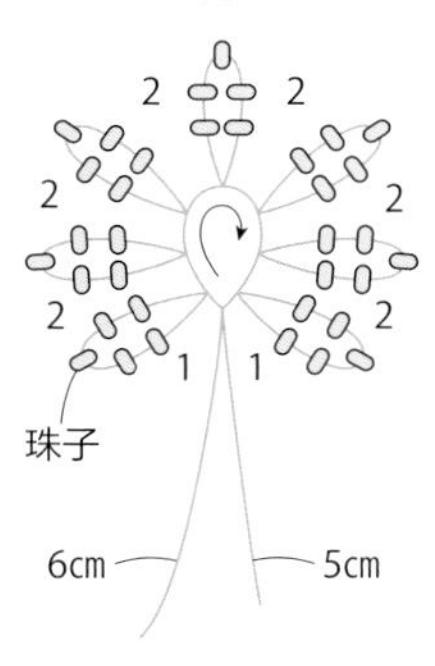

※ 均与 p.48 **C-4** 相同，用吸管作为耳尺进行梭编

	线	珠子	朵数
e	丝线（淡蓝色）	小圆米珠（珍珠绿色）35 颗	3
f	丝线（淡蓝色）	角珠（灰色）35 颗	3
g	丝线（沙米色）	角珠（灰色）35 颗	2
h	丝线（沙米色）	特小圆米珠（摩卡色）35 颗	2

鱼线花

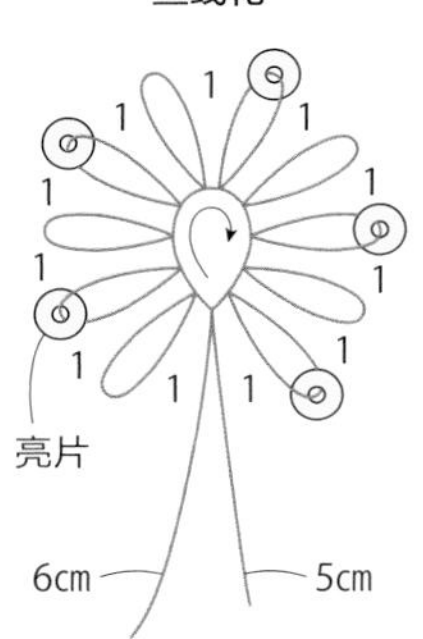

i= 鱼线 ｛ 3 朵→和 p.49 **C-7** 相同，用吸管作为耳尺进行梭编

❷ 在胸针的花洒托盘上安装步骤❶的配件。参考 p.51 的图片，按①～㉓的顺序装在托盘上（为便于理解，穿入位置用●和●来表示）

① c　② e　③ i　④ i　⑤ b　⑥ a　⑦ g　⑧ b　⑨ h　⑩ f　⑪ e　⑫ d　⑬ c　⑭ e　⑮ i　⑯ b　⑰ a　⑱ g　⑲ b　⑳ f　㉑ f　㉒ h　㉓ d

胸针的花洒托盘

花洒托盘的孔每个都会有稍许差异，所以请参考图示，并保持平衡地进行安装

❸ 将步骤❷放在胸针底座上，用平口钳将底座上的角弯折固定

在花洒托盘上安装小花、珠花和鱼线花（p.50 的顺序❷）

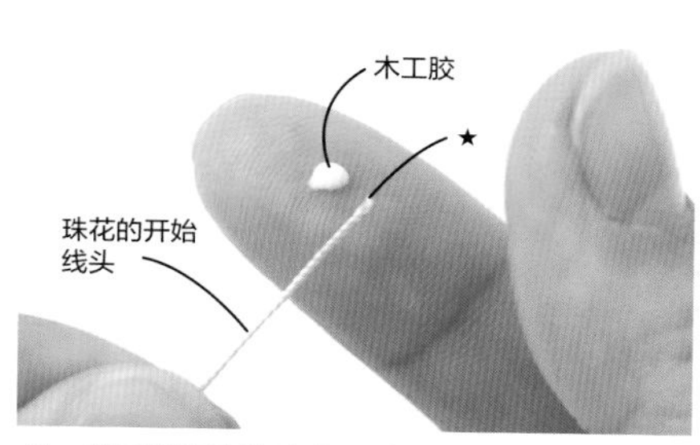

1 将天然石穿在珠花 e～h 上。在食指上涂木工胶（以下简称胶水），夹住开始一侧的线头。

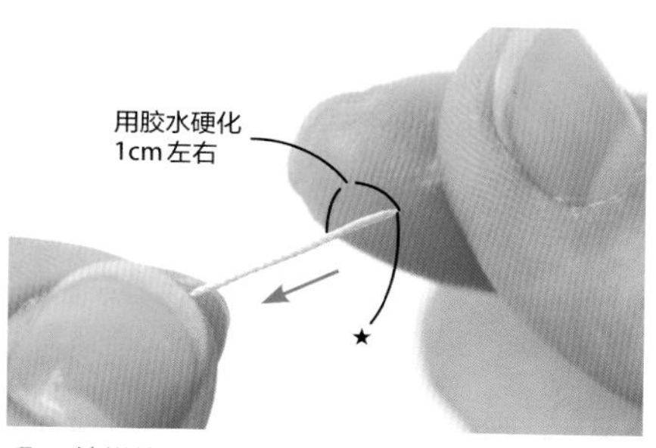

2 捻搓的同时拉线头，从前端 1cm 处涂抹胶水。待其干透并硬化。

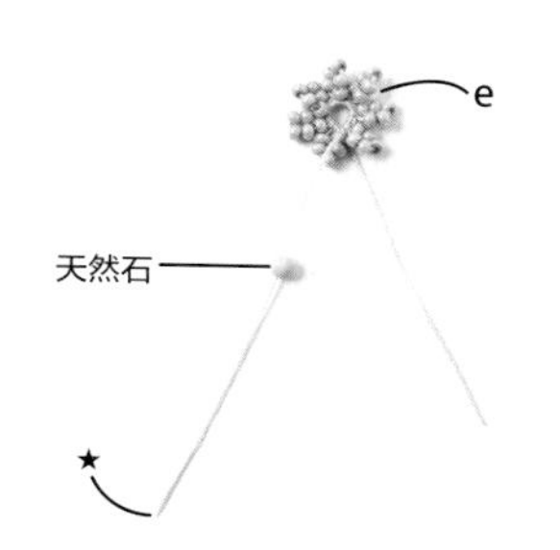

3 在涂抹了胶水的线头上，穿入 1 颗天然石。

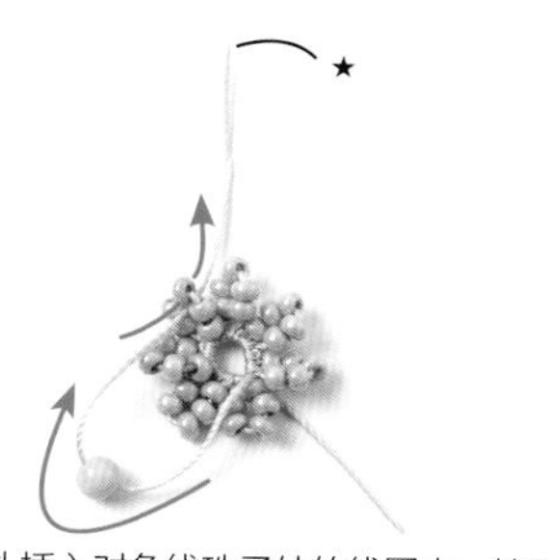

4 将线头插入对角线珠子处的线圈内。按同样要领，在 10 朵珠花上分别穿入天然石。

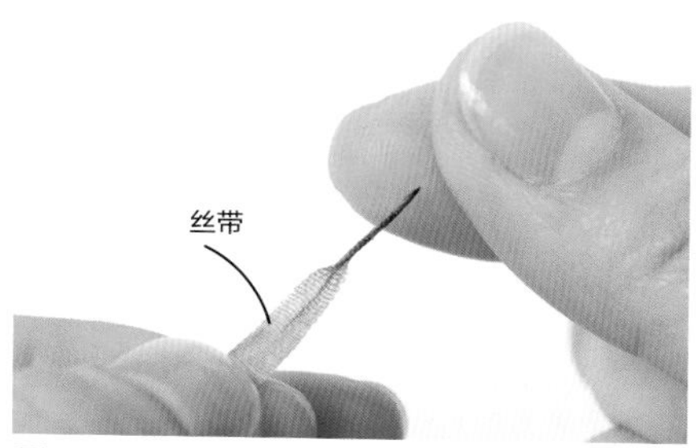

5 丝带（小花的 c、d）是将两头按与步骤 **1～2** 同样的方法涂抹胶水使其硬化。

6 参考 p.50 的步骤②，以图示①开始为序在花洒托盘上装花片。在图示①的位置上穿入 C 的线头。

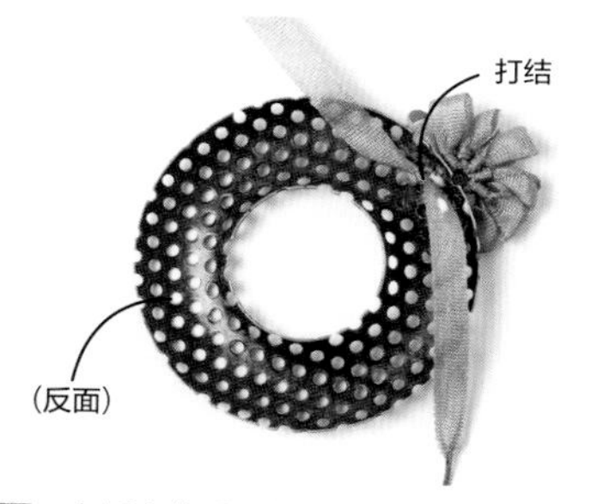

7 在托盘的反面打一个结，在打结处涂抹胶水后再打一个结。待干透后，留少许线头剪断（参考步骤 **11**）。

8 将 e 穿入图示②的位置上，按照与步骤 **7** 相同的方法进行安装。

9 将 i 穿入图示③的位置上。

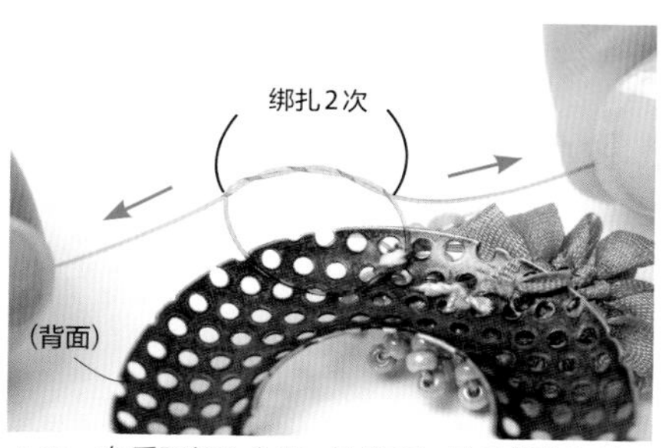

10 在反面打 1 个结，涂胶后，接着绑扎打结 2 次（因为鱼线有张力，所以绑扎的目的是为了使其不易松散开）。

11 打结处的线头留得要比其他地方稍长些，打结后剪断。

12 完成图示中的①～③后，装在花洒托盘上的样子。图示④以后均按相同方法安装。

花样D的制作方法 …p.5

…p.5

制作环的同时，用“接耳”的方式连接3个环。

线 奥林巴斯（OLYMPUS）梭编蕾丝线·中粗/米色（T202）…1.1m
工具 1个梭编器、10号蕾丝钩针、剪刀、木工胶、牙签、量尺
※ 为便于理解，更换了线进行解说。

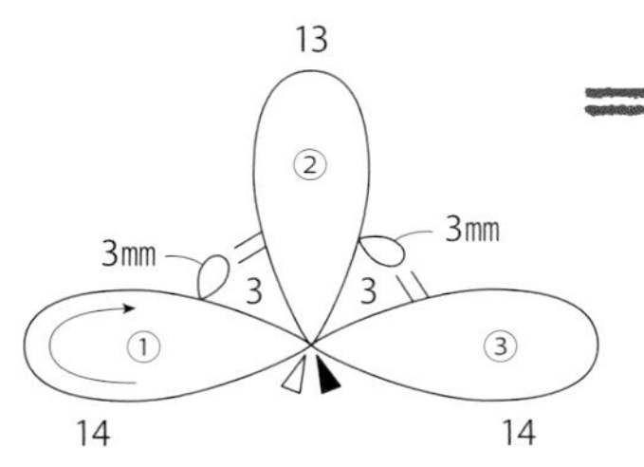

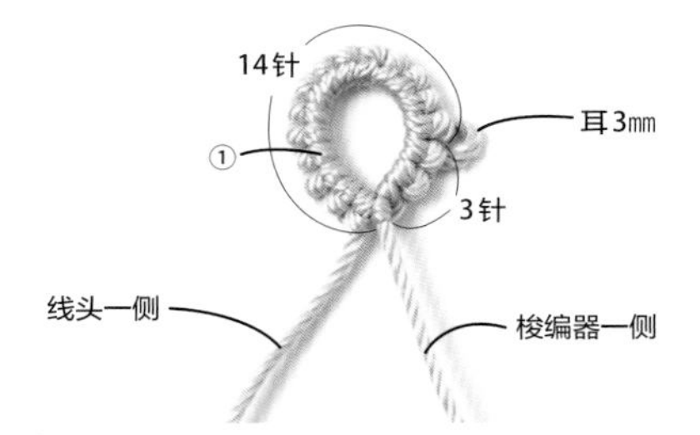

1 梭编图示中的环①（14针、耳、3针）（参考p.44花片B）。

2 用手指压住环①梭编环②。开始的正结搭在环①的上方。

和环①平行梭编正结的话，之后环①和环②之间就会出现间隙，无法作成漂亮的花片，必须依照步骤**2**将正结搭在环的上方。

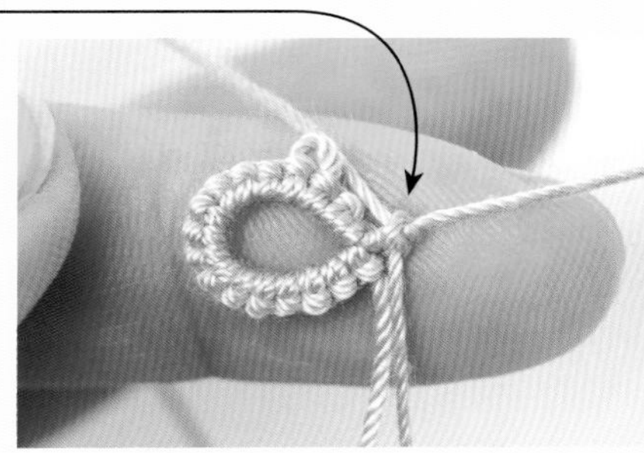

3 继续梭编反结，之前搭在环上的正结就会偏向右侧，紧邻环①。

●接耳

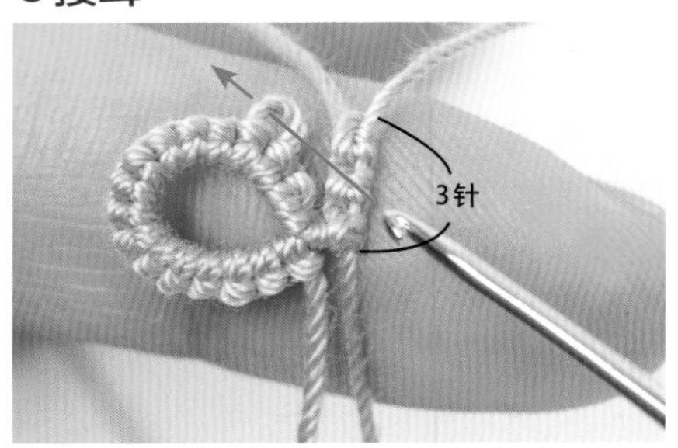

4 梭编3针后，进行接耳。将蕾丝钩针插入耳中。

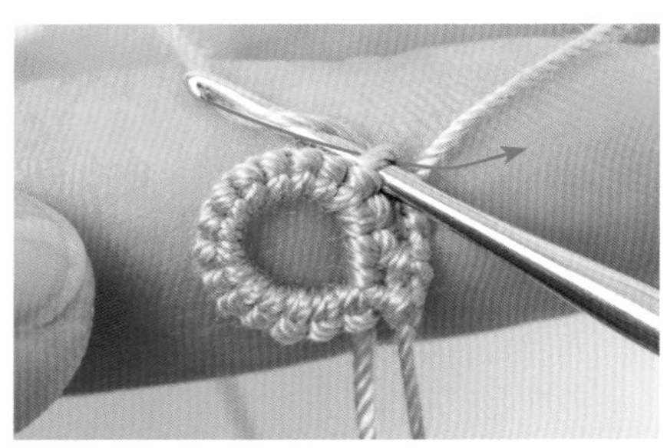

5 将挂在左手上的线圈（环②用）挂在钩针上带出。

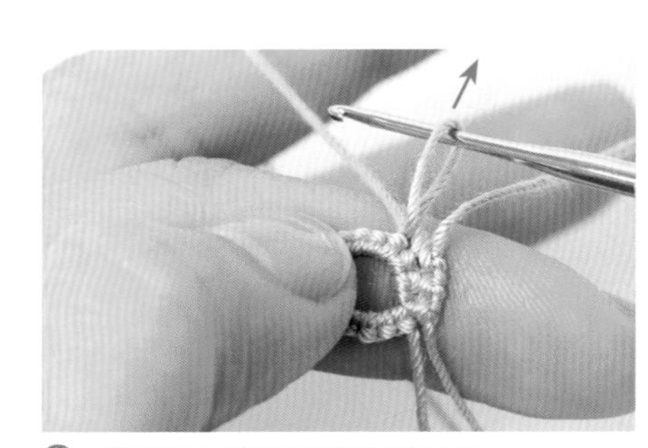

6 线带出至可以穿过梭编器的长度。

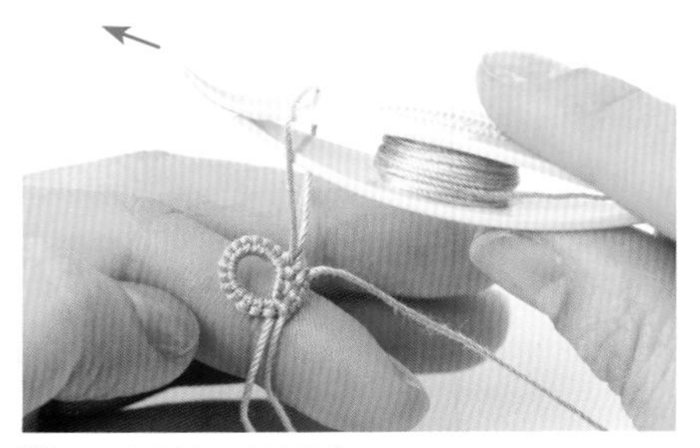

7 取出钩针，穿过梭编器。

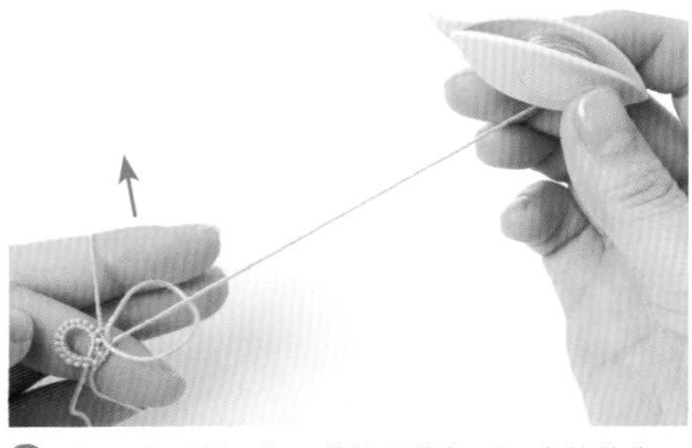

8 打开左手的手指，使线圈恢复到原来的状态。

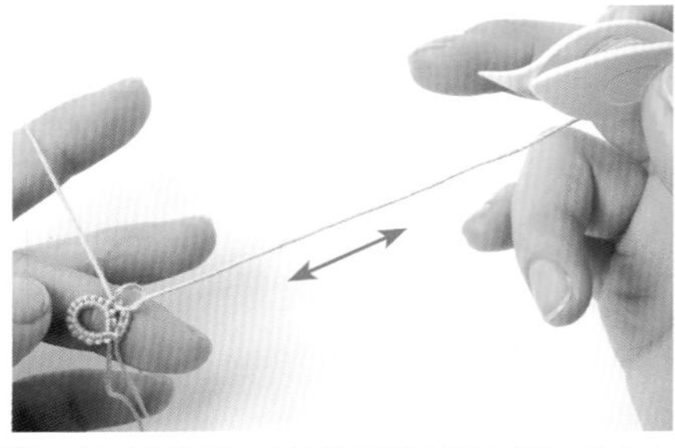

9 拉动梭编器，确认线的活动情况（线圈会变大变小）。此时，用拇指压住花片。

10 完成了接耳。

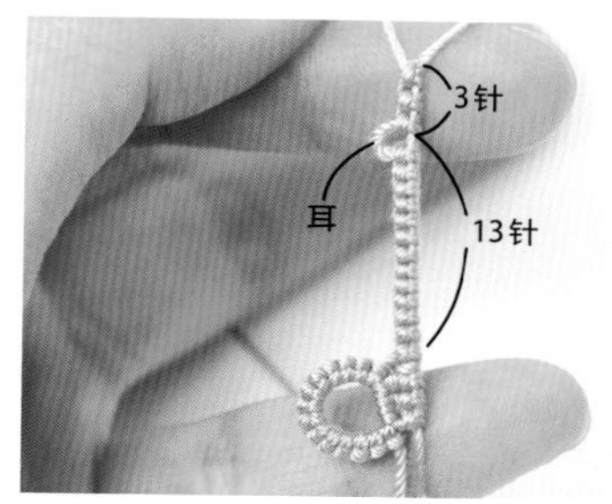

11 接着梭编环②（13针、耳、3针）。

12 拉动梭编器上的线，制作成环。

13 环③重复步骤 **2～10** 进行接耳。

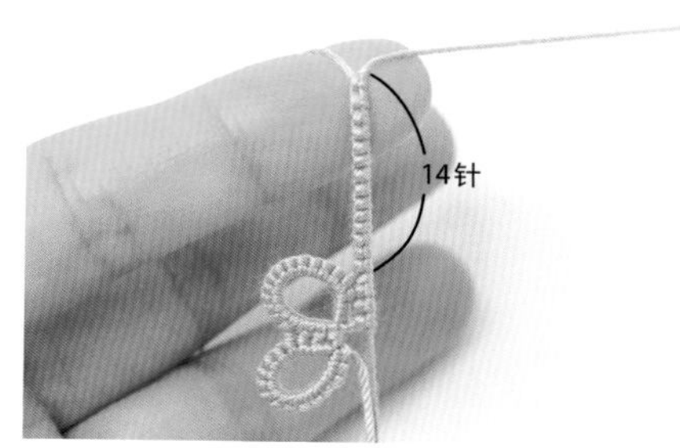

14 接着梭编 14 针。

15 拉动梭编器上的线，制作成环（线的收尾请参考 p.42）。

改编的基础花片 花样 D-1～4 …p.10

线材

D-1 丝线 / 柠檬黄…1.1m

D-2 DMC Diamant 金属刺绣线 / 金色（D3821）…1m

D-3 奥林巴斯（OLYMPUS）梭编蕾丝线 · 金属线 / 金黄色（T407）…1.1m

C-4 横田（DARUMA）30 号金属蕾丝线 / 亮金色（1）…1.1m

工具

1 个梭编器、10 号蕾丝钩针、剪刀、木工胶、牙签、量尺

制作方法

参考花样 **D**，按同样方法换线梭编相同针数。

13
②
3mm
3mm
3
3
①
③
14
14
1=1.5cm
2=1.2cm
3=1.4cm
4=1.6cm

花样 D 的耳坠 …p.22

尺寸参考上方的 **D-2～4**

线材

DMC Diamant 金属刺绣线 / 金色（D3821）…2m

奥林巴斯（OLYMPUS）梭编蕾丝线 · 金属线 / 金黄色（T407）…2.2m

C 形开口圈 / 金色（0.7mm 粗 × 3.5mm × 4.5mm）…6 个

耳坠配件（带 3 个吊环）/ 金色（约 30mm × 12mm）…1 对

工具

梭编器 1 个、10 号蕾丝钩针、剪刀、木工胶、牙签、量尺、平口钳、圆嘴钳

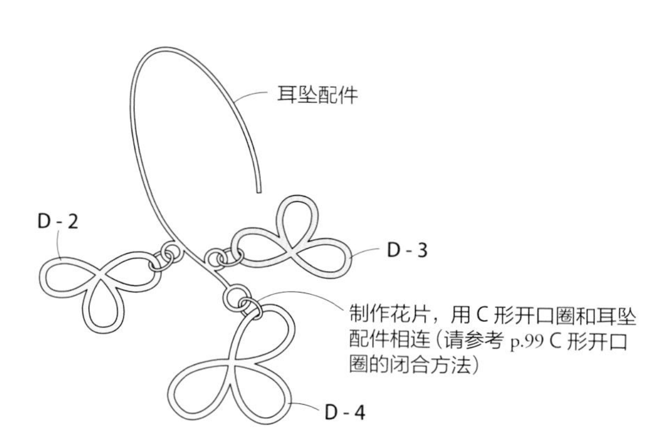

花样 E 的制作方法 …p.5

制作 3 层环，注意在梭编接耳时线的转动方向。

线　奥林巴斯（OLYMPUS）梭编蕾丝线 · 中粗 / 米色（T202）…1m
工具　1 个梭编器、10 号蕾丝钩针、木工胶、牙签、量尺
※ 为便于理解，更换了线进行解说。

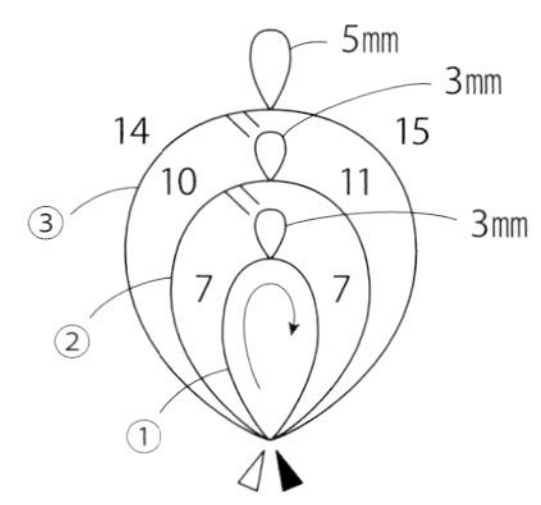

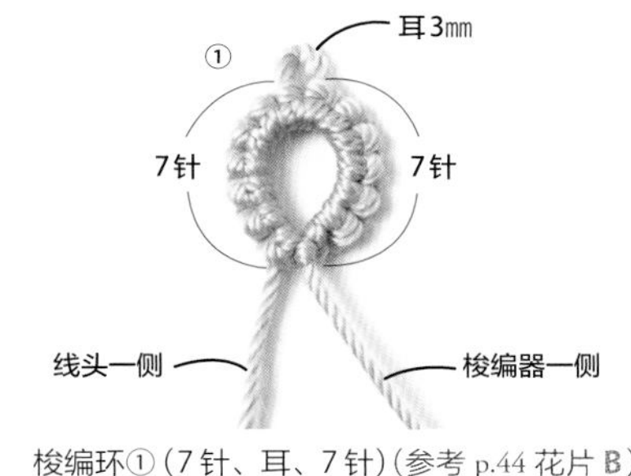

1 梭编环①（7 针、耳、7 针）（参考 p.44 花片 B）。

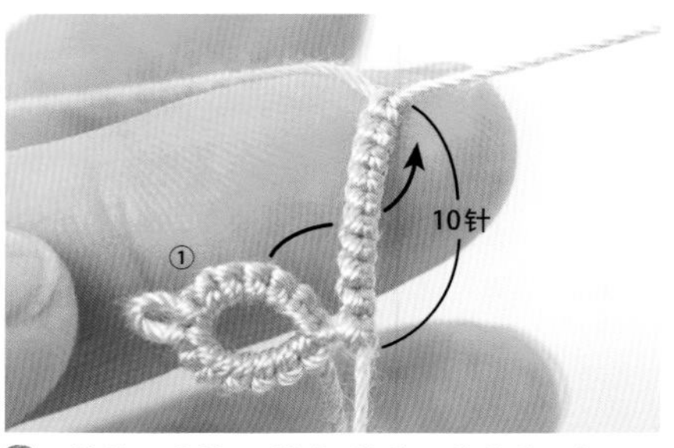

2 梭编环②的 10 针（开始的正结的位置与 p.52 的步骤 **2** 相同），将环①从 10 针的后面转向右侧。

3 环①来到了环②的右侧。

4 梭编接耳（参考 p.52），将蕾丝钩针插入环①的耳内，挂线带出，按箭头所示方向穿过梭编器。

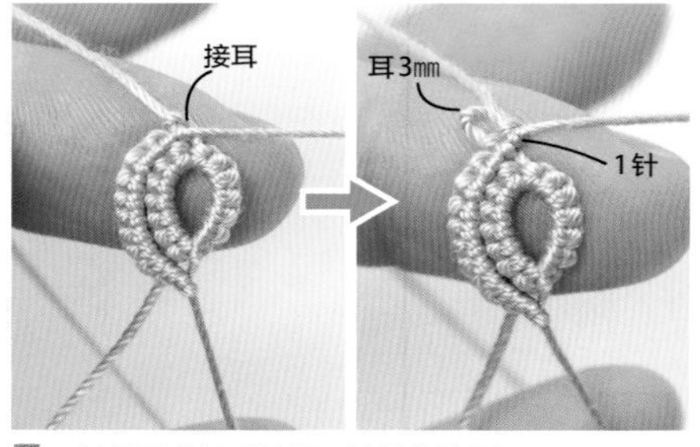

5 梭编器穿过后接耳，接着梭编耳。

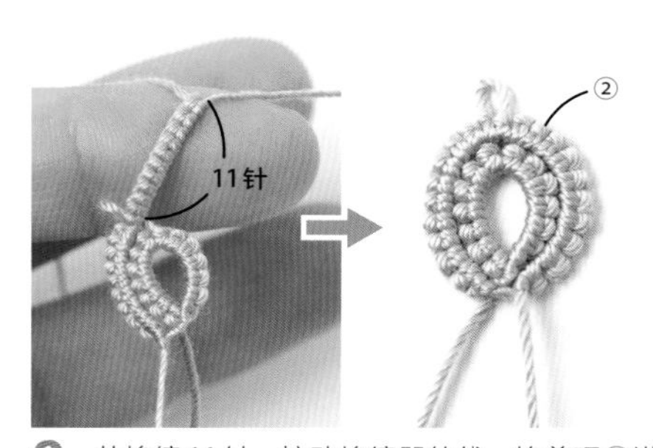

6 共梭编 11 针，拉动梭编器的线，挨着环①进行调整制作成环。在环①的外侧完成了环②。

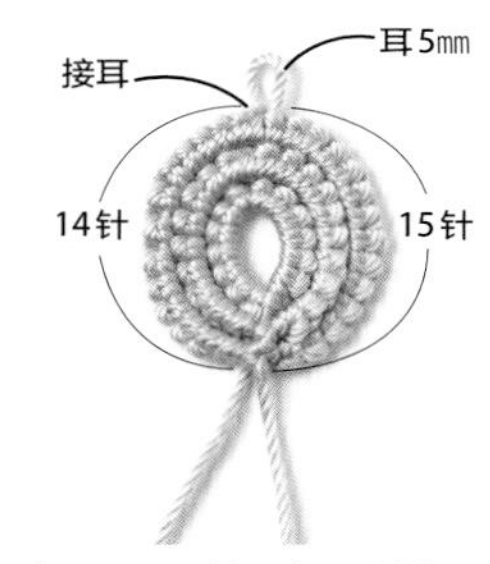

7 按照步骤 **2**～**6** 的要领，制作环③（参考 p.42 线的收尾）。

改编的基础花片 花样 E-1～6 …p.10

线材

E-1、2 奥林巴斯（OLYMPUS）梭编蕾丝线 · 细线 / 亮蓝色（T110）…**E-1** 为 90cm、**E-2** 为 1m
E-3、4 丝线 / 亮粉色…**E-3** 为 1m、**E-4** 为 1.2m
E-5、6 奥林巴斯（OLYMPUS）梭编蕾丝线 · 粗线 / 奶油色（T302）…**E-5** 为 1.2m、**E-6** 为 1.4m

工具

1 个梭编器、10 号蕾丝钩针、剪刀、木工胶、牙签、量尺

制作方法

参考花样 **E**，用指定的线进行制作，**E-1**、**3**、**5** 是梭编至环②，**E-2**、**4**、**6** 是按同样方法制作相同针数。

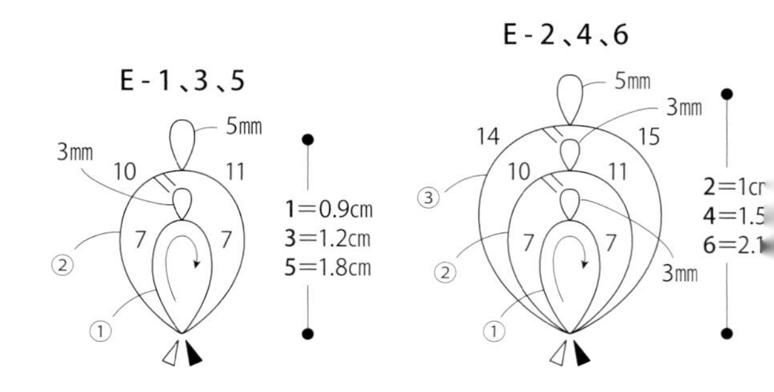

花样 E 的手链 …p.25

尺寸 总长约 20.5cm

材料

丝线 / 亮米色…3.4m　亮粉色…5.1m

淡水珍珠 / 米粒形（约 4㎜ × 3㎜）…42 颗

小圆米珠 / 米色…44 颗

收尾扣（OT 扣套装）/ 银白色（O 扣的环 11㎜ × 14㎜、T 扣 15㎜）…1 对

工具

1 个梭编器、穿珠针、10 号蕾丝钩针、剪刀、木工胶、牙签、量尺

※ 因为是使用 1 个梭编器，所以各线进行步骤❶～❸的制作

❶ 参考 p.48，在 3.4m 亮米色、3.6m 亮粉色的线上分别穿珠（亮米色、亮粉色通用）

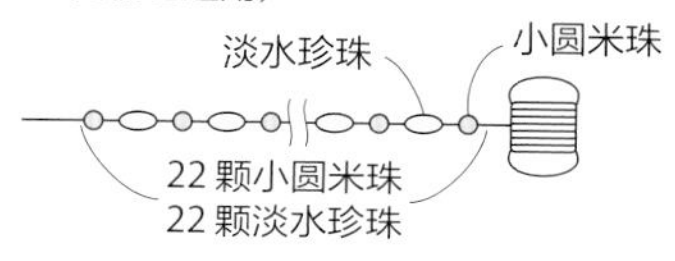

❷ 按下面顺序绕线
（请参考 p.59“将珠子绕在梭编器上”）

< 亮米色的线 >
空绕（即不带珠子）20 次→○ + 空绕 2 次→（⬭ ○ + 空绕 2 次）× 重复 12 次
→［空绕 10 次］→（⬭ ○ + 空绕 2 次）× 重复 9 次
→留约 40cm 断线

< 亮粉色的线 >
除将亮米色线绕线步骤［　］内的空绕改为 15 次外，其余相同

❸ 参考图片制作配件。线的收尾和 p.45 的步骤❶ -e 相同

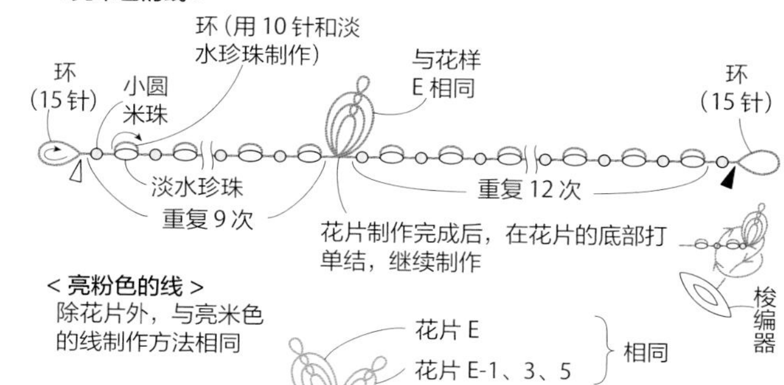

❹ 按 a～d 的顺序完成组装

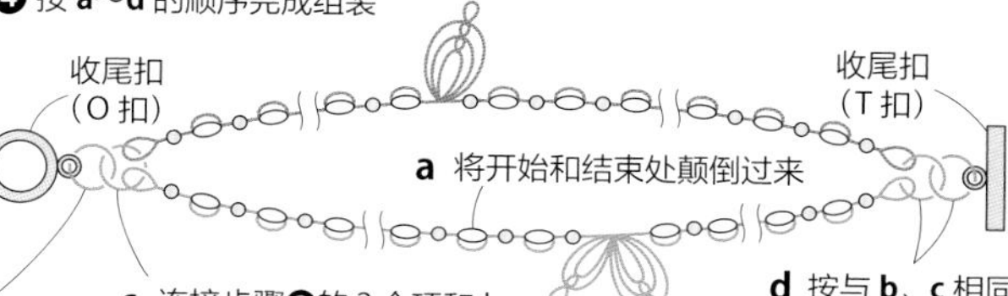

步骤❸开始处的制作（将珠子放入环内的制作）

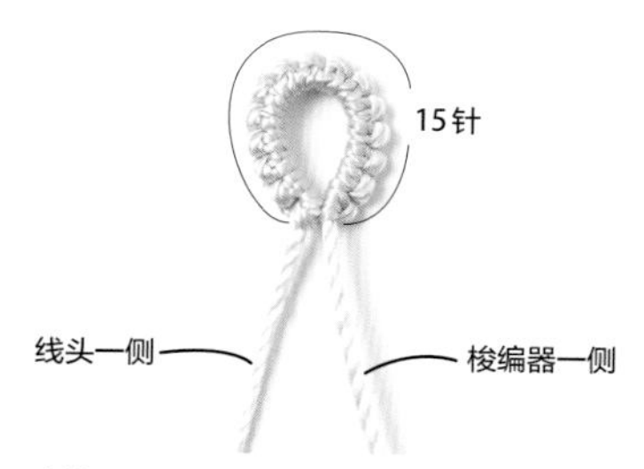

1 制作 15 针的环（参考 p.38）。

小圆米珠　10 针　淡水珍珠

2 将 1 颗小圆米珠移靠向步骤 **1** 处，梭编下一个环。在左手挂线的线圈中放入 1 颗淡水珍珠的状态下梭编 10 针，拉动梭编器上的线制作成环。

3 重复步骤 **2**，在环和环之间放入小圆米珠，环内放入淡水珍珠进行制作。使环自然地作成朝上或朝下。

❹收尾扣和环的连接方法

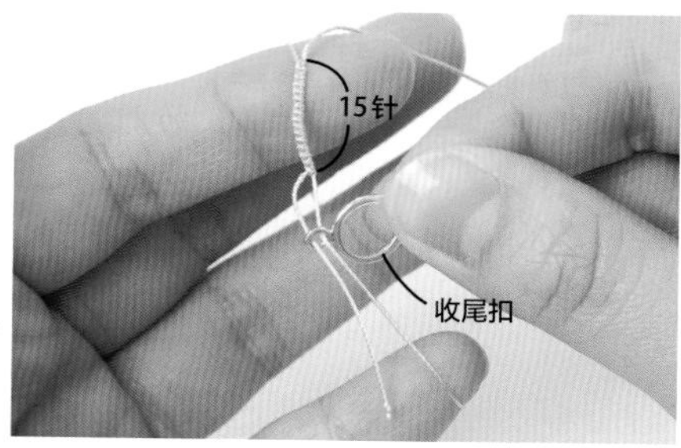

1 将梭编器的线穿过收尾扣的孔，在左手挂线的线圈中放入收尾扣的状态下梭编 15 针，将线头穿过收尾扣的孔。

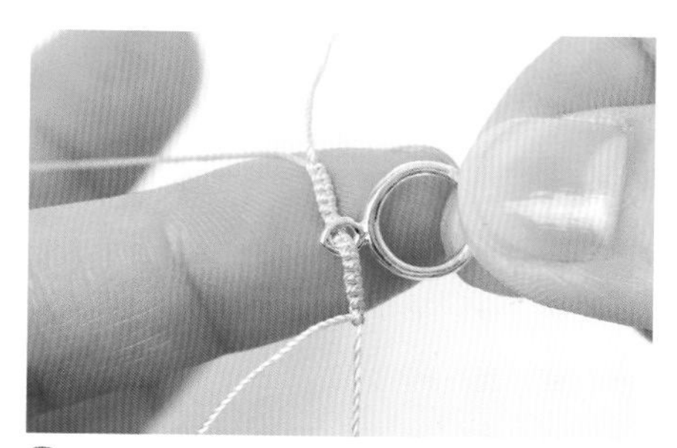

2 将收尾扣移至 15 针的中心。

3 拉动梭编器的线制作成环。收尾扣和环的连接完成。

花样F的制作方法 …p.5

…p.5

介绍在环、耳、接耳处加入翻转（翻面）的花片的方法。

线 奥林巴斯（OLYMPUS）梭编蕾丝线·中粗 / 米色（T202）…1.5m
工具 1个梭编器、10号蕾丝钩针、剪刀、木工胶、牙签、量尺
※ 为便于理解，更换了线进行解说。

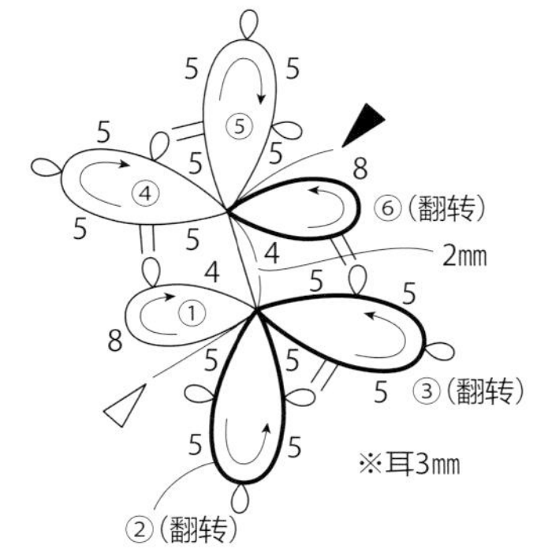

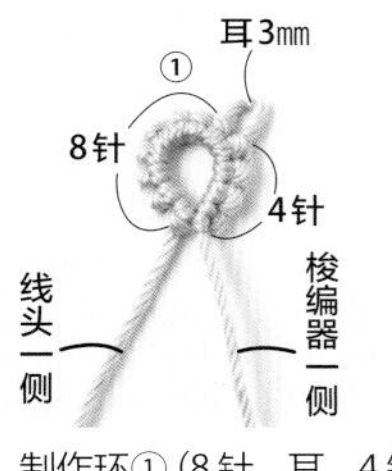

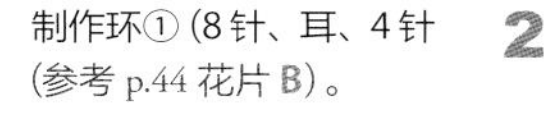

1 制作环①（8针、耳、4针（参考p.44花片B）。

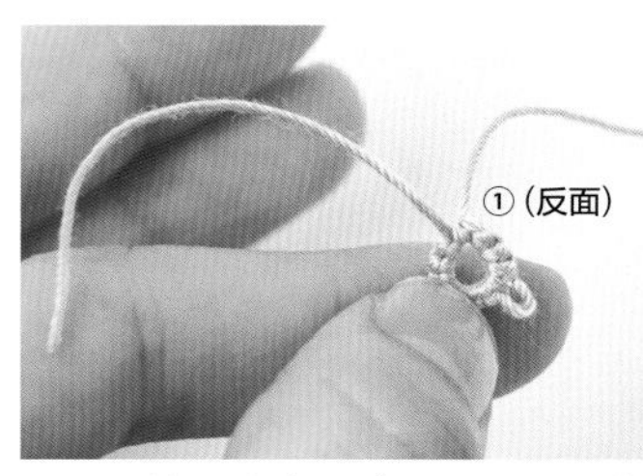

2 翻转环①（翻面），搭在左手食指上。

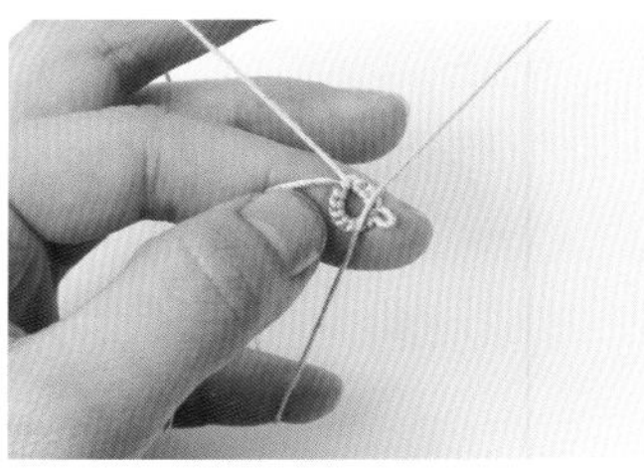

3 制作环②。用拇指按住左手上挂的线圈和环①。

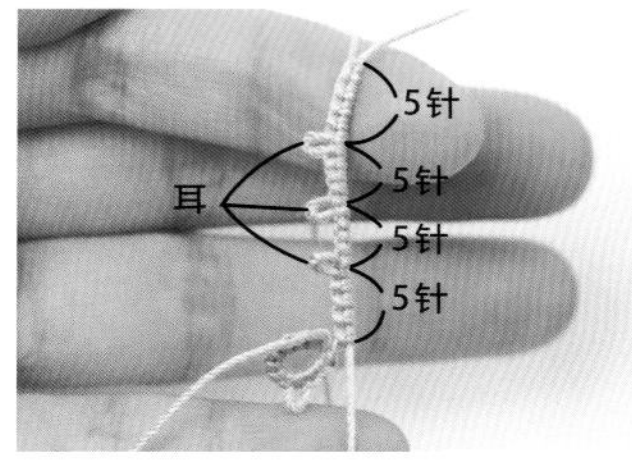

4 交替制作5针和耳（开始的正结的位置和p.52的步骤**2**相同，环③、⑤、⑥也是同样）。

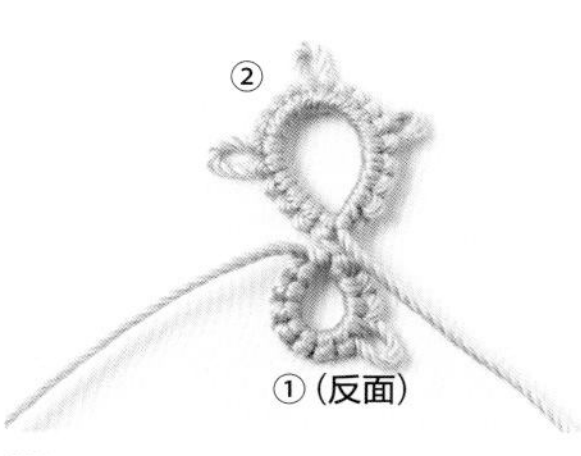

5 拉动梭编器的线制作成环。

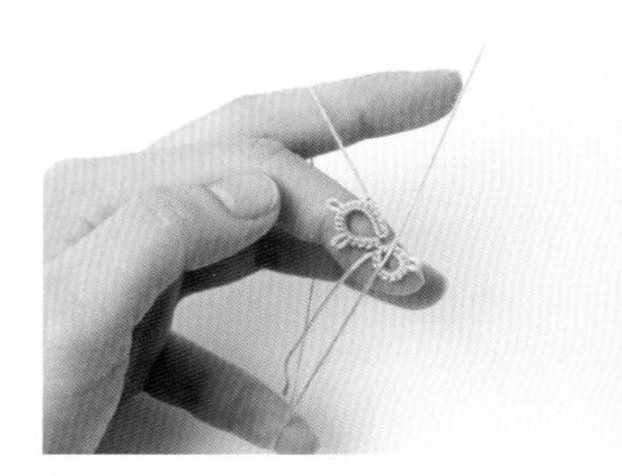

6 环②完成后接着梭编环③。

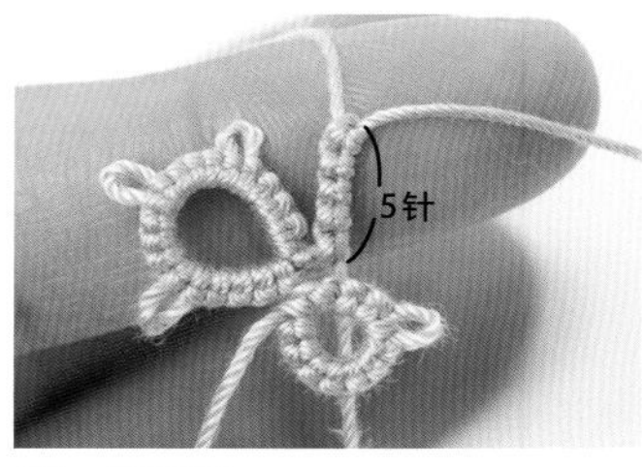

7 梭编5针。

8 在环②的耳处进行接耳。

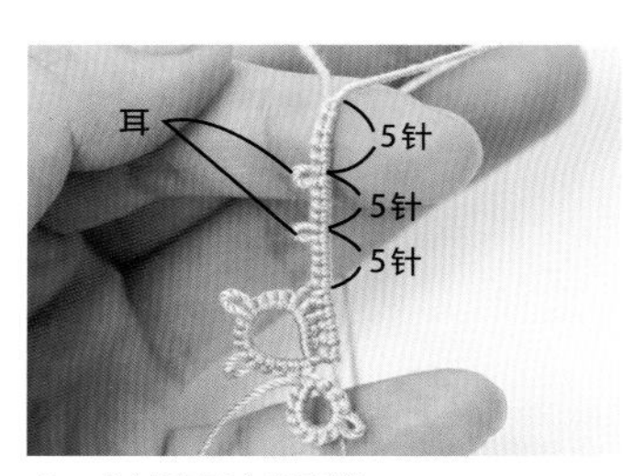

9 5针和耳交替制作。

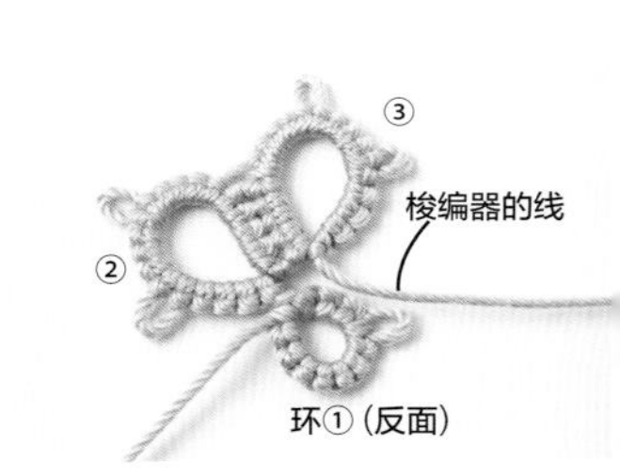

10 拉动梭编器上的线制作成环。

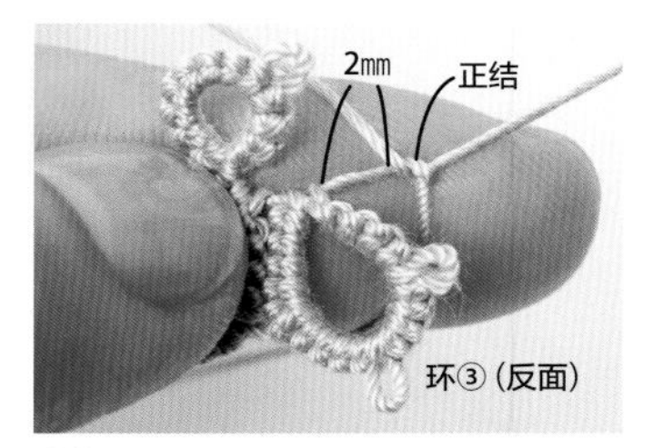

11 制作环④。翻转环③，隔开2㎜梭编正结。

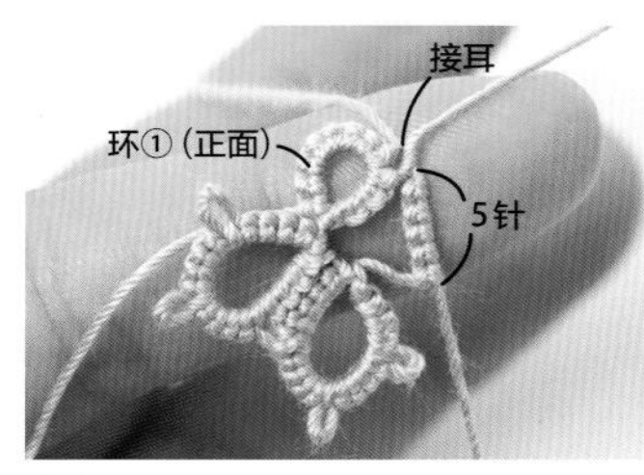

12 和环③一样共梭编5针，在环①的耳上进行接耳。

13 和步骤**9**相同梭编剩余的部分制作。

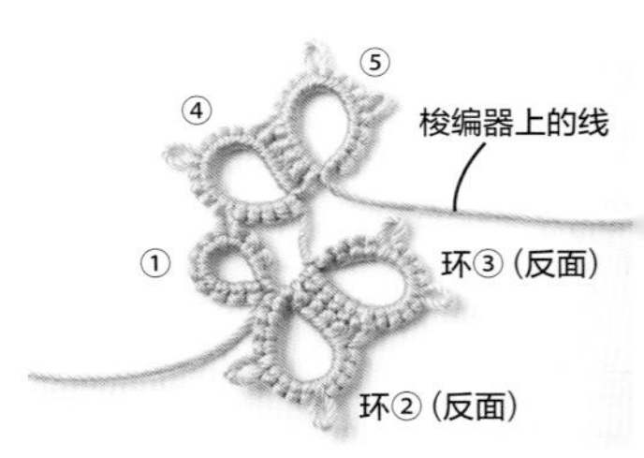

14 拉动梭编器上的线制作成环，环⑤按照与环③（步骤**6**～**10**）同样的要领制作。

●线的收尾（1 根线头的收尾）

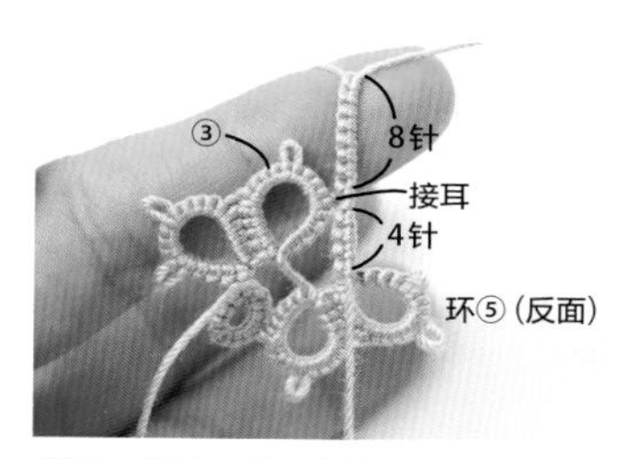

15 翻转环⑤，制作环⑥。4 针、在环③的耳处接耳，梭编 8 针。

16 拉动梭编器上的线制作成环，进行线的收尾。将线头穿过花片的空隙。

17 将线头穿过步骤 **16** 形成的环内收紧。

18 收紧处涂抹木工胶，再重复 1 次步骤 **16～17**。待胶水干透后，在靠近打结处将线剪断（开始处也同样进行收尾）。

改编的基础花片 花样 F-1～3 …p.10

线材

F-1 奥林巴斯（OLYMPUS）梭编蕾丝线 · 细线 / 亮蓝色（T110）…1.2m
a/ 角珠　银白色 …6 颗
b/ 切面玻璃珠 青灰色（2㎜）…1 颗

F-2 丝线 / 蓝薰衣草色 …1.4m
a/ 天然石 天青石 · 圆形切割（2㎜）…6 颗
b/ 施华洛世奇水晶珠 #5328 淡蓝钻（3㎜）…1 颗

F-3 横田（DARUMA）30 号金属蕾丝线 / 银色（2）…1.7m
a、b/ 施华洛世奇水晶珠 #5328 黑钻（3㎜）…7 颗

工具

1 个梭编器、穿珠针、10 号蕾丝钩针、剪刀、木工胶、牙签、量尺

制作方法

参考花样 **F**，按相同针数在指定位置处放入珠子制作。

❶ 将珠子穿在线上
（参考 p.48“将珠子穿在线上”）

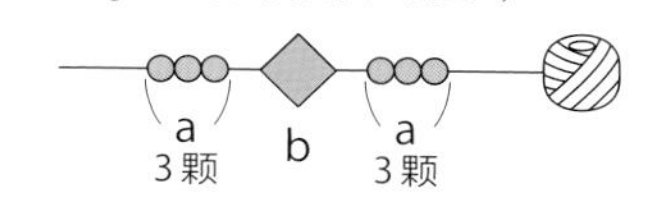

❷ 按下列顺序绕线
（参考 p.59“将珠子绕在梭编器上”）

空绕（F-1 为 5 次、F-2 为 10 次、F-3 为 15 次）→
2 颗 a+ 空绕 4 次→ 1 颗 a+ 空绕 4 次→
1 颗 b+ 空绕 4 次→ 1 颗 a+ 空绕 4 次→
2 颗 a+ 空绕 4 次→约留 40cm断线

❸ 按与 F 相同的针数放入珠子进行制作（参考下图所示）

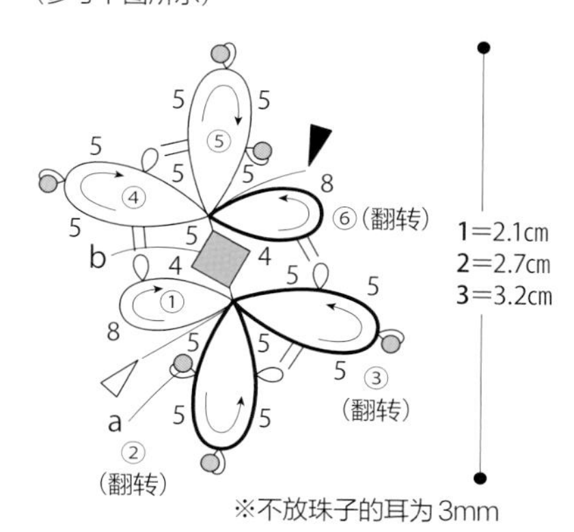

※不放珠子的耳为 3mm

花样 F 的耳饰坠 …p.26

尺寸 长度约 2.7㎝（不含配件）

材料

丝线 / 蓝薰衣草色 …4.3m
a/ 天然石 天青石 · 圆形切割（2㎜）…12 颗
b/ 施华洛世奇水晶珠 #5328 淡蓝钻（3㎜）…2 颗
耳坠配件 / 古铜色…1 对

工具

1 个梭编器 、穿珠针、10 号蕾丝钩针、剪刀、木工胶、牙签、量尺

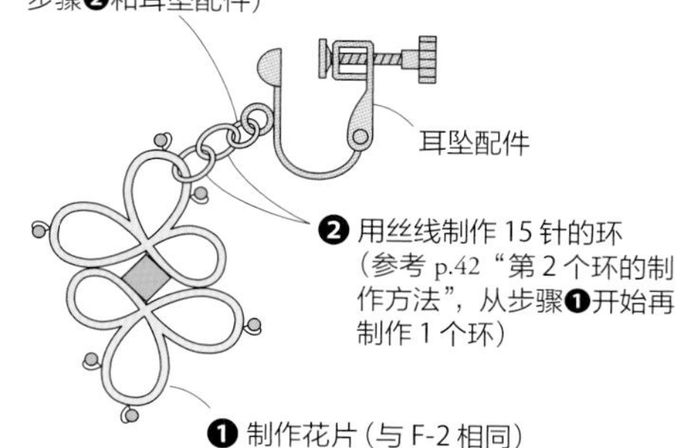

●将 1 颗天然石放入耳内

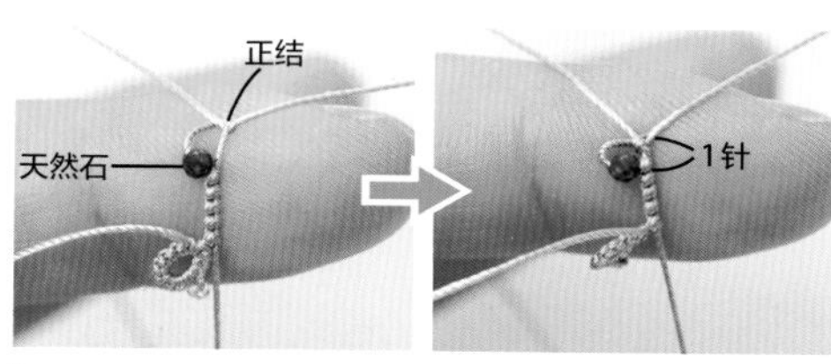

1 在左手挂线的线圈中放入天然石的状态下开始制作，耳是在将天然石移靠向左针针脚，空开和天然石差不多大小的间隔后梭编 1 针。

2 因为是配合天然石的大小空开间隔，所以天然石的孔不要做成横向的，而是做成纵向会更为美观。

花样G的制作方法 …p.5

让我们来学习一下边梭编环边连接成圆的技巧吧。

线 奥林巴斯（OLYMPUS）梭编蕾丝线・中粗 / 米色（T202）…2.6m
工具 1个梭编器、10号蕾丝钩针、剪刀、木工胶、牙签、量尺
※ 为便于理解，更换了线进行解说。

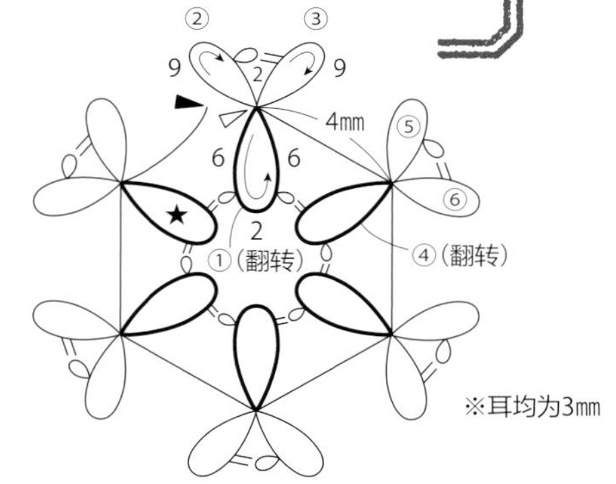

※耳均为3㎜

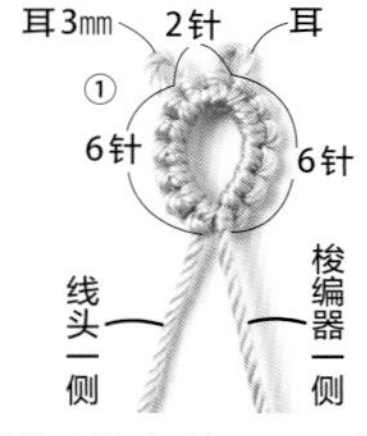

1 梭编环①（6针、耳、2针、耳、6针）（参考 p.44 花样 B）。

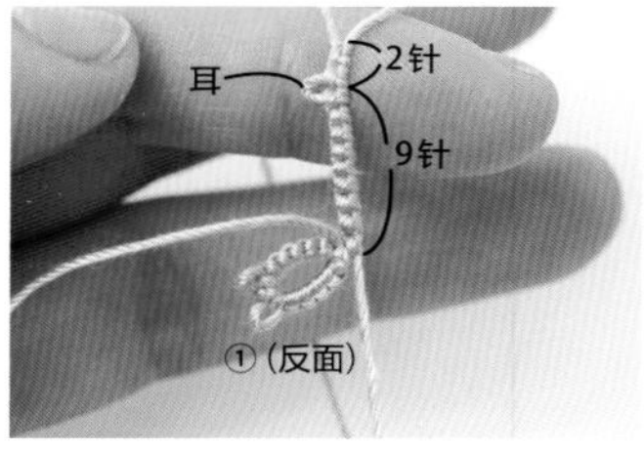

2 翻转环①（翻面），并梭编环②（9针、耳、2针）（开始的正结的位置和 p.52 的步骤 **2** 相同。环③也同样）。

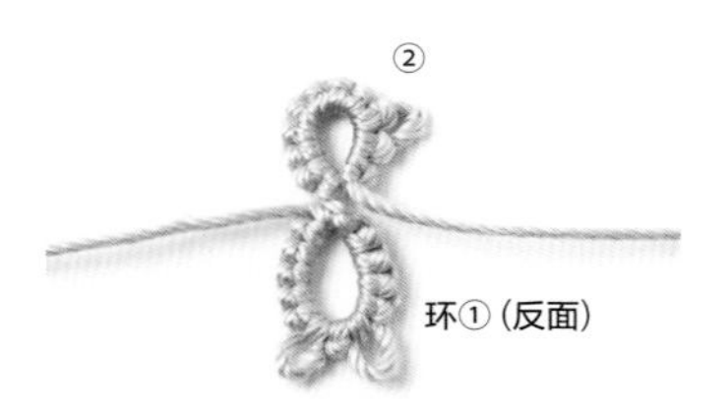

3 拉动梭编器上的线制作成环。

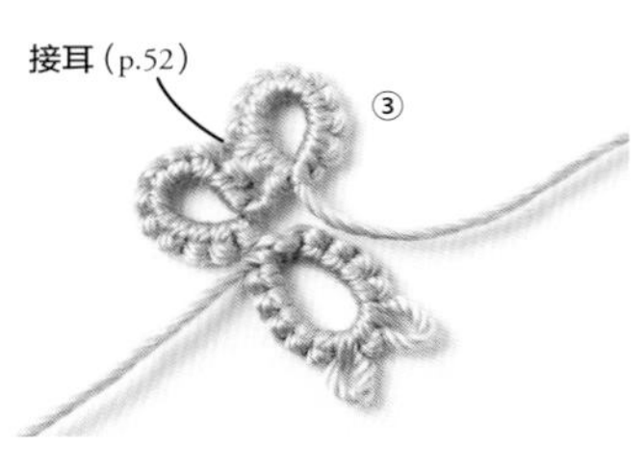

4 参考图片，在和环②的耳进行接耳的同时，梭编环③。

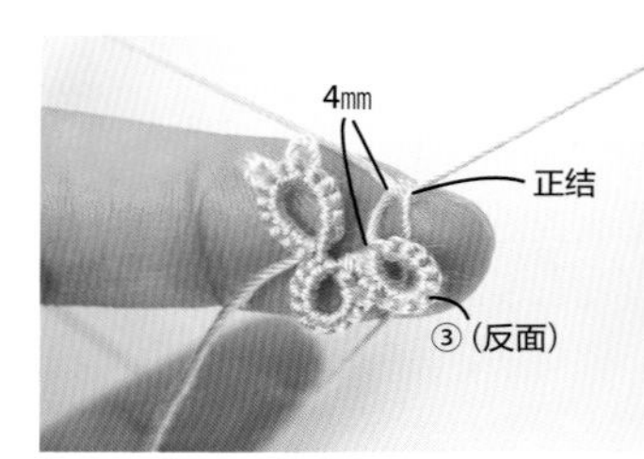

5 翻转环③，空开 4㎜梭编正结。

6 在和环①的耳进行接耳的同时，梭编环④。

7 环⑤、⑥按和环②、③同样的方法进行梭编，环④～⑥重复梭编3次。

●连接成圆 Ⅰ（接耳在左侧时）

8 下一个环（图中的★），是在梭编两侧接耳的同时进行制作。和环④相同，梭编完6针、接耳、2针后，梭编连接环的耳（◎）。

9 完成了和环①的耳进行接耳。

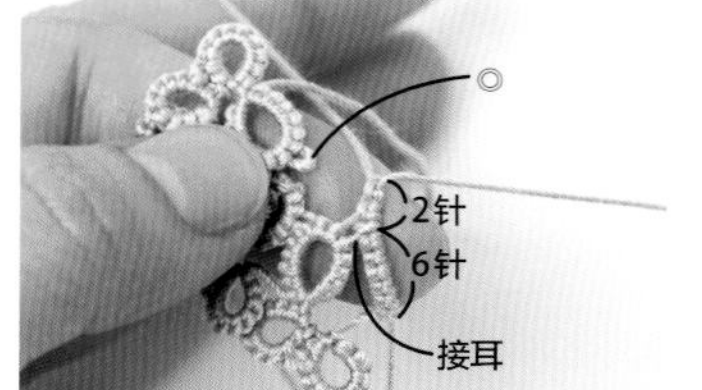

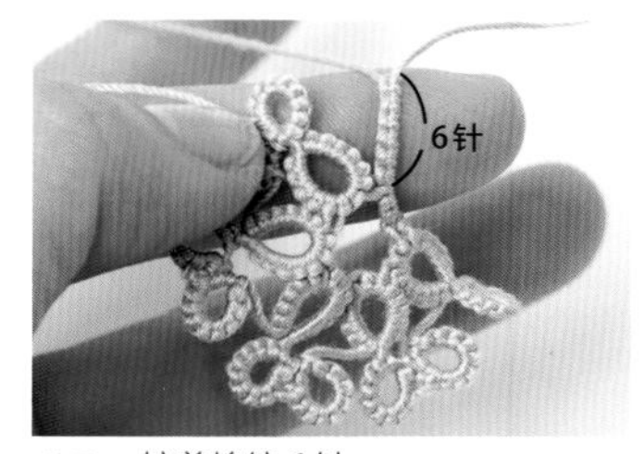

10 接着梭编6针。

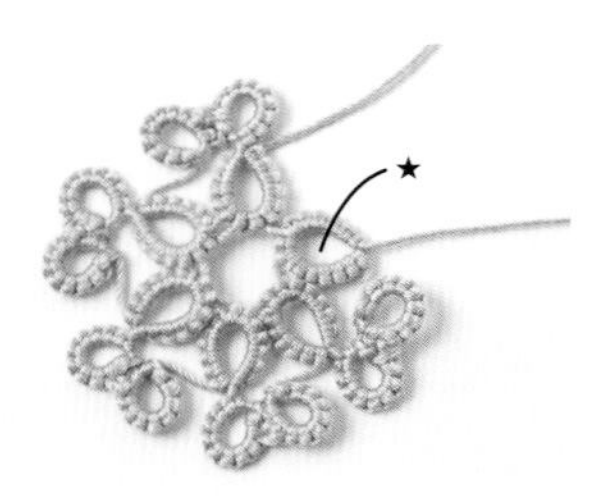

11 拉动梭编器的线，连接成环。完成了内侧环的连接。

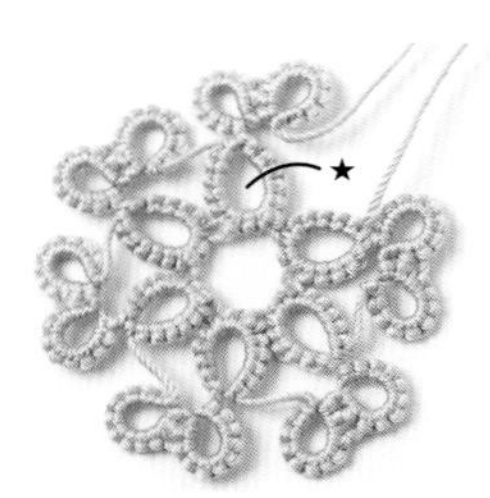

12 翻转步骤 **11** 梭编的环，制作和环⑤、⑥相同的环。

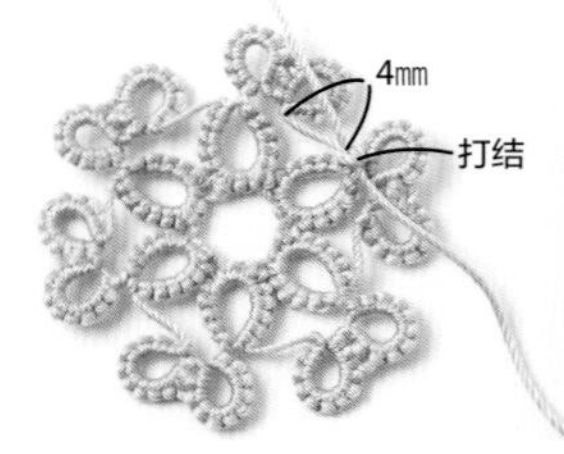

13 空开4㎜将线头打结，（参考 p.42）进行线的收尾。此面为花片的反面。

改编的基础花片 花样G-1～3 …p.10

线材

G-1 丝线 / 玫瑰色 …2.5m
特小圆米珠 / 亮褐色 …30 颗

G-2 丝线 / 亮粉色 …2.5m
施华洛世奇水晶珠 #5328 / 闪光紫色（3㎜）…12 颗

G-3 丝线 / 粉米白色 …2.5m
管珠 / 二分竹（约 6㎜）· 金色 …6 颗

工具

1 个梭编器、穿珠针、10 号蕾丝钩针、剪刀、木工胶、牙签、量尺

制作方法

参考图片，将珠子穿在线上并绕在梭编器上，与花样 **G** 针数相同，将珠子放入指定的位置制作。

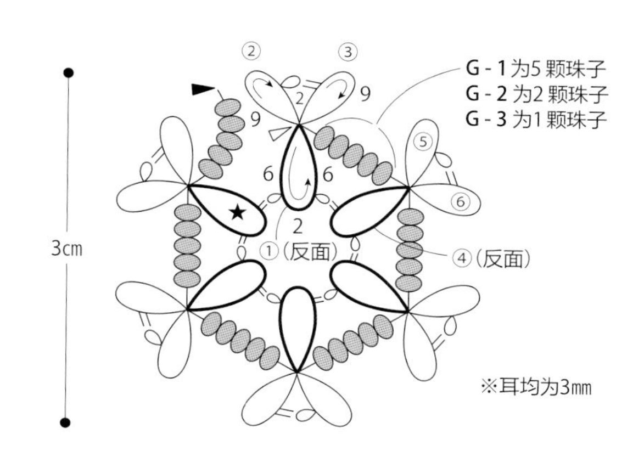

●将珠子绕在梭编器上 以 **G-1** 为例进行解说（**G-2** 是 2 颗珠子，**G-3** 为 1 颗珠子）。

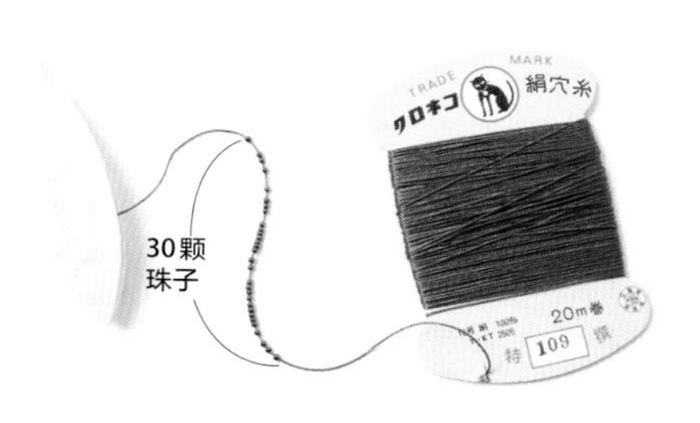

1 将指定数量的珠子穿在线上，将穿好的线在梭编器上打结（参考 p.48“将珠子穿在线上”）。

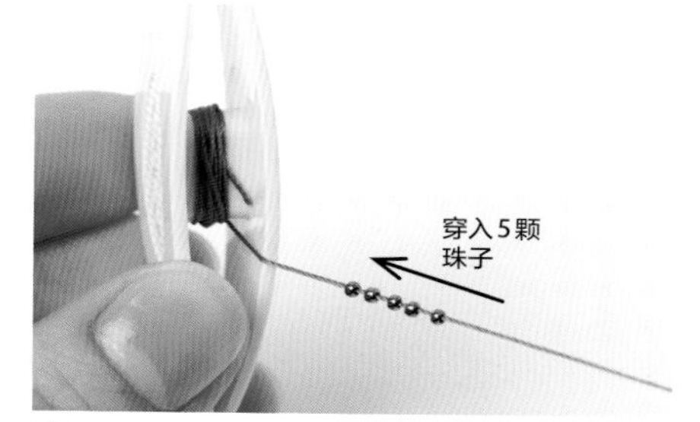

2 不放入珠子绕线 15 次（只绕 10 圈在梭编器上）。加入 5 颗珠子，空绕 8 次。

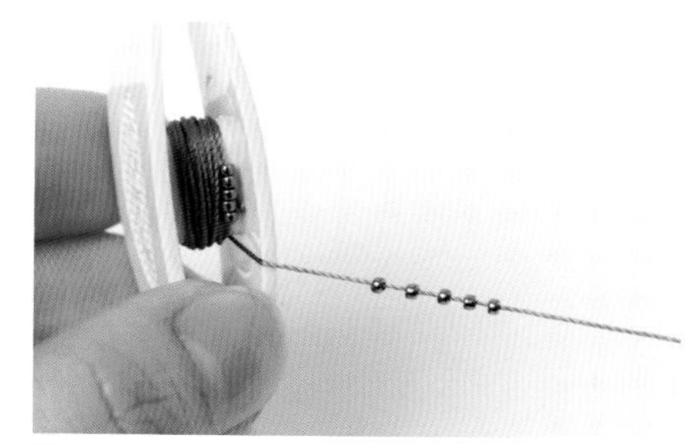

3 重复 6 次“5 颗珠子 + 空绕 7 次”。

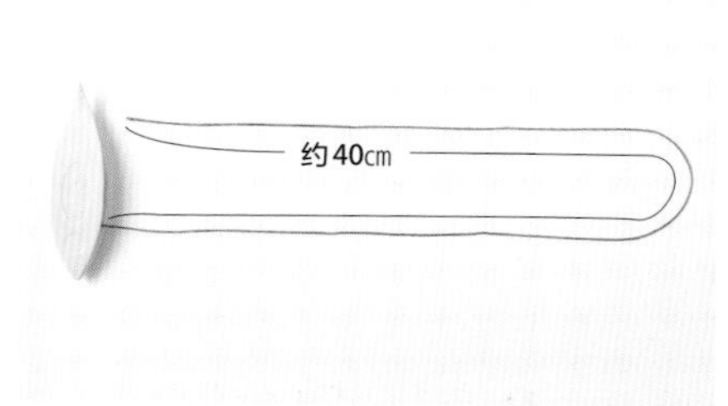

4 留约 40㎝后断线。

●放入珠子制作花片 以 **G-1** 为例进行解说

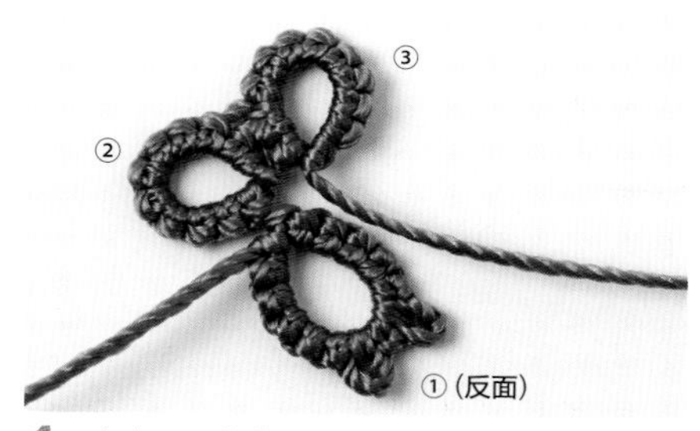

1 参考 p.58 的花片 **G**，制作到环③。

2 翻转环③，将 5 颗珠子移靠至边缘，梭编环④。

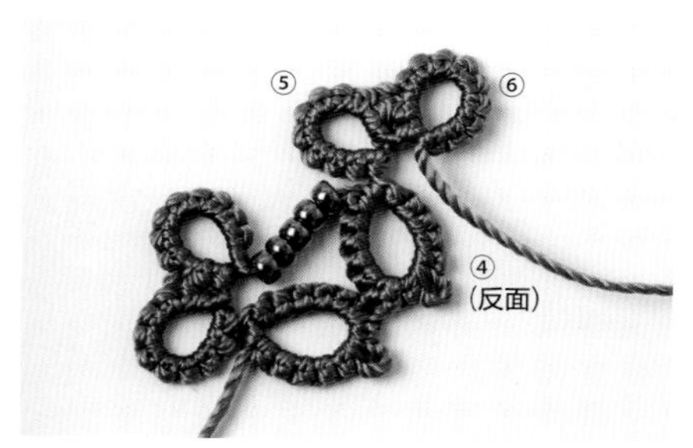

3 继续按花片 **G** 的制作方法梭编环④～⑥。

4 重复步骤 **2**～**3**，放入珠子的同时梭编环，最后将 5 颗珠子移靠至环边。

5 线头打结，进行线的收尾（参考 p.42）。此面为花片的反面。

花样G的项链 …p.22

尺寸 总长约 47㎝

材料

丝线 / 玫瑰色、酒红色、褐色 … 各 5m

特小圆米珠 / 亮褐色…276 颗 + 长度约 44㎝

定位珠 / 复古金（1.5㎜）…2 颗

尼龙绳（0.36㎜ 粗）…60㎝

工具

1 个梭编器、穿珠针、10 号蕾丝钩针、

剪刀、木工胶、牙签、量尺、

平口钳、圆嘴钳

❶ 用玫瑰色、酒红色、褐色的线各梭编 2 个与 G-1 相同的花片

❷ 绳上穿入定位珠和 9 颗珠子，穿过花片，再次穿过定位珠，用平口钳将定们珠压扁

❸ 在尼龙绳上穿入 15㎝的珠子

❹ 穿入 11 颗珠子和花片，再次用尼龙绳穿过开始的 2 颗珠子，形成环形。

❺ 按❸、❹的要领，将珠子穿在绳上的同时，穿过花片

❻ 按与❷相同的要领穿入定位珠和 32 颗珠子，压扁定位珠

定位珠

穿入花片（弯折花片穿过）

15㎝

15㎝

3.5㎝

3.5㎝

3.5㎝

3.5㎝

酒红色

玫瑰色

玫瑰色

褐色

褐色

酒红色

花片

9 颗珠子

用平口钳压扁定位珠

之后剪掉多余的部分

❸的珠子

绳子

3.5㎝

2 个

15㎝

绳子

9 个

花片

花样H的制作方法 …p.5

让我们来学习一下梭编最后的环，同时连接成圆的技巧吧。

线 奥林巴斯（OLYMPUS）梭编蕾丝线・中粗／米色（T202）…1.9m

工具 1个梭编器、10号蕾丝钩针、剪刀、木工胶、牙签、量尺

※ 为便于理解，更换了线进行解说。

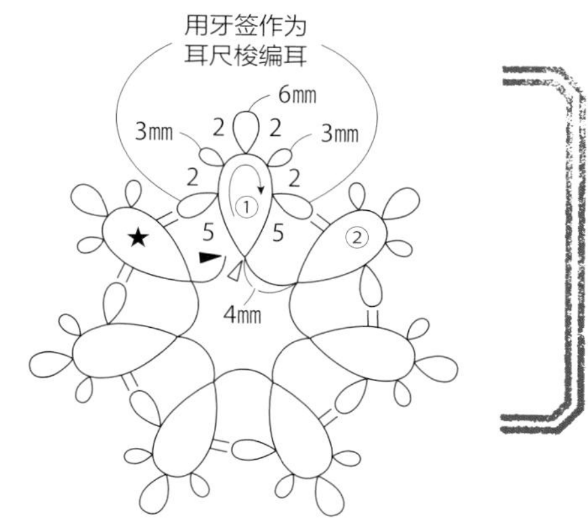

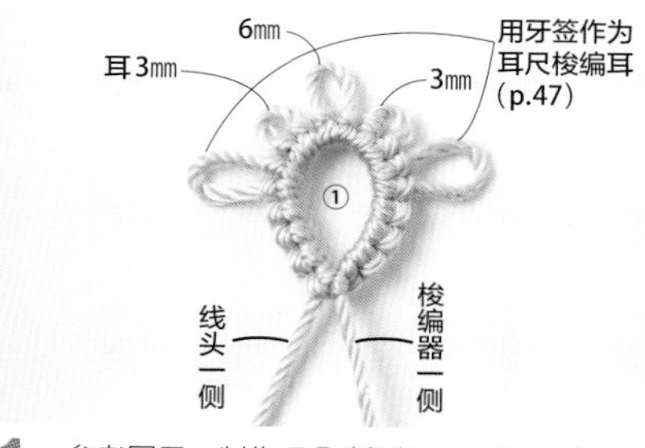

1 参考图示，制作环①（参考 p.44 花片 B）。

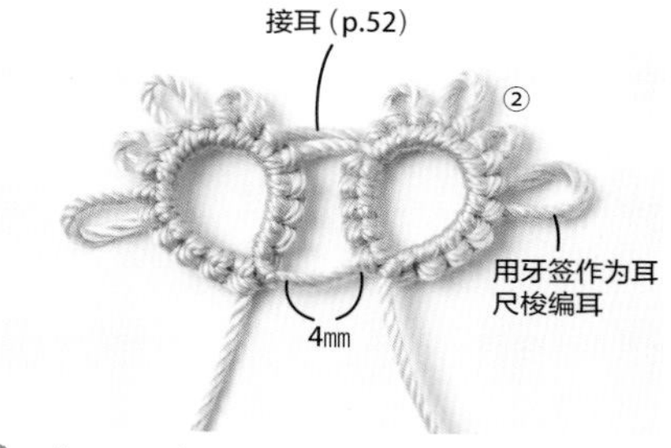

2 空开4mm在环①的耳上进行接耳，同时梭编环②。

3 重复4次步骤**2**。

●连接成圆Ⅱ（接耳在右侧时）

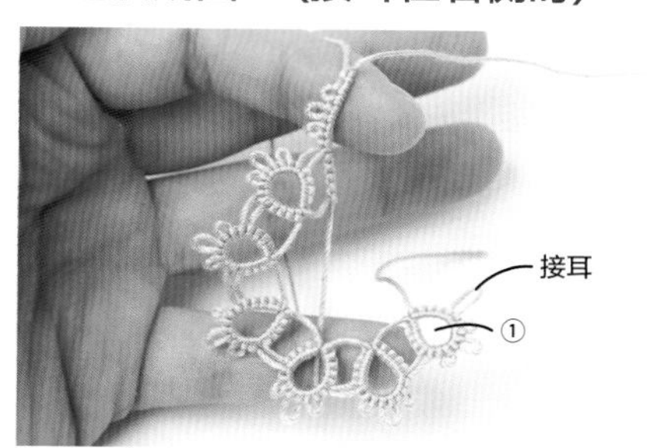

4 最后的环（本页右上图中★）是在用牙签作为耳尺梭编的环①的耳上接耳到前面。

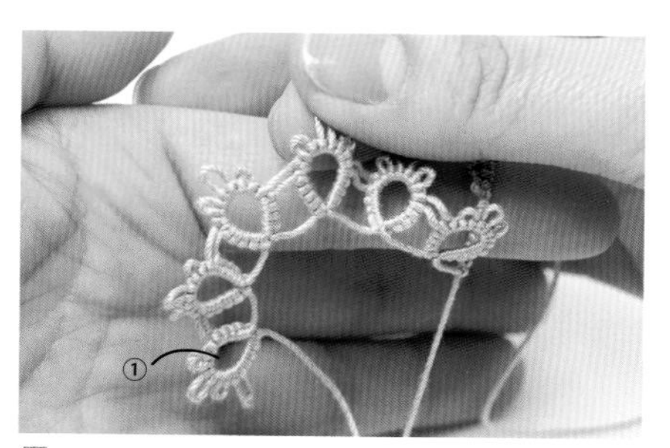

5 用右手拿着正在梭编的环，带到左手食指旁。

6 接着拿起环②，将环①搭在食指上。

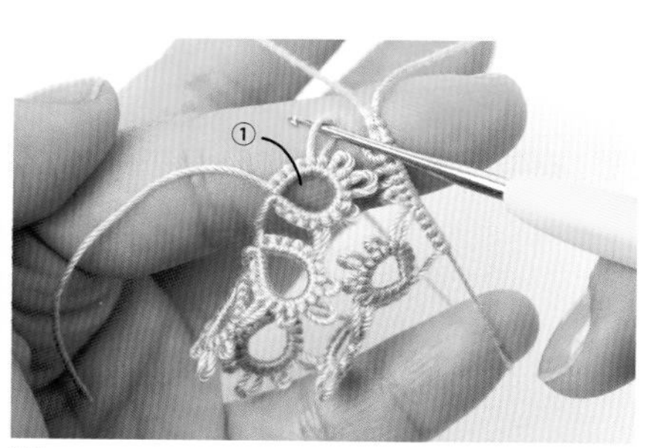

7 将蕾丝钩针插入左侧用牙签作为耳尺梭编的耳内。

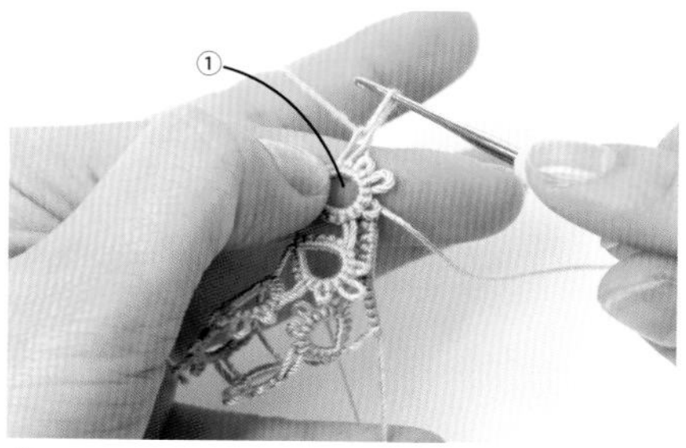

8 和 p.52 的“接耳”相同，针上挂左手挂线的线圈（本页右上图中★的环）的线，带出可穿过梭编器的长度。

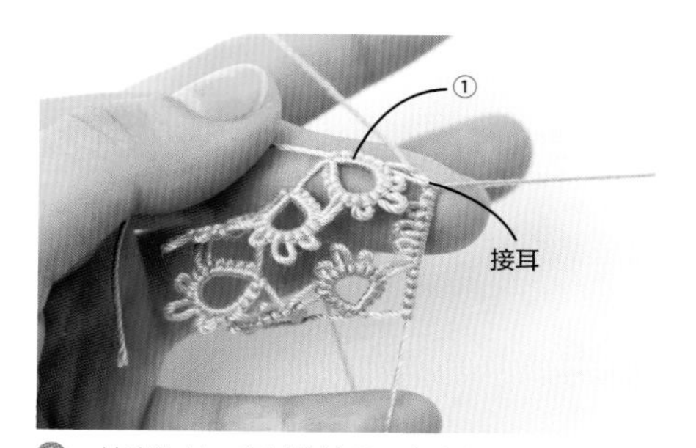

9 抽出钩针，穿过梭编器。完成接耳，与环①连接成圆。

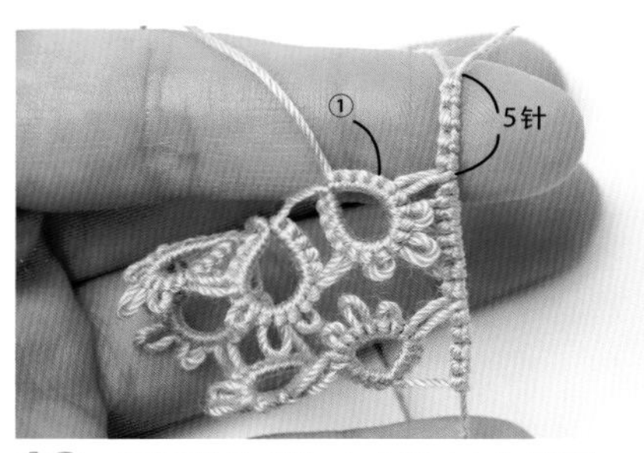

10 梭编剩余的5针，与步骤**4**中的环相连。

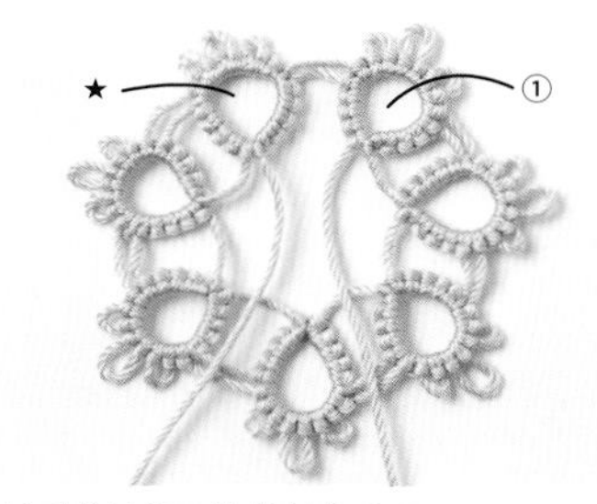

11 拉动梭编器上的线制作成环。

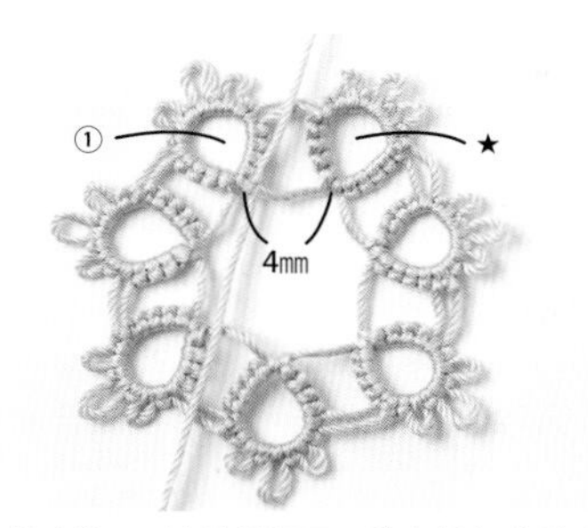

12 将步骤**11**的花片翻面，结束编织的线头留出4mm，在环①的底部打结，进行线的收尾（参照p.42）。

改编的基础花片 花样 H-1～3 …p.11

线材

H-1 奥林巴斯（OLYMPUS）梭编蕾丝线·金属线/金黄色（T407）…1.8m

H-2 丝线/亮杏黄色…2m

角珠/橙金色…42颗

H-3 丝线/橙色…2m

天然石/日长石·圆切割（2mm）…7颗

特小圆米珠/金色…49颗

工具

1个梭编器、穿珠针（仅**H-2**、**3**）、10号蕾丝钩针、剪刀、木工胶、牙签、量尺

制作方法

参考花样**H**，按相同针数在指定位置处放入珠子制作**H-2**、**3**。

H-2、3

❶ 将珠子穿在线上
（参考p.48“将珠子穿在线上”）

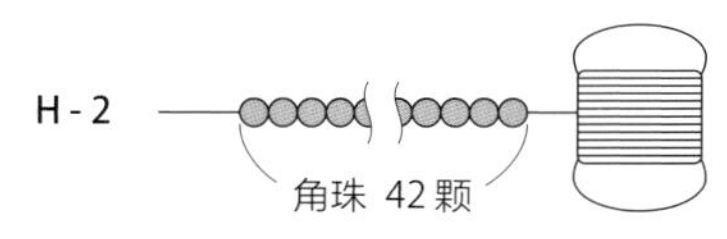

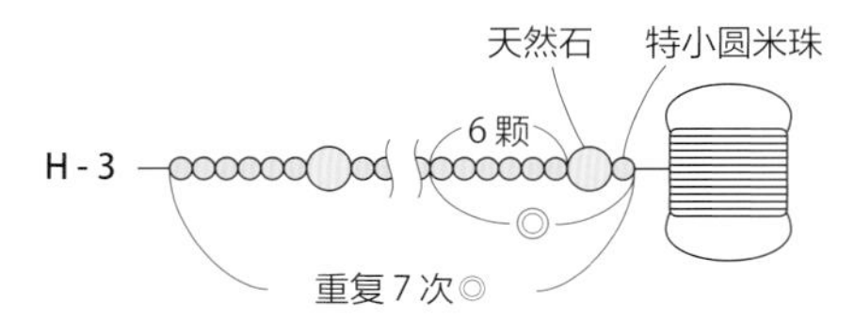

❷ 按下列顺序绕线
（参考p.59“将珠子绕在梭编器上”）

H-2
空绕15圈→（6颗珠子+空绕4次）×重复6次
→3颗珠子+空绕2次
→将3颗珠子带到前面，留约40cm断线

H-3
空子绕15圈→（◎+空绕4次）×重复6次
→5颗珠子+空绕2次
→将1颗珠子、1颗天然石、1颗珠子带到前面，留约40cm断线

❸ 用与H相同针数的珠子制作
（耳部分参考p.57“将1颗天然石放入耳内”，其他部分参考p.59“放入珠子制作花片”）

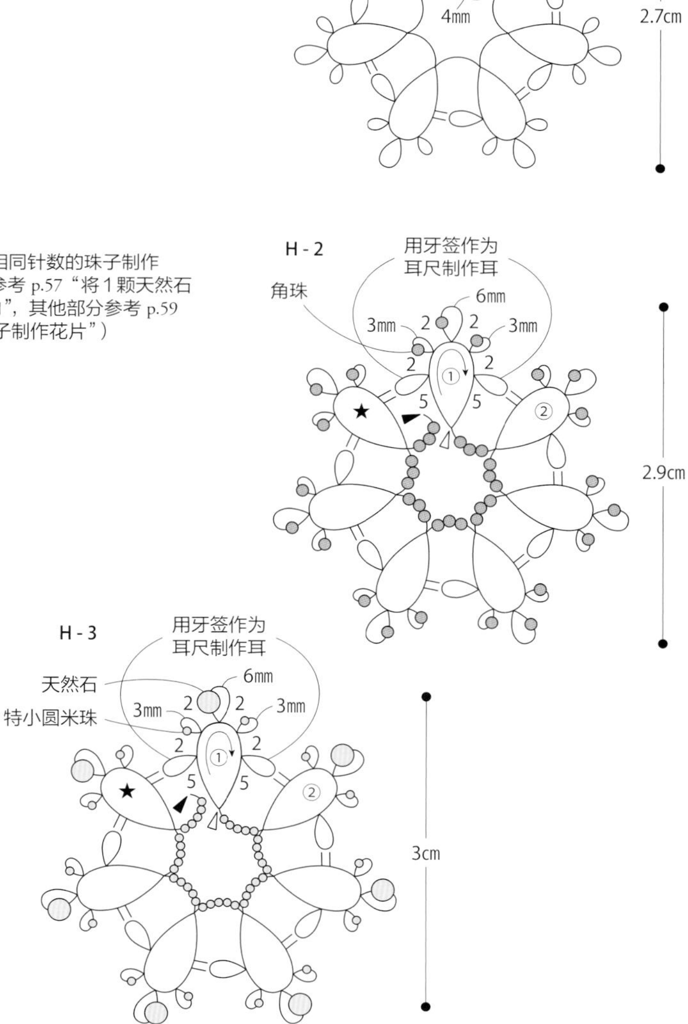

花样 H 的项链 …p.30

尺寸 总长约 47㎝（内侧、不含延长链）

材料

丝线 / 橙色（14㎜）…22m

天然石 / 日长石 圆形切割（2㎜）…25 颗

特小圆米珠 / 金色 …343 颗

角珠 / 长度 59㎝ +15 颗（延长链前端）

龙虾扣 / 古铜色…1 个

工具

梭编器 1 个、穿珠针、10 号蕾丝钩针、剪刀、木工胶、牙签、量尺、需要上浆的定型的物品（参考 p.64）

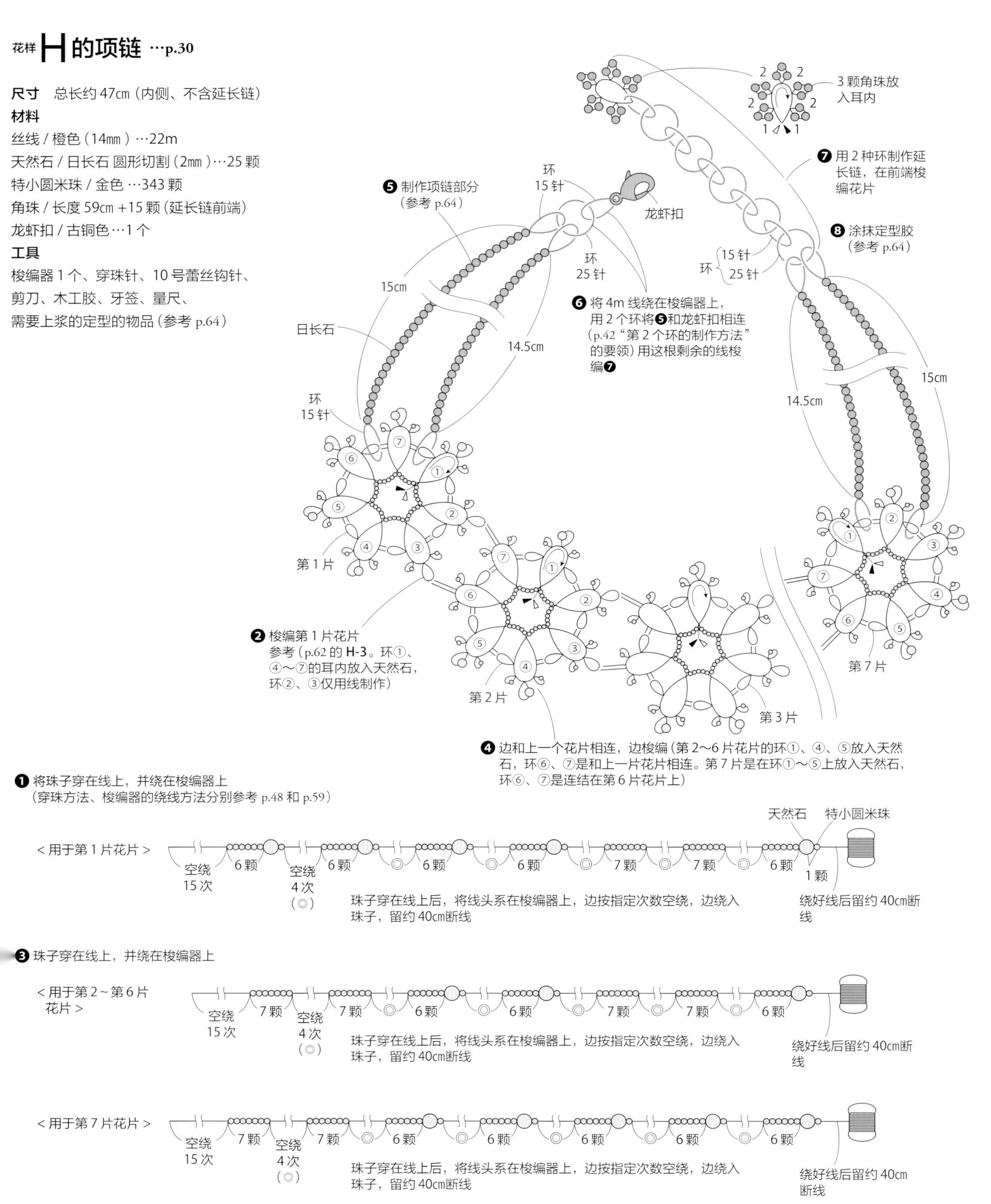

❺项链部分（外侧）的制作方法

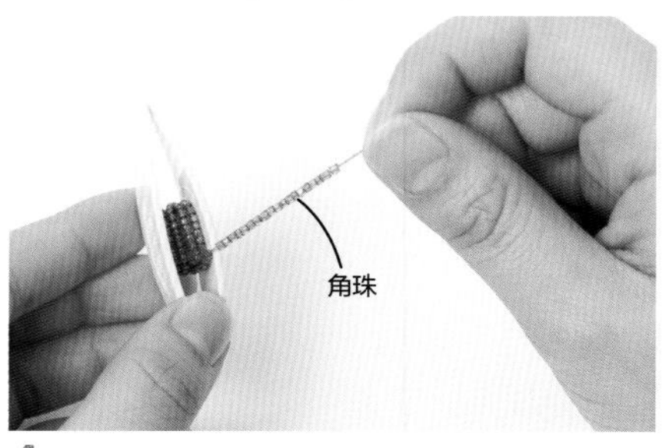

1 将15㎝长的角珠穿在1m的线上，绕在梭编器上。

2 参考 p.63，将线头穿过花片的指定位置。

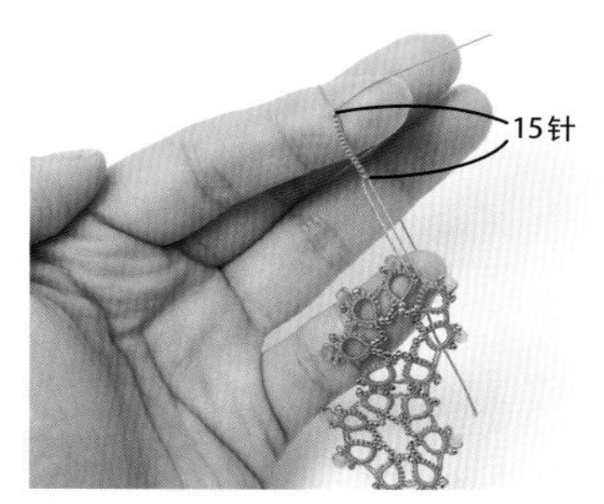

3 梭编环。在左手挂线的线环内带入花片的状态下，梭编15针。

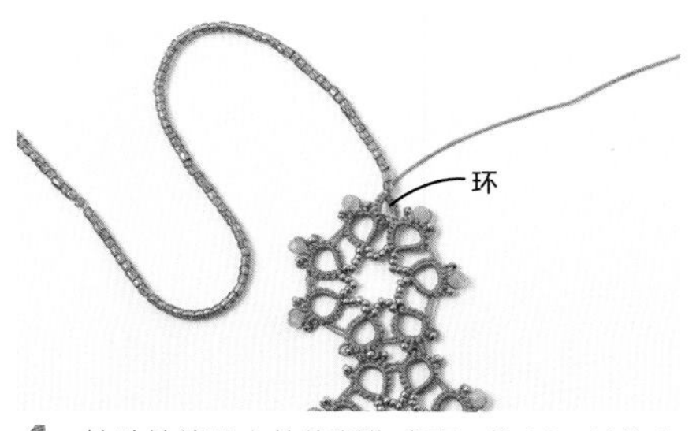

4 拉动梭编器上的线制作成环，将15㎝长的珠子移靠过去。

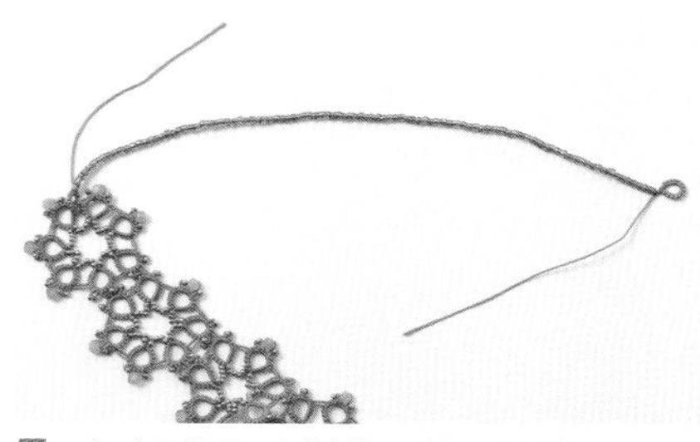

5 在珠子的另一侧梭编15针。内侧穿入14.5㎝长的珠子，按同样方法制作。

●单根线头的收尾

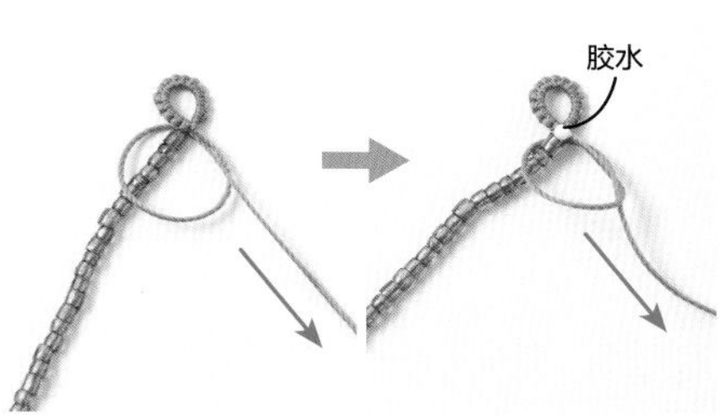

6 分别将每个环底部的线头打单结，并在打结处涂抹胶水，接着再打单结。待胶水干透后剪掉多余的线。

●上胶定型的方法

为了防止花片松散不成形，要进行上胶定型。
下面让我们对长项链和不易成形的花片进行上胶定型吧。

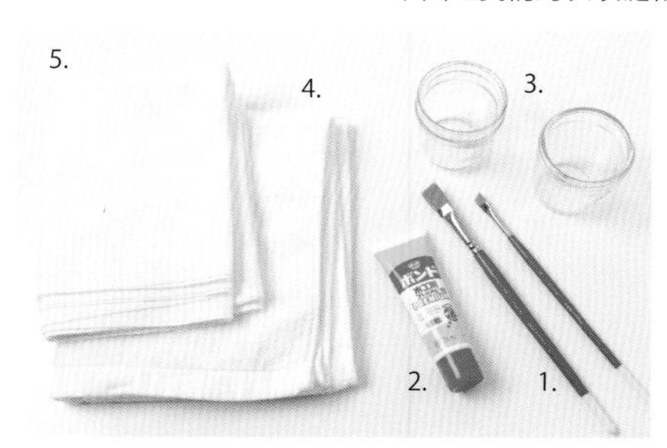

需要准备的物品

1. 大平头排笔（用于沾水）、小平头排笔（用于沾胶）
2. 木工胶 3. 水杯等容器（用于盛水和胶） 4. 毛巾
5. 薄棉布（带图案的也可以）除此之外，还有茶勺

1 将薄棉布放在毛巾上，将制作完成的饰品的背面朝上放置在上面。

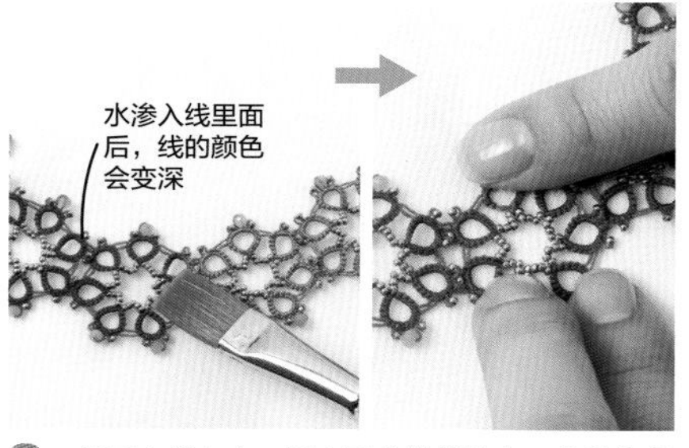

2 杯子中倒入水，用大平头排笔沾水。待整体都沾满水后，用手指整理外形。

3 在将水和胶水倒入另一个杯子，用小平头排笔搅匀。比例是2大勺（30mL）水勾兑约1/5茶勺的胶水。

4 注意笔的使用角度，将混合好的胶水涂抹在线上，不要涂在珠子上。

5 翻到正面整理外形后干透。待干透后，线的颜色就恢复到原本的色彩了。

花样 I 的制作方法 …p.5

和 p.61 的花片 H 相同，
边梭编最后的环，边连成圆形。

线 奥林巴斯（OLYMPUS）梭编蕾丝线 · 中粗 / 米色（T202）…3m
工具 1 个梭编器、10 号蕾丝钩针、剪刀、木工胶、牙签、量尺
※ 为便于理解，更换了线进行解说。

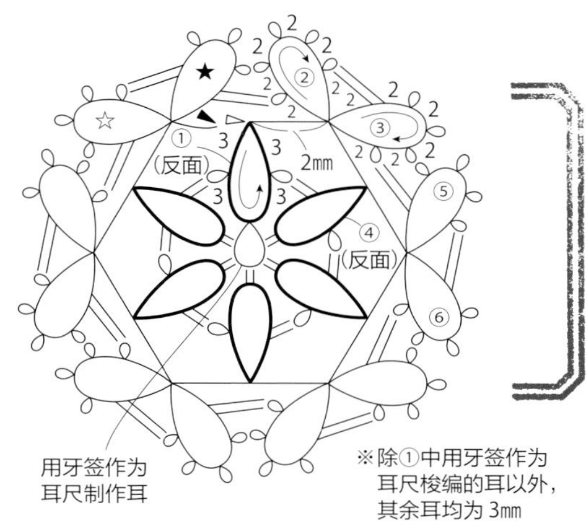

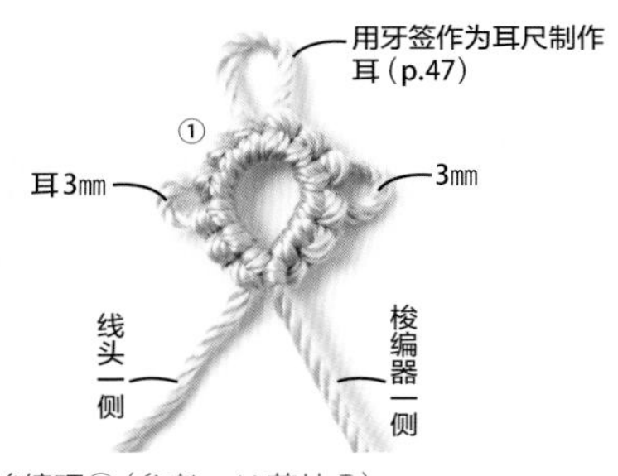

1 梭编环①（参考 p.44 花片 B）。

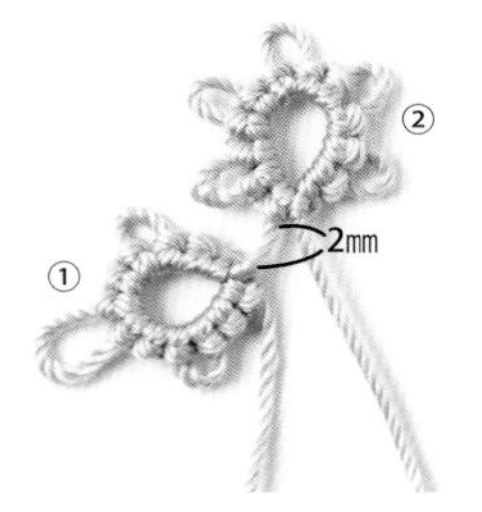

2 空开 2㎜梭编环②。在梭编环④时，是将环①正面朝上翻转（反面）后进行。

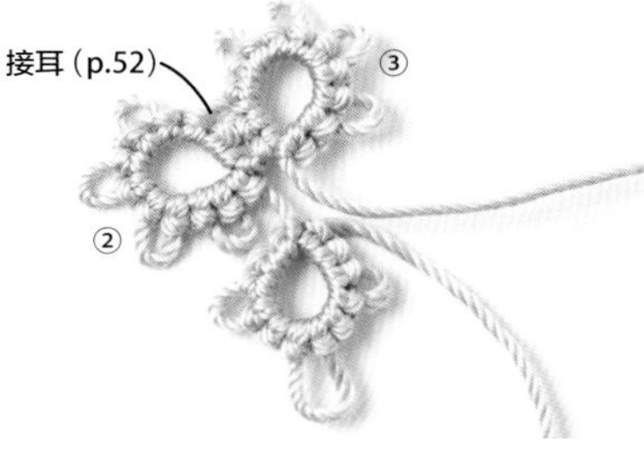

3 接着在环②上接耳的同时，梭编环③（开始的正结和 p.52 的步骤 **2** 相同）。

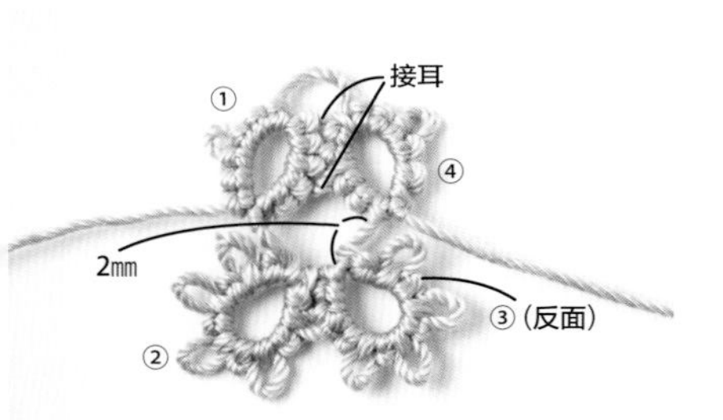

4 翻转环③，空开 2㎜，在环①的 2 处耳上接耳，同时梭编环④。

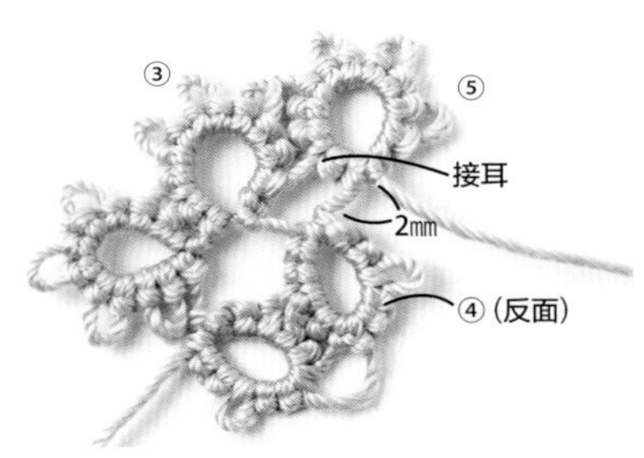

5 翻转环④，空开 2㎜，在环③处接耳，同时梭编环⑤。

6 接着环⑥和环③按相同方式梭编。

7 重复 3 次环④～⑥的制作。

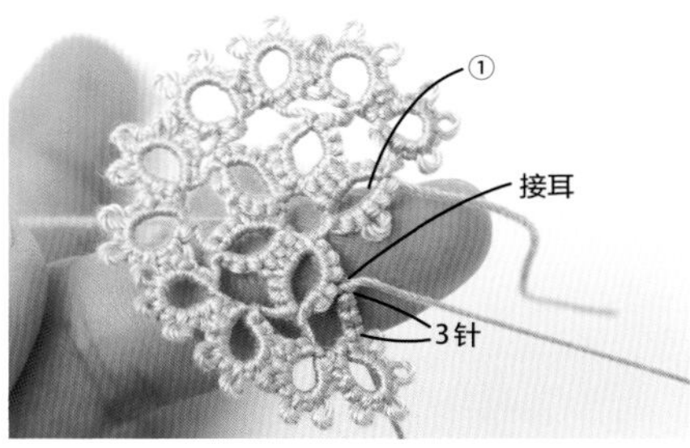

8 翻转后梭编环的 3 针，和左环的耳进行接耳。

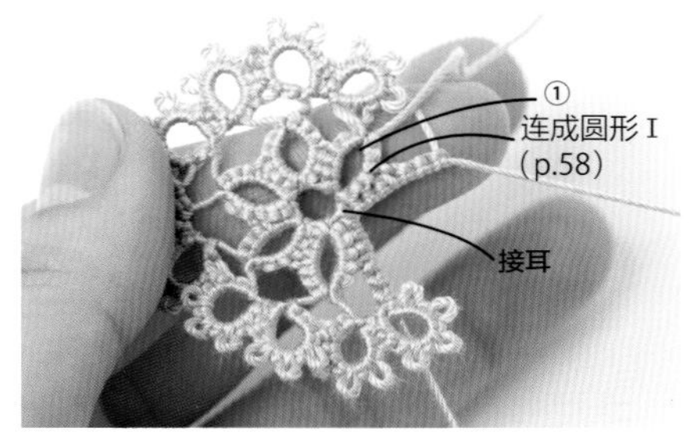

9 参考图片，按指定的针数在环①的 2 处耳上接耳，同时制作“连接成圆 I ”。使环①和圆形相连。

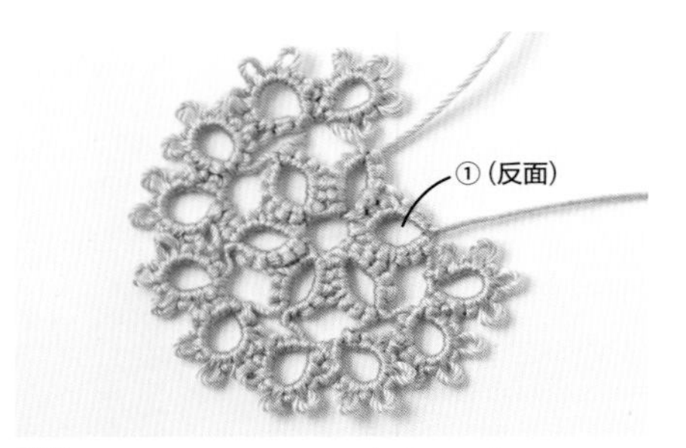

10 拉动梭编器上的线制作成环，进行翻面。

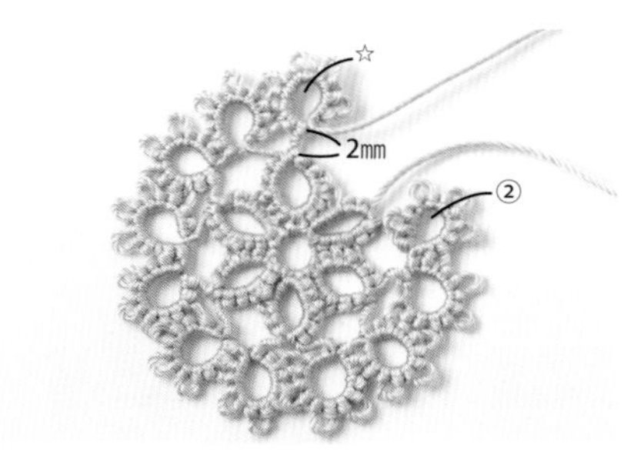

11 空开2㎜，梭编和环⑤相同的环（☆）。

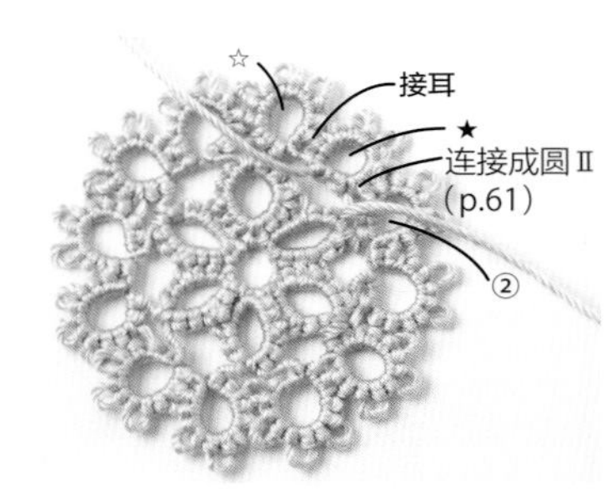

12 梭编外侧最后的环（★），☆是接耳，环②是用“连接成圆Ⅱ”的方法相连。待环完成后，空开2㎜将线头打结，进行线的收尾（参考p.42）。

改编的基础花片 花样 I -1～5 …p.11

线材

I-1 DMC Diamant 金属刺绣线 / 铜色（D301）…2.3m
特小圆米珠 / 亮金色 …48 颗

I-2 DMC Diamant 金属刺绣线 / 金色（D3821）…2.3m
特小圆米珠 / 亮金色 …48 颗

I-3 丝线 / 卡其色 …2.8m
特小圆米珠 / 金褐色 …48 颗

I-4 DMC Diamant 金属刺绣线 / 罂粟红色 …2.8m
特小圆米珠 / 金褐色 …48 颗

I-5 DMC Diamant 金属刺绣线 / 米色 …2.8m
特小圆米珠 / 白金色 …48 颗

工具

1 个梭编器、穿珠针、10 号蕾丝钩针、剪刀、木工胶、牙签、量尺

制作方法

参考花样 I，用相同针数在指定位置放入珠子进行制作。

❶ 将 48 颗珠子穿在线上（参考 p.48 的“将珠子穿在线上”）

❷ 按下列顺序绕线
（参考 p.59 的“将珠子绕在梭编器上”）

空绕 10 次→（4 颗珠子 + 空绕 4 次）× 重复 12 次
→留约 40㎝断线

❸ 按照与 I 相同的针数，边放入珠子边梭编
（耳处和 p.57“在耳内放入 1 颗天然石”一样操作，其他和 p.59“加入珠子制作花片”同样将珠子移靠过来

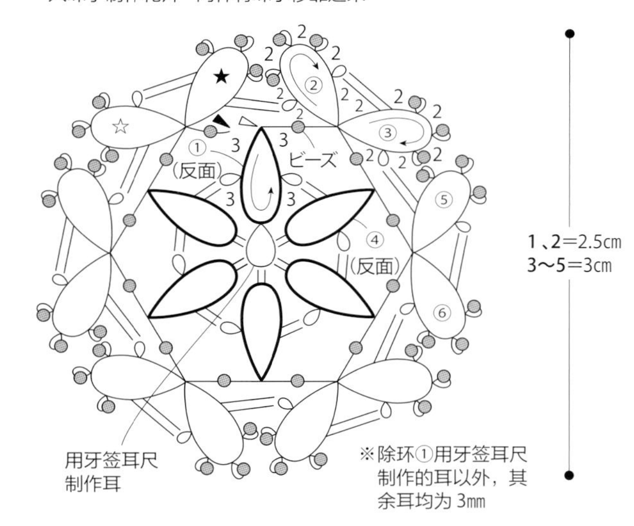

花样 I 的项链 …p.24

尺寸 总长约 54㎝

材料

丝线 / 卡其色 …10m
DMC Diamant 金属刺绣线 / 金色（D3821）…2.3m
小圆米珠 / 金褐色 …110 颗
特小圆米珠 / 金褐色 …96 颗
配件 / 淡金色（8㎜）…15 个
淡金色（6㎜）…32 个
淡金色（4㎜）…47 个
圆环配件 / 复古金（38㎜）、（26㎜）、（21㎜）…各 1 个
OT 扣 / 复古金（O 扣 11㎜ × 14㎜、T 扣 15㎜）…1 对

工具

梭编器 1 个、穿珠针、10 号蕾丝钩针、剪刀、木工胶、牙签、量尺、迷你夹、熨斗、熨斗烫板

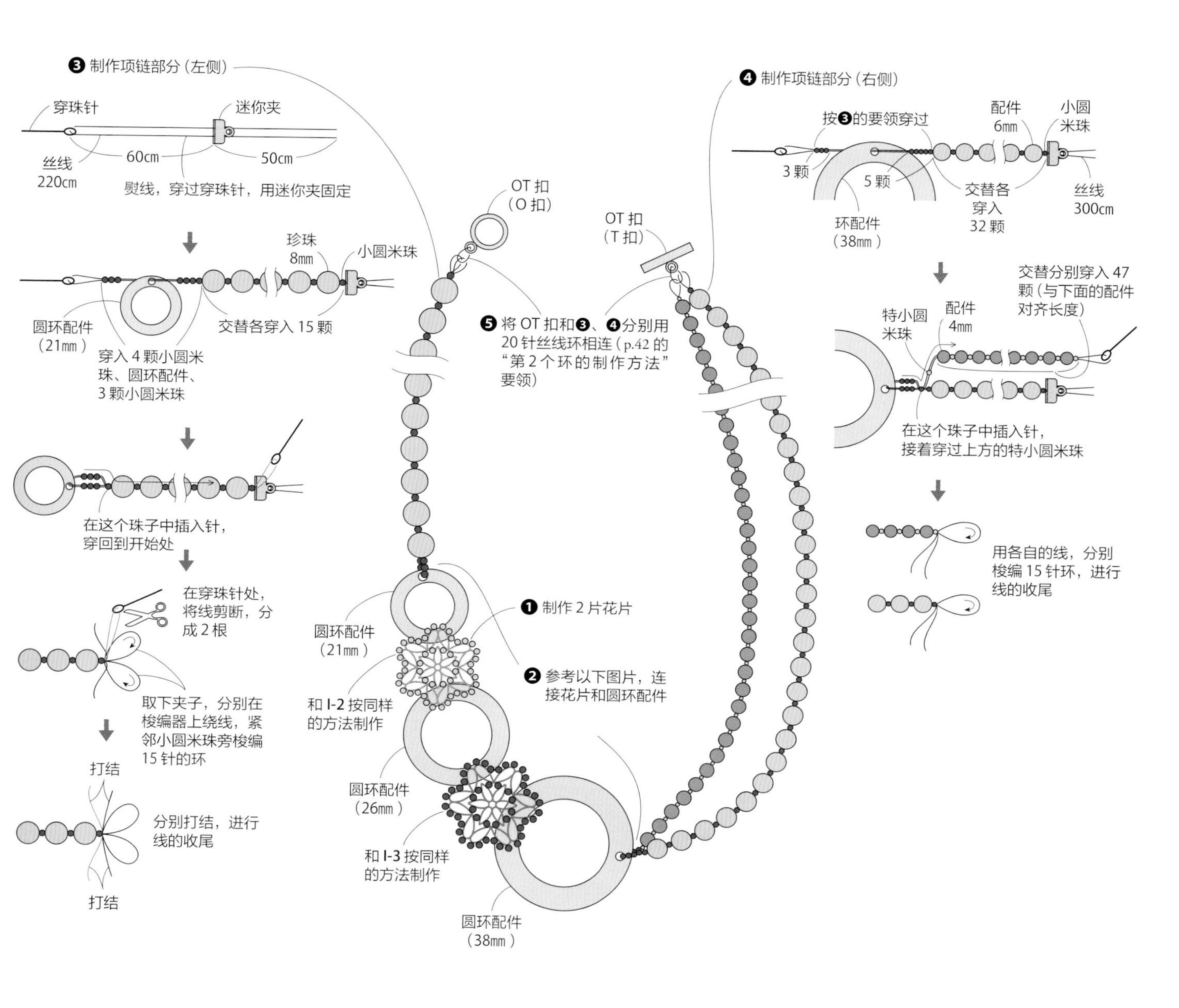

❷连接花片和环配件

为便于理解，更换了线进行解说（实际使用相同的线）

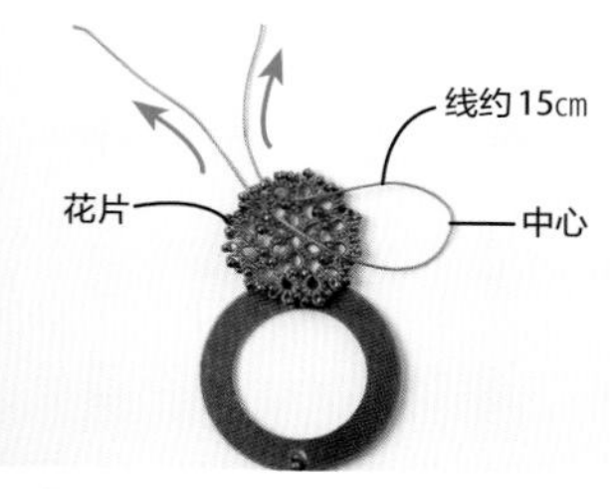

1 取 15cm 长的线，并在花片制作时留出的 2mm的空间（三角形）和外侧与内侧之间的空间分别将线头从正面穿过。

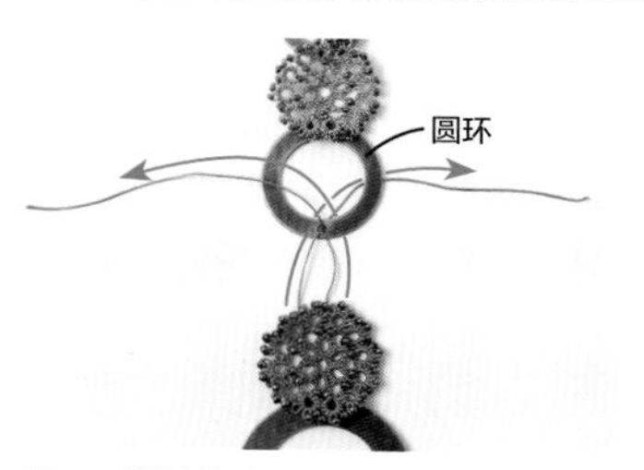

2 一侧的线头从前面，另一侧的线头从后面穿过圆环的孔。

3 就像把线绕在圆环上一样，再分别从穿孔中穿 1 次线后拉紧。

4 线头打结，将线收尾（参考 p.42）。

花样J的制作方法 …p.5

和 p.61 的花片 H 相同，边梭编最后的环，边连成圆形。

线　奥林巴斯（OLYMPUS）梭编蕾丝线·中粗 / 米色（T202）…3.5m
工具　1 个梭编器、10 号蕾丝钩针、剪刀、木工胶、牙签、量尺
※为便于理解，更换了线进行解说。

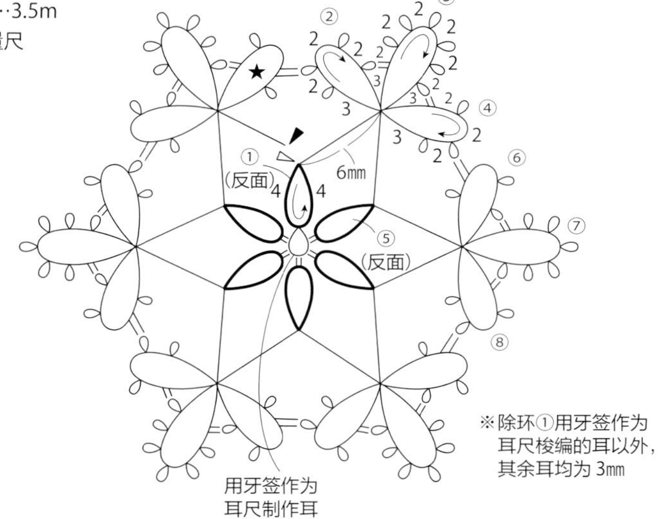

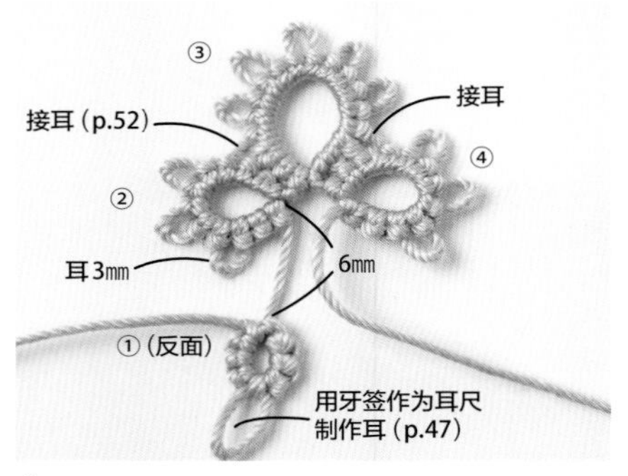

1 参考图片，按指定的针数梭编环①。翻转（翻面），空开 6㎜梭编环②，接着梭编环③和环④（最开始的正结和 p.52 的步骤 **2** 相同，边接耳边继续梭编）。

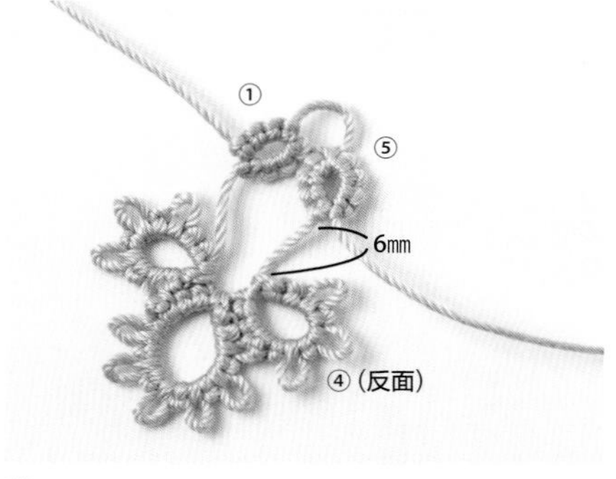

2 翻转环④，边在相隔 6㎜处和环①接耳边梭编环⑤。

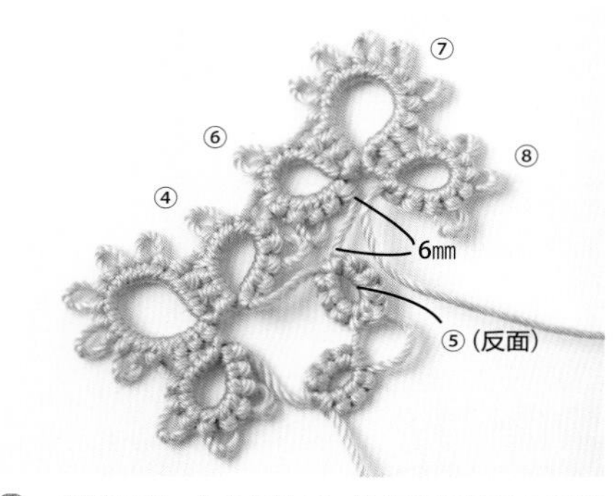

3 翻转环⑤，边在相隔 6㎜处和环④接耳边梭编环⑥。接着环⑦和环⑧，环③和环④都同样地进行制作。

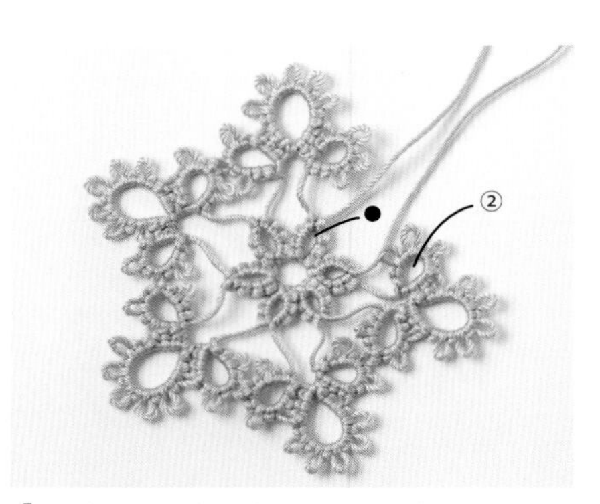

4 重复 3 次环⑤～⑧，翻转和环⑤同样地制作（●）环，完成内侧梭编。

5 翻转，和环⑥、⑦同样地制作环。

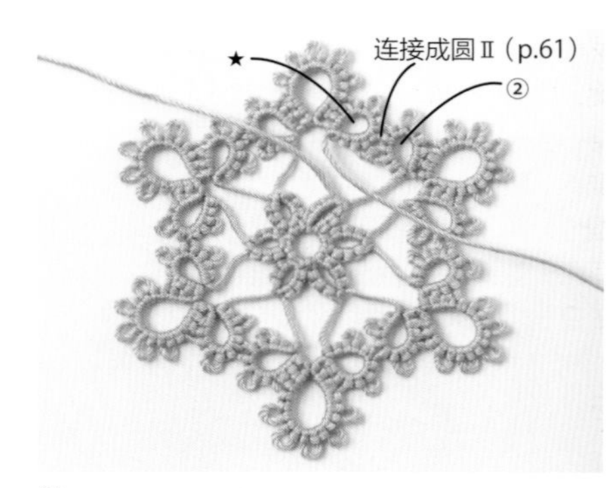

6 最后的环（★）是在和环②接耳时，制作“连接成圆Ⅱ”。待环完成后空开 6㎜，在花片的反面将线头打结，进行线的收尾（参考 p.42）。

改编的基础花片 花样 J-1、4 …p.12

线材

J-1 奥林巴斯（OLYMPUS）梭编蕾丝线 · 细线 / 薄荷绿（T109）…2.8m
特小圆米珠 / 银色 …102 颗

J-2 奥林巴斯（OLYMPUS）梭编蕾丝线 · 中粗线 / 薄荷绿（T109）…3.5m
特小圆米珠 / 银粉色 …102 颗

J-3 丝线 / 粉米色 …3.5m
角珠 / 灰紫色 …102 颗

J-4 丝线 / 亮蓝色…3.5m
夏洛特特小珠 / 白金色 …102 颗

工具

1 个梭编器、穿珠针、10 号蕾丝钩针、剪刀、木工胶、牙签、量尺

制作方法

参考花样 J，用相同针数在指定的位置放入珠子制作。

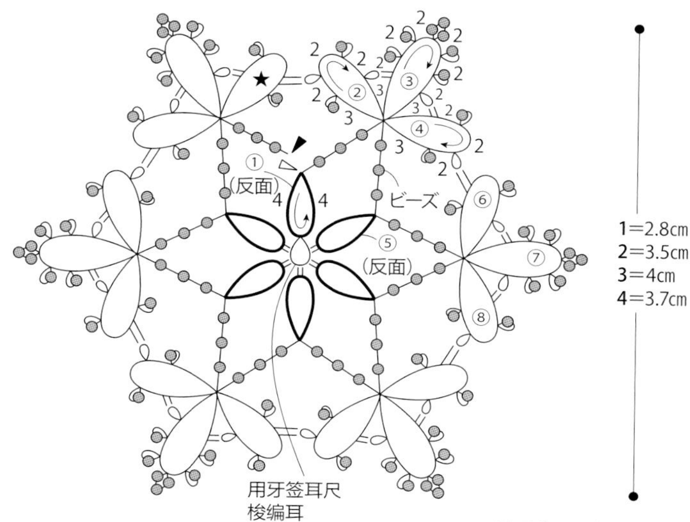

❶ 在线上穿入 102 颗珠子（参考 p.48“将珠子穿在线上”）

❷ 按下列顺序绕线
（参考 p.59“将珠子绕在梭编器上”）

空绕 20 次→（17 颗珠子 + 空绕 < J-1 为 8 次 / J-2～4 为 10 次 ）× 重复 5 次

→ 17 颗珠子 + 空绕 3 次→留约 40㎝断线

❸ 用和 J 相同的针数边放入珠子边梭编（耳和 p.57“将 1 颗天然石放入耳内”同样地操作，其余按 p.59“加入珠子制作花片”的将珠子移靠过去）

※除环①用牙签作为耳尺制作的耳以外，其余耳均为 3㎜

花样 J 的耳坠 …p.18

尺寸 长度约 4.5㎝（不含金属配件）

材料

奥林巴斯（OLYMPUS）梭编蕾丝线 · 细 / 薄荷绿（T202）…5.6m
特小圆米珠 / 银色 …204 颗
链条（单个圈 1㎜ × 1㎜）/ 银色…1㎝ × 2 根
圆形开口圈 / 银色（0.6㎜ × 3㎜）…4 个
耳坠配件 / 银色…1 个

工具

1 个梭编器 、穿珠针、10 号蕾丝钩针、剪刀、木工胶、牙签、量尺、剪钳、平口钳、圆嘴钳

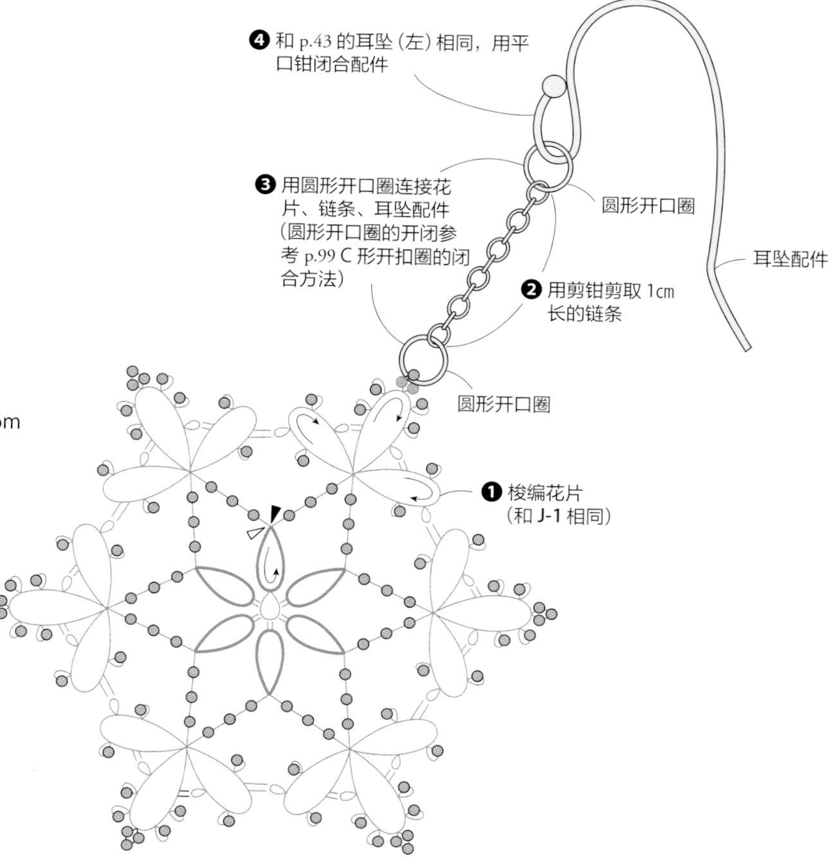

花样K的制作方法 …p.5

运用线固定不动的“芯线接耳”技法。

线 奥林巴斯（OLYMPUS）梭编蕾丝线·中粗 / 米色（T202）…1.8m

工具 1个梭编器、10号蕾丝钩针、剪刀、木工胶、牙签、量尺

※为便于理解，更换了线进行解说。

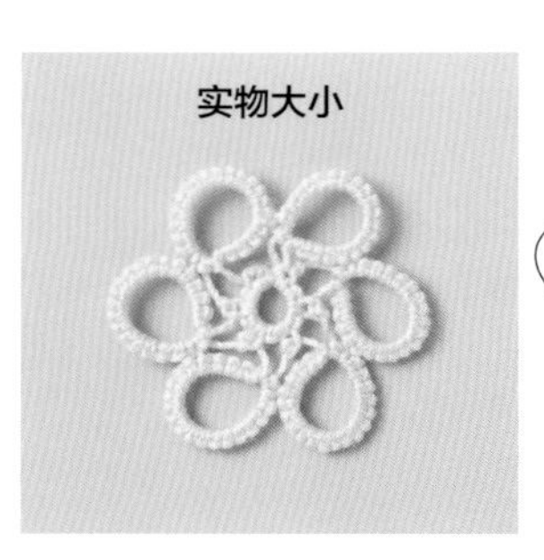

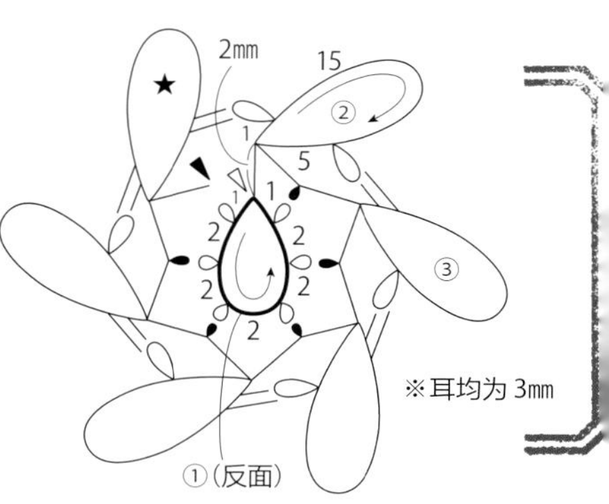

●接耳

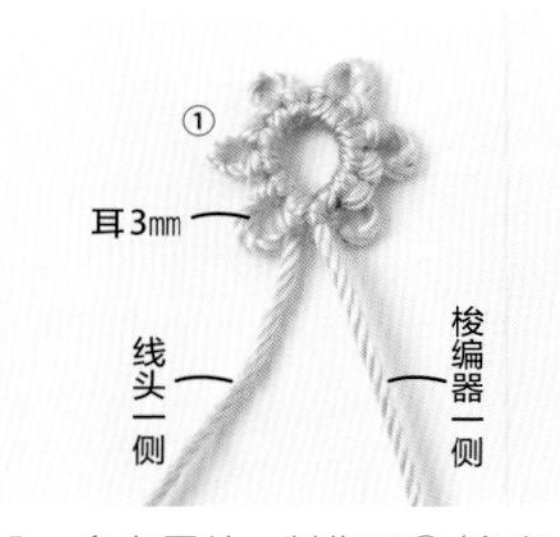

1 参考图片，制作环①（参考p.44花片B）。

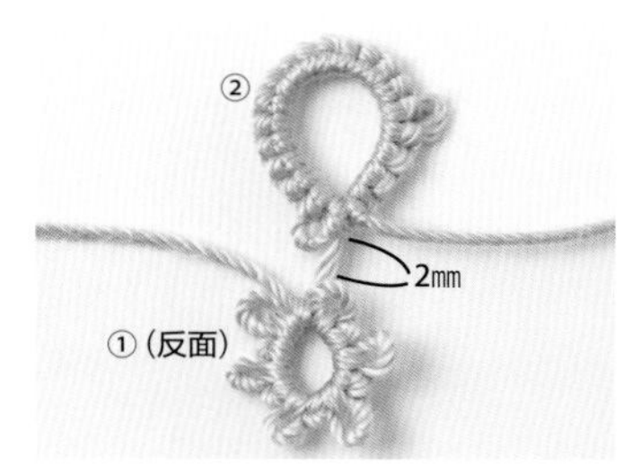

2 翻转环①（翻面），空开2㎜梭编环②。

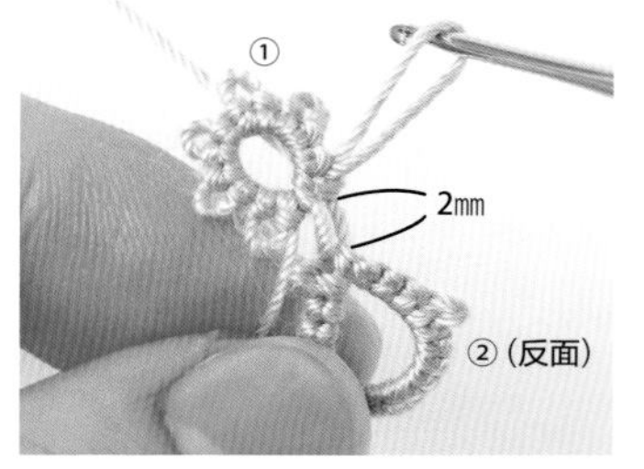

3 翻转②，空开2㎜在环①的耳内插入蕾丝钩针，挂线带出。

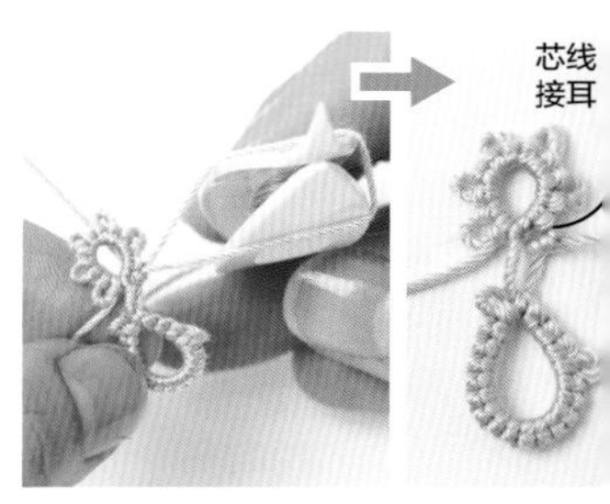

4 取出蕾丝钩针穿过梭编器，拉线完成芯线接耳（线是固定的，即使拉也不动）。

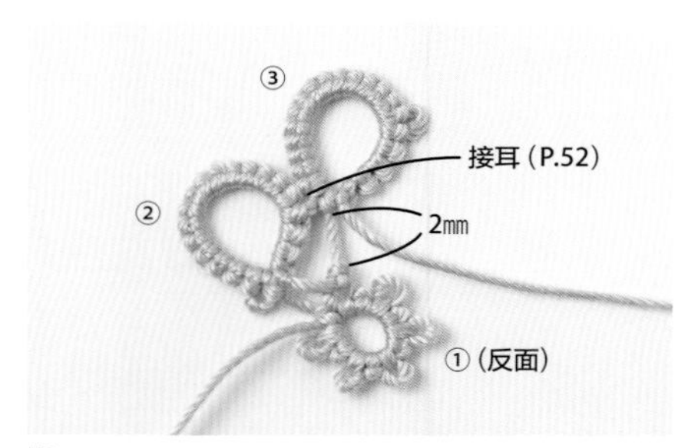

5 翻转环②到正面，空开2㎜在环②的耳内边接耳边梭编环③。

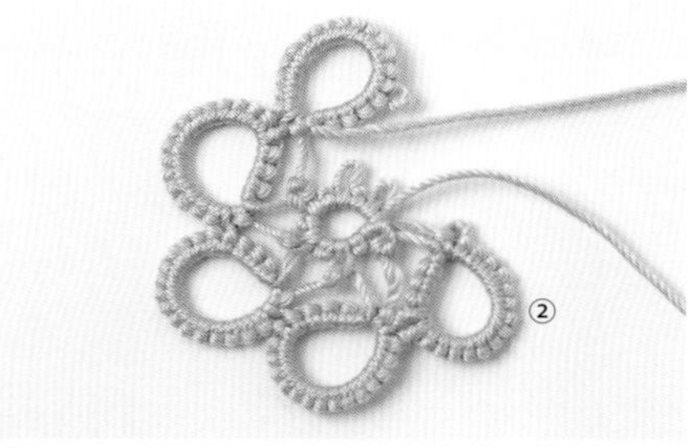

6 重复3次步骤**3～5**。

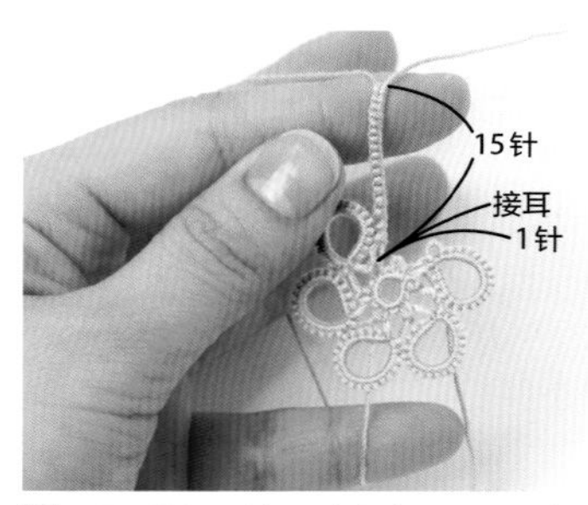

7 最后的环（本页右上角图示★处）是和环③以同样的方法开始制作，梭编与环②接耳前的15针。

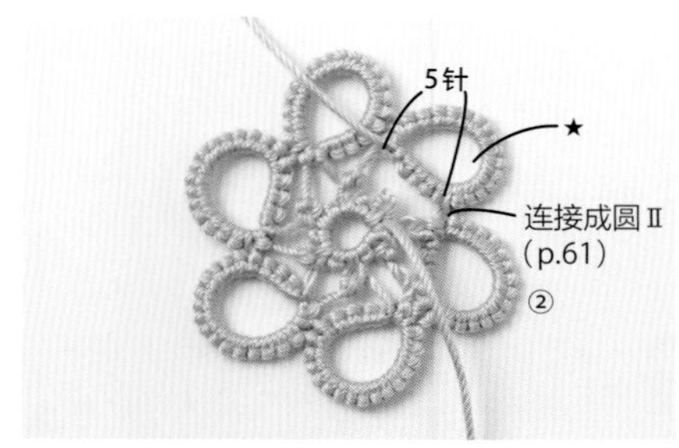

8 环②用“连接成圆Ⅱ”的方法制作，梭编5针后拉动梭编器上的线制作成环。

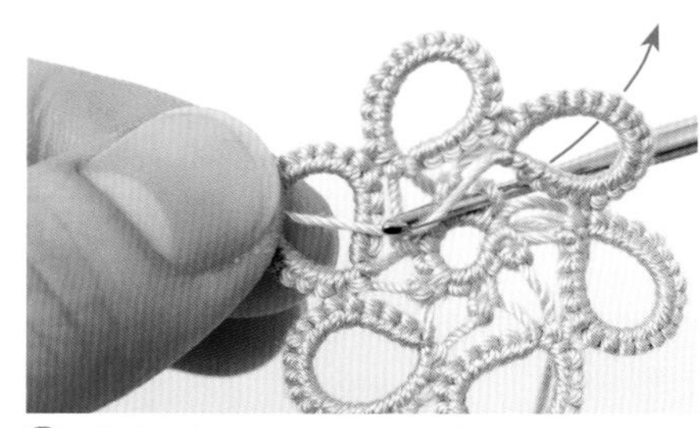

9 线头留约50㎝断线，从环①和任何一处不相连耳的后方插入蕾丝钩针，挂线带出。

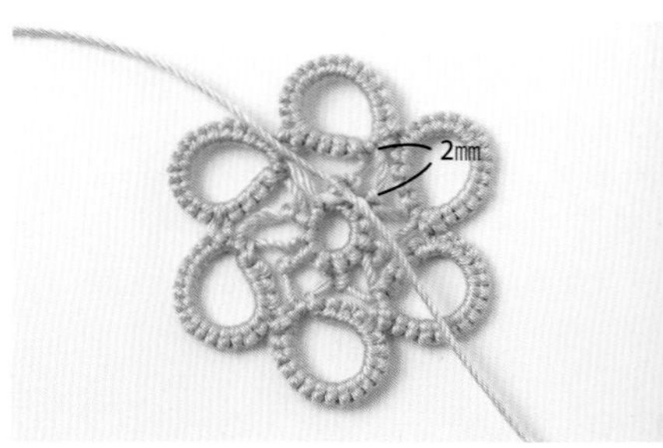

10 变换花片的朝向，空开2㎜将线头打结，线进行收尾（参考p.42）。此面为花片的反面。

攻编的基础花片 花样 K-1～2 …p.12

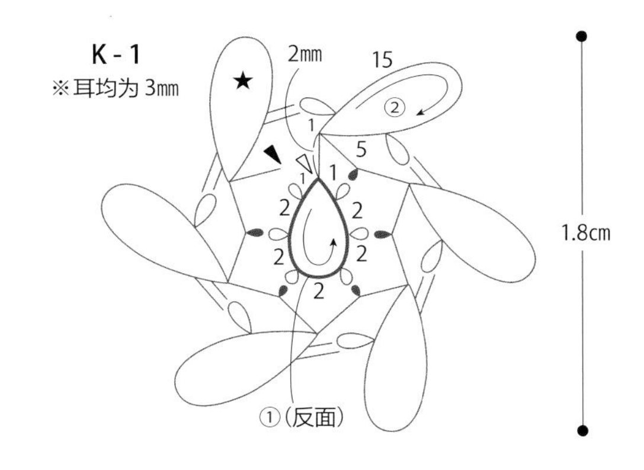

线材

K-1 奥林巴斯(OLYMPUS)梭编蕾丝线·金属线 / 薰衣草色(T402)…1.7m

K-2 丝线 / 薰衣草色 …1.9m

特小圆米珠 / 象牙白…36 颗

工具

1 个梭编器、穿珠针(仅 **K-2**)、10 号蕾丝钩针、剪刀、木工胶、牙签、量尺

制作方法

参考花样 **K**，针数相同，**K-2** 是在指定的位置加入珠子进行制作。

K-2

❶ 将 36 颗珠子穿在线上
（参考 p.48“将珠子穿在线上”）

❷ 按下列顺序绕线
（参考 p.59“将珠子绕在梭编器上”）

空绕 10 次→ 3 颗珠子 + 空绕 4 次→
→（6 颗珠子 + 空绕 4 次）× 重复 5 次
→ 3 颗珠子 + 空绕 4 次 →留约 40㎝断线

❸ 和 K 针数相同，边放入珠子边梭编
（与 p.59“加入珠子制作花片”一样，将珠子移靠在环或芯线接耳处进行梭编）

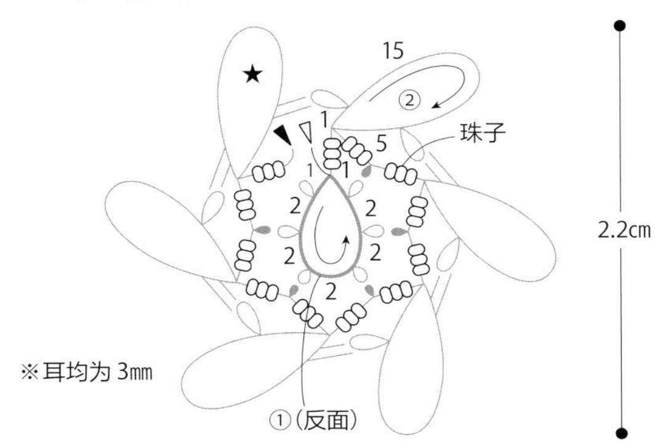

花样 K 的手链 …p.30

尺寸 总长约 20㎝

材料

丝线 / 粉色…9.1m（花片 4 片 =7.6m、连接金属配件部分 =1.5m）

薰衣草色 …5.7m

特小圆米珠 / 象牙白色 …252 颗

OT 扣 / 银色（O 扣 11㎜ × 14㎜、T 扣 15㎜）…1 对

工具

1 个梭编器、穿珠针、10 号蕾丝钩针、剪刀、木工胶、牙签、量尺

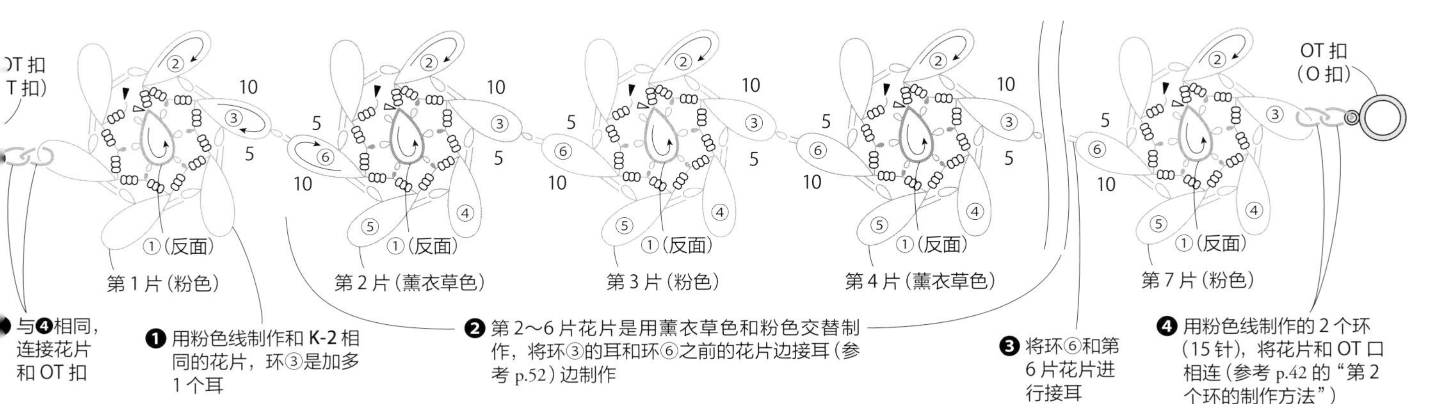

花样L的制作方法 …p.6

让我们来学习一下不断线用梭编器和线团制作桥的方法吧。

线 奥林巴斯（OLYMPUS）梭编蕾丝线·中粗 / 米色（T202）…1.7m
工具 1 个梭编器、10 号蕾丝钩针、剪刀、木工胶、牙签、量尺
※为便于理解，更换了线进行解说。

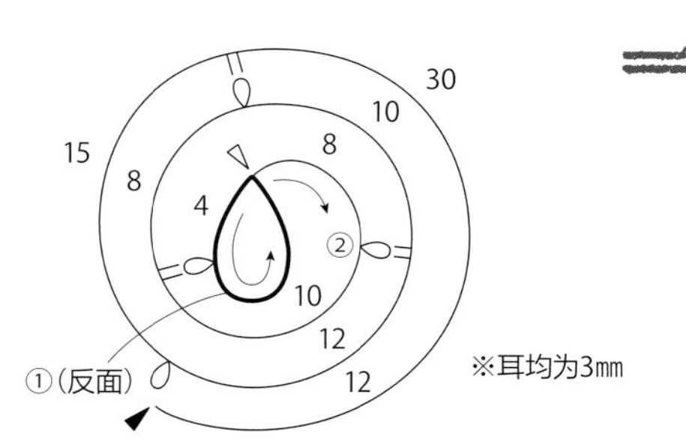

※耳均为3㎜

1 将 20cm的线绕在梭编器上，不断线，保持这样的状态。

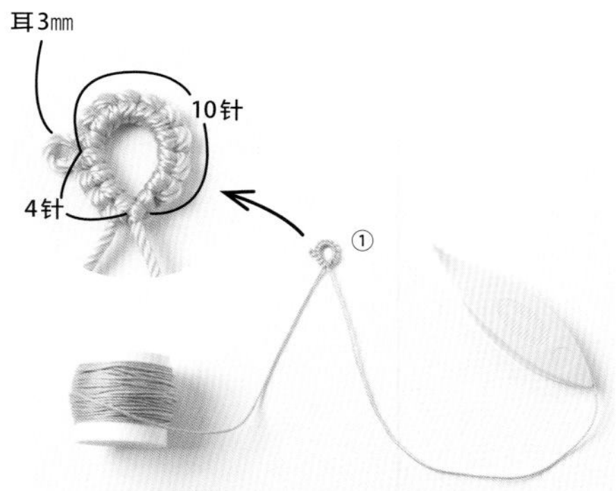

2 参考图片，从距离梭编器约 40cm处开始梭编环①（参考 p.44 的花片 B）。

●制作桥

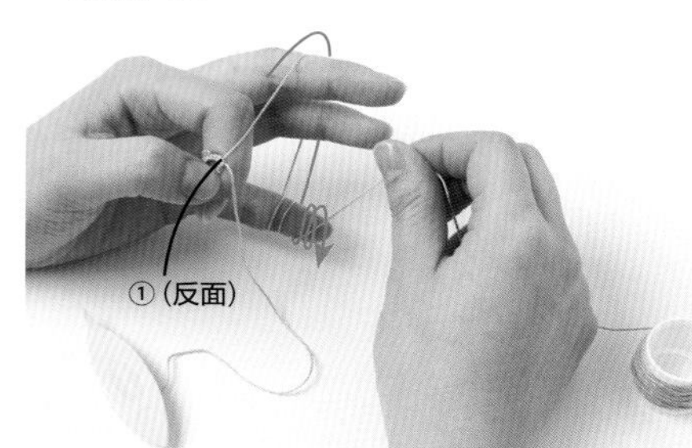

3 翻转环①（翻面），梭编②的桥。将线团的线挂在左手中指和无名指上，在小指上绕 2～3 圈。

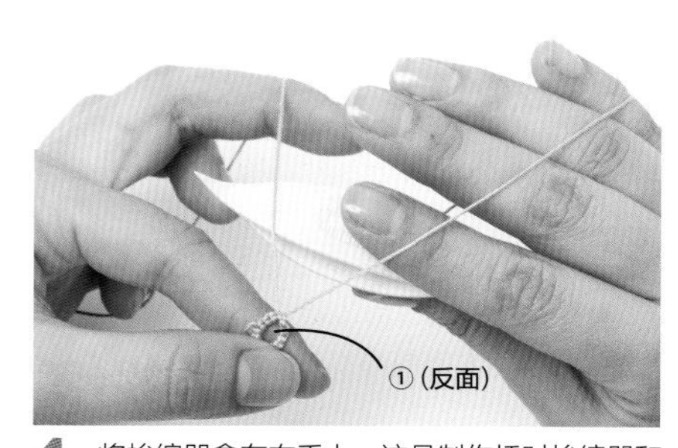

4 将梭编器拿在右手上。这是制作桥时梭编器和线的拿法。

12针
耳
8针
①(反面)

5 用线团的线和梭编器梭编 8 针、耳、12 针。

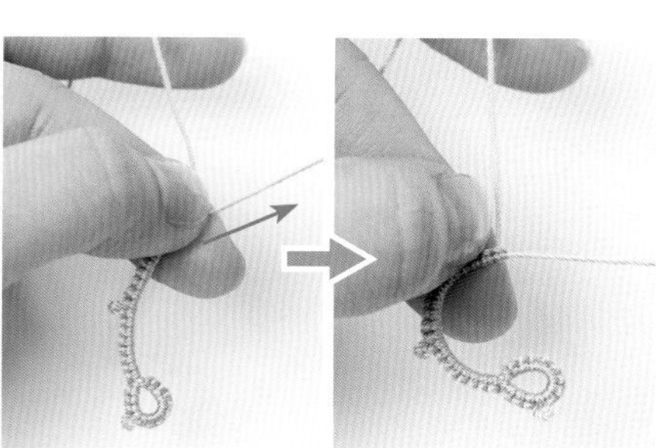

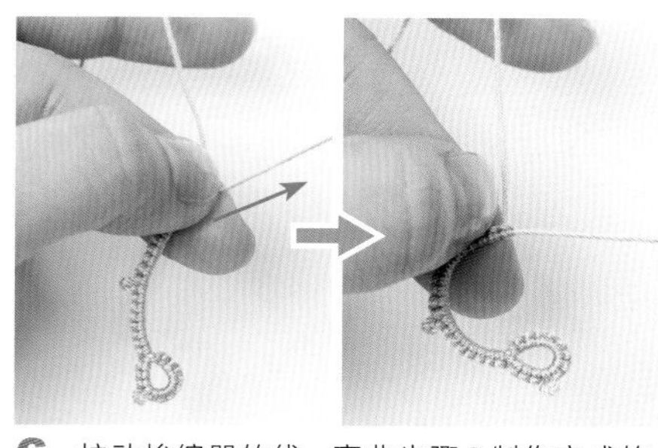

6 拉动梭编器的线，弯曲步骤 **5** 制作完成的部分。

7 将步骤 **5** 的最后一针和环①的耳并排拿着。

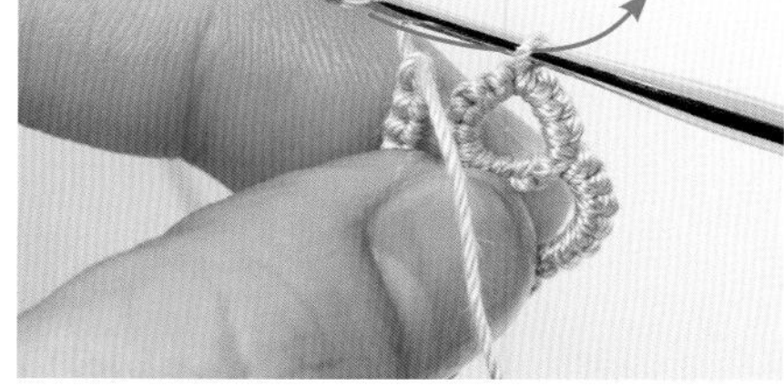

8 将蕾丝钩针插入耳内，挂线头的线带出。

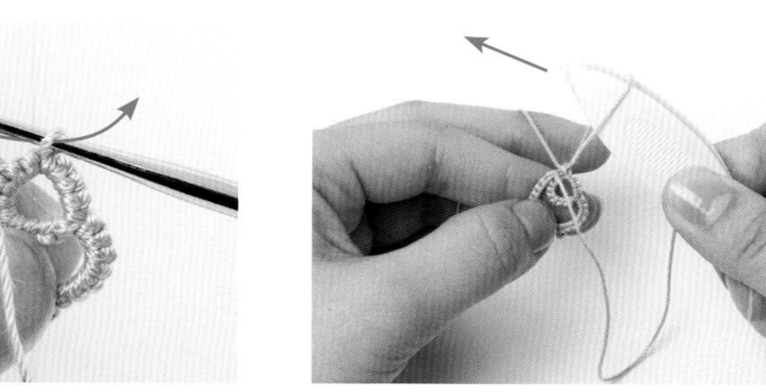

9 抽出蕾丝钩针，穿入梭编器。

10 拉动线团的线，完成接耳。

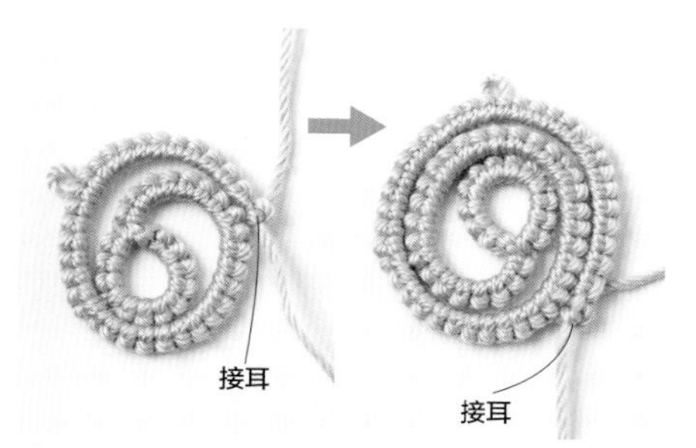

11 接着梭编 8 针、耳、10 针，和步骤 **6～10** 同样地进行接耳(左图)。接着再梭编 12 针、耳、15 针，进行接耳(右图)。

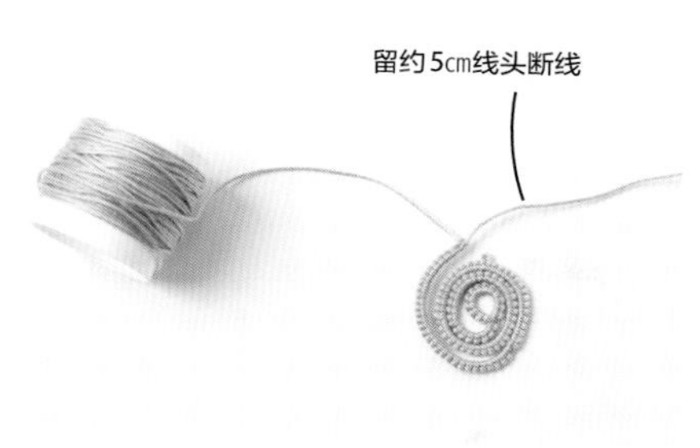

12 梭编 30 针，梭编器上的线留约 5cm断线。

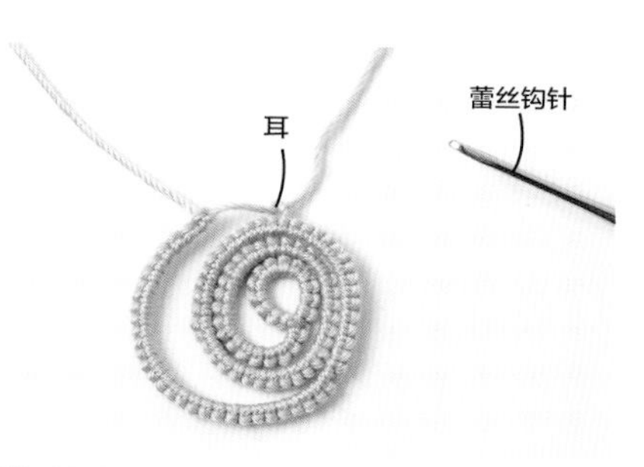

13 最后不用接耳，用蕾丝钩针将剪断的线头从耳内带出，进行线的收尾(参照 p.42)。

改编的基础花片 花样 L-1～4 …p.12

线材

L-1 丝线 / 蔚蓝色 …1.6m
L-2 丝线 / 薰衣草蓝色 …1.4m
L-3 奥林巴斯(OLYMPUS)梭编蕾丝线 · 金属线 / 蓝色(T404)…1.7m
L-4 奥林巴斯(OLYMPUS)梭编蕾丝线 · 粗线 / 薄荷绿(T309)…1.8m

工具

1 个梭编器 、10 号蕾丝钩针、剪刀、木工胶、牙签、量尺

制作方法

L-1～4 是将 20cm线绕在梭编器上。参考花片 **L** 制作。
L-1、**3** 按相同针数，换线梭编。
L-2、**4** 是省略 **L** 最后的 30 针。

L - 1、3
※耳均为3mm
30 10 8 15 8 4 ② 10 12 12 ①(反面)
1=1.7cm
3=1.5cm

L - 2、4
※耳均为3mm
10 8 15 8 4 ② 10 12 12 ①(反面)
2=1.5cm
4=2cm

花样 L 的耳坠…p.18

尺寸 长度约 4cm(不含配件)

材料

丝线 / 天蓝色 …2.8m
天然石 / 海蓝宝石 · 小石头(约 8mm × 3mm)…6 颗
Artistic Wire 26 号铜丝 / 镀抗氧化银 …6cm × 6 根
耳坠配件 / 银色…1 对

工具

1 个梭编器、10 号蕾丝钩针、剪刀、木工胶、牙签、量尺、剪钳、平口钳、圆嘴钳

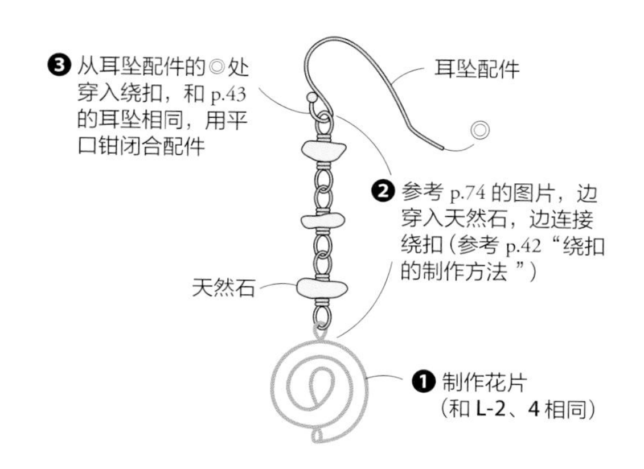

花样 L 的耳坠…p.22

尺寸 长度约 3cm(不含配件)

材料

丝线 / 天蓝色 …2.8m
　　　蔚蓝色 …3.2m
耳坠配件 / 银色…1 对

工具

1 个梭编器、10 号蕾丝钩针、剪刀、木工胶、牙签、量尺、平口钳

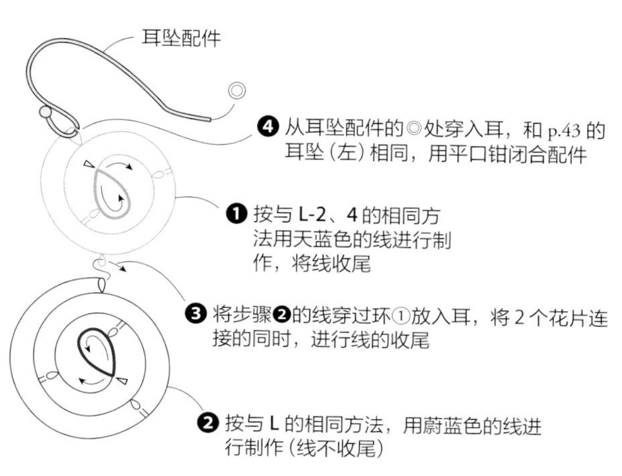

●绕扣的制作方法

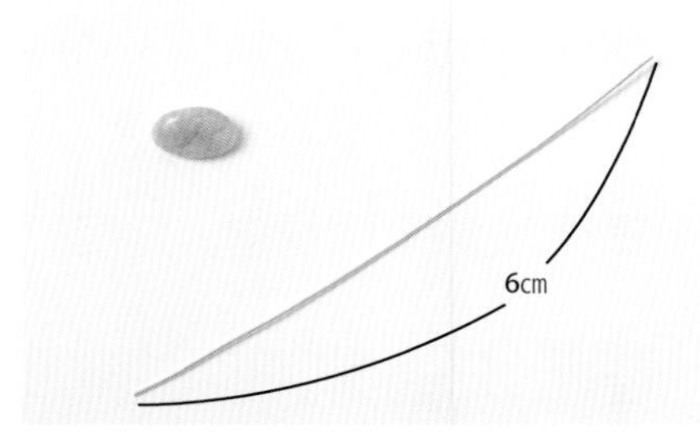

所需准备的物品是铜丝、天然石和右图的工具。将铜丝用剪钳剪至6cm长（注意，不同的作品中会依据石头的大小而改变剪切的长度）。

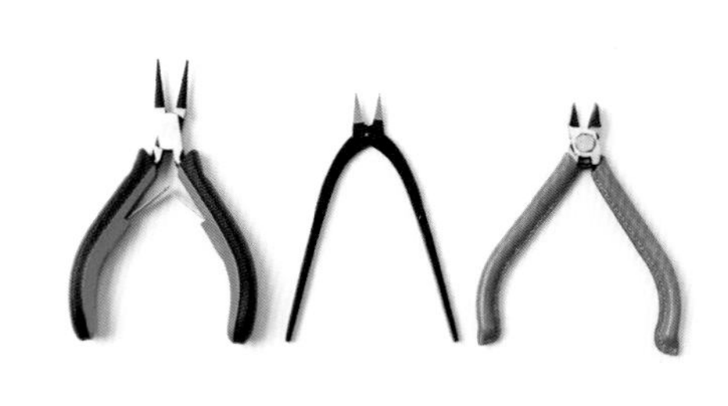

使用的工具如图所示，自左向右分别是圆嘴钳、平口钳（无齿款）和剪钳。用这些工具制作绕扣。

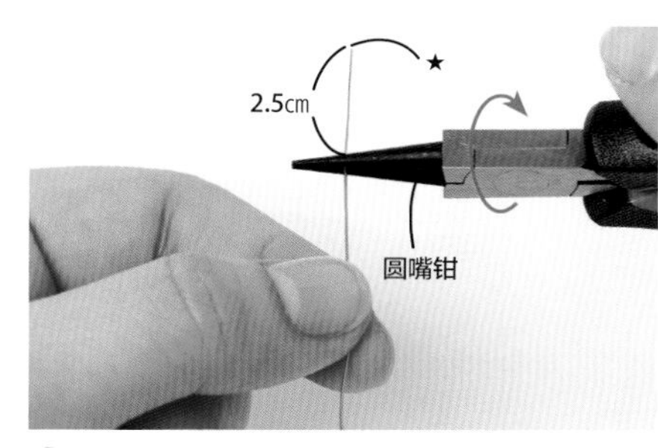

1 用圆嘴钳夹在距铜丝前端2.5cm处绕转。

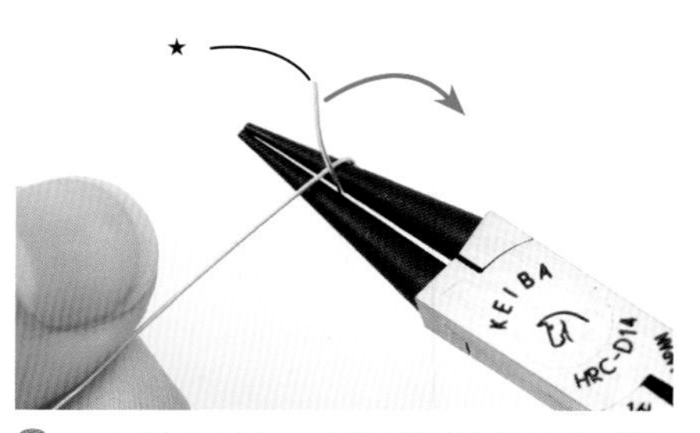

2 用手指将★（2.5cm部分的前端）倒向图示箭头方向绕转成圈。

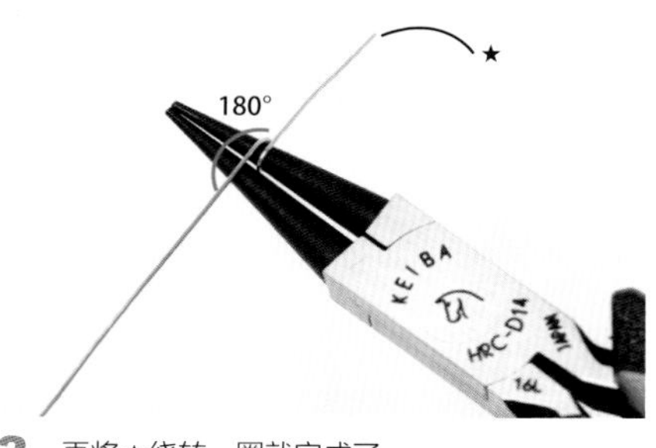

3 再将★绕转，圈就完成了。

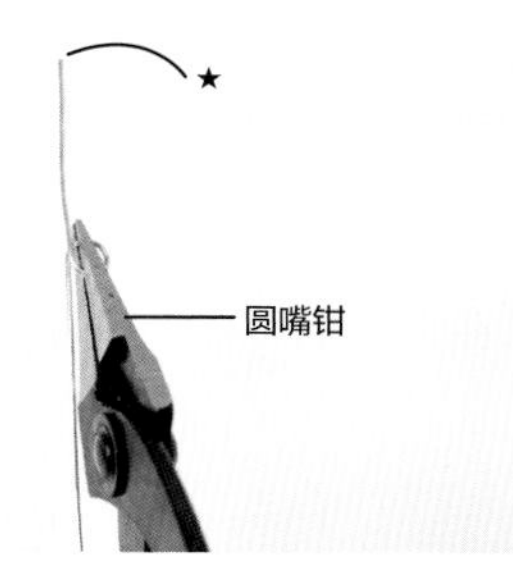

4 抽出圆嘴钳，将铜丝交叉部分的圈用平口钳夹住，可以看到铜丝形成了一条直线。

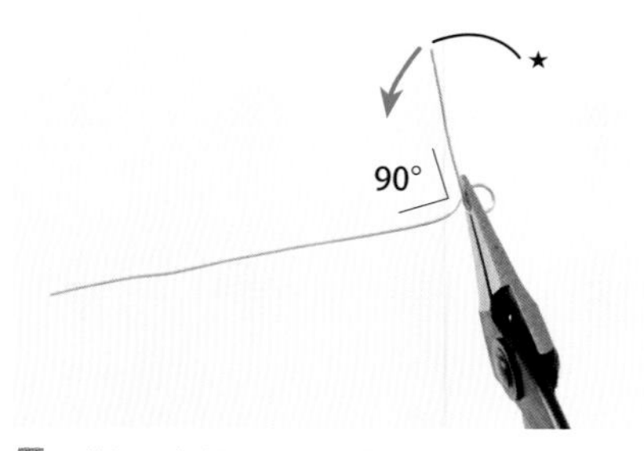

5 将铜丝长的一侧用手弯成直角，将★部分的铜丝用手指从前向后绕转。

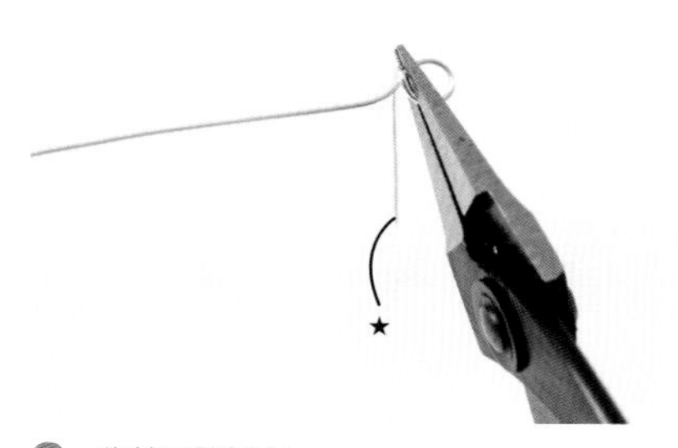

6 绕转后的状态。

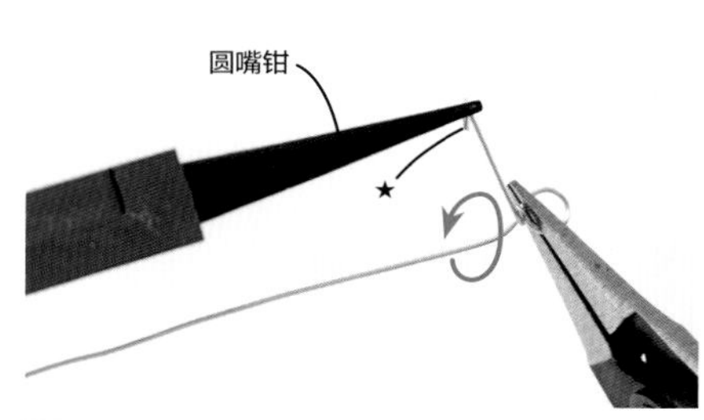

7 用圆嘴钳夹住★处，在环的底部从前向后绕2圈。

8 绕2圈后的状态（注意不要留缝隙）。

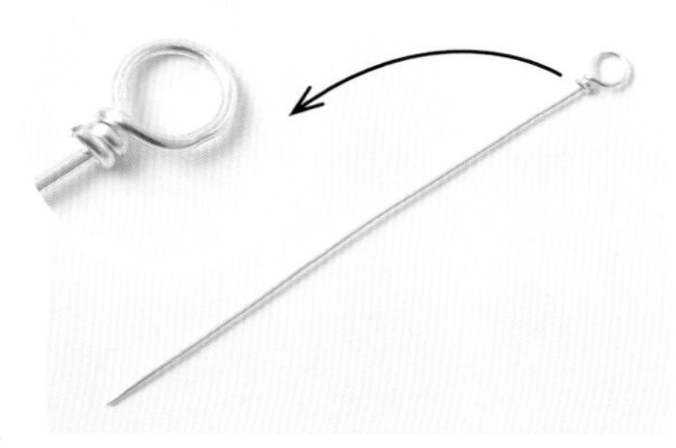

9 用剪钳剪掉多余的铜丝。完成了一侧的制作。

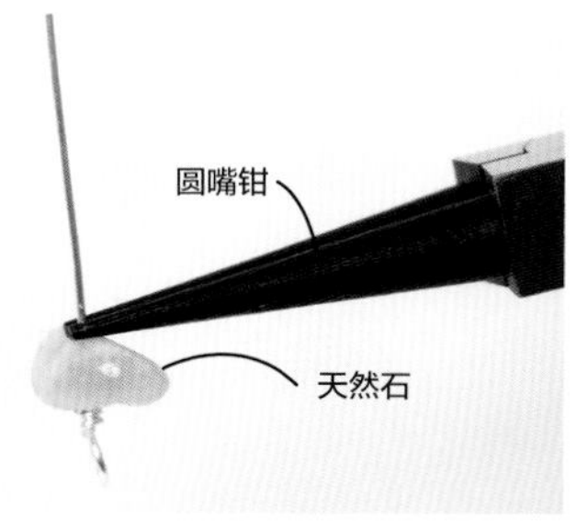

10 在铜丝上穿入1颗天然石，用圆嘴钳的前端夹在紧靠天然石的位置上。

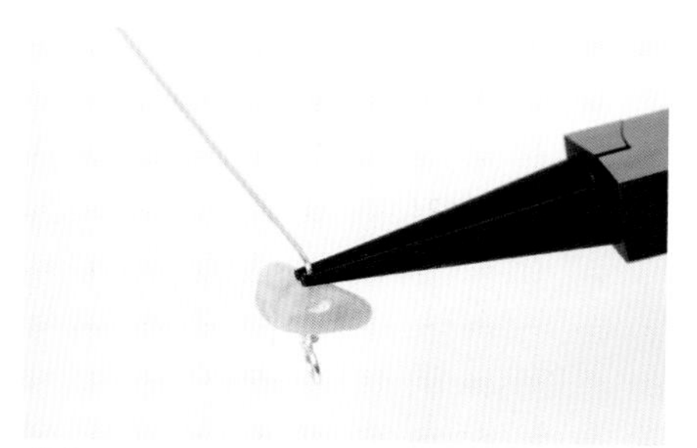

11 用手将铜丝弯成直角。

12 圆嘴钳再夹在和步骤 **1** 铜丝的同一位置处，用手指如箭头所示方向将铜丝绕在圆嘴钳上制作成圈。

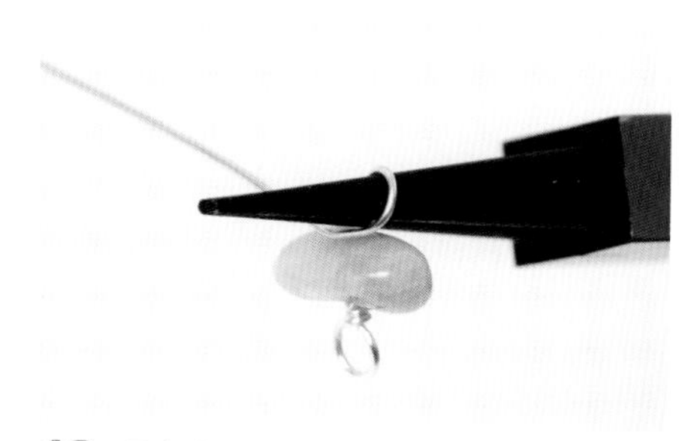

13 圈完成了。

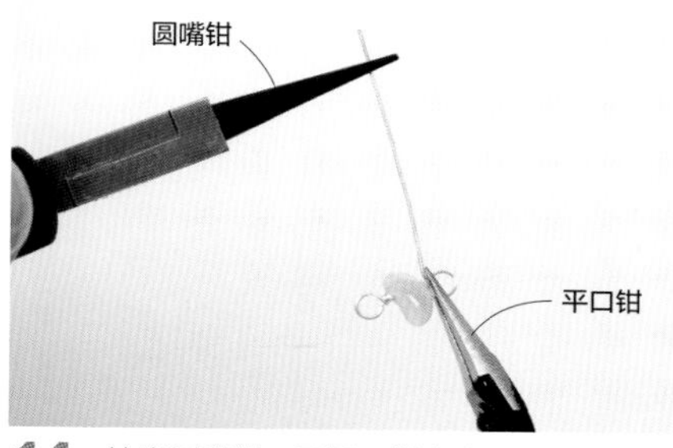

14 抽出圆嘴钳，用平口钳夹在与步骤 **4** 中的同一位置处，用圆嘴钳夹住铜丝的一侧。

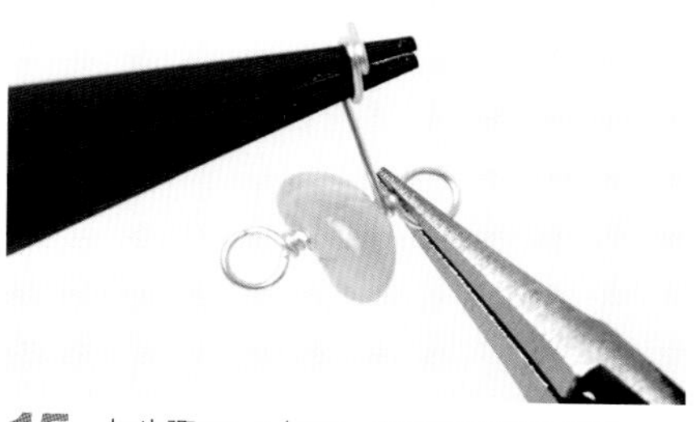

15 与步骤 **7～8** 相同，在环的底部绕 2 圈。

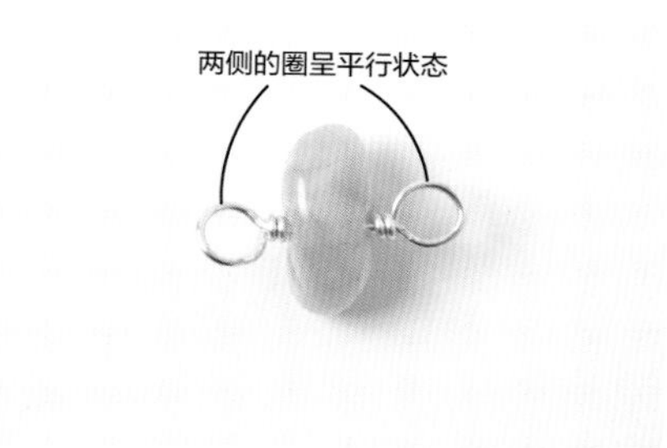

16 用剪钳剪掉多余的铜丝。绕扣制作完成了。

●制作连续的绕扣

以p.18花样**L**的耳坠为例进行解说。

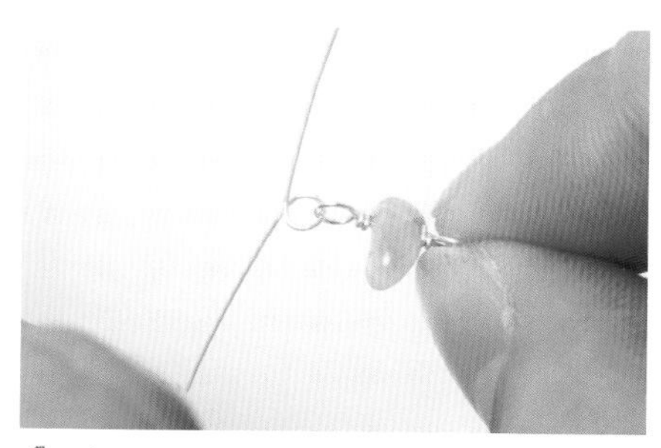

1 与 p.74 相同，制作 1 个绕扣。再次将铜丝绕制成圈后，穿入第 1 个圈中。

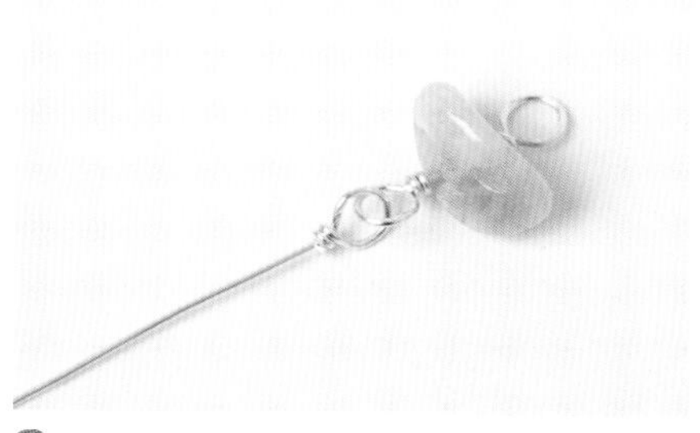

2 用圆嘴钳和平口钳按 p.74 的步骤 **4～9** 在环的底部绕铜丝，用剪钳剪掉多余的部分。

3 按 p.74、p.75 的步骤 **10～16**，穿入天然石后另一侧也制作绕扣。

4 第 3 个绕扣和第 2 个相同，穿入天然石绕制好圈后，将花片的耳穿入圈内。

5 在圈的底部绕铜丝，用剪钳剪掉多余的部分。

花样M的制作方法 …p.6

用芯线接耳稳固保持花片的外形。

线 奥林巴斯（OLYMPUS）梭编蕾丝线·中粗／米色（T202）…1.5m

工具 1个梭编器、10号蕾丝钩针、剪刀、木工胶、牙签、量尺

※为便于理解，更换了线进行解说。

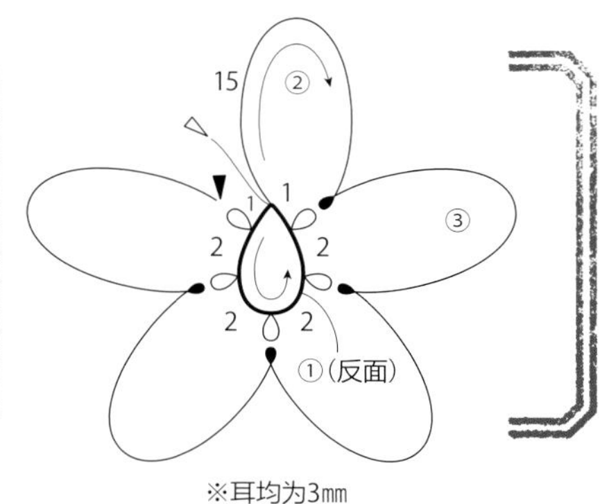

※耳均为3mm

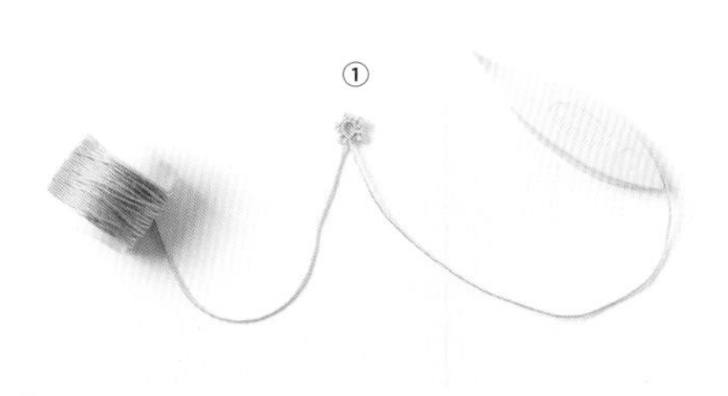

1 将15cm的线绕在梭编器上，不断线，在距梭编器约40cm处梭编环①（参考 p.44 的花片 B）。

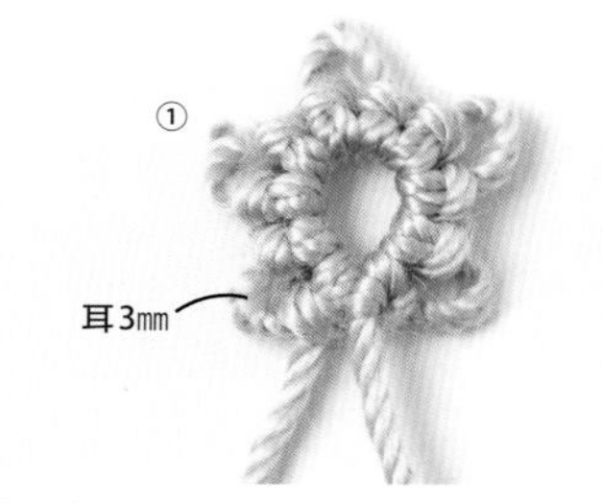

环①的放大图。

2 翻转环①（翻面），梭编15针的桥，拉动梭编器上的线使其弯曲制作成环②（参考 p.72 的"制作桥"）。

●芯线接耳

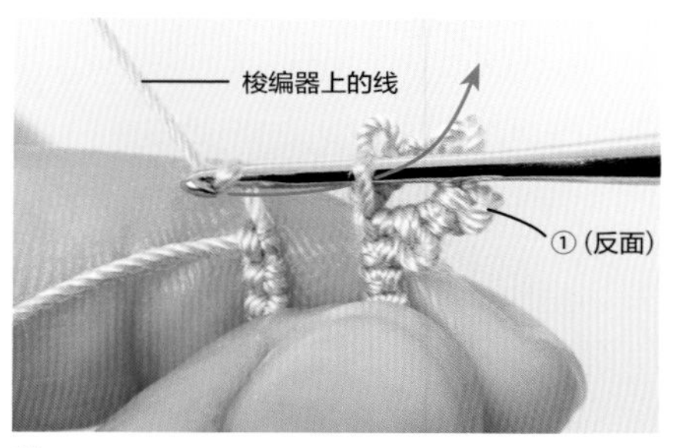

3 在环①的耳上插入钩针，挂梭编器上的线带出。

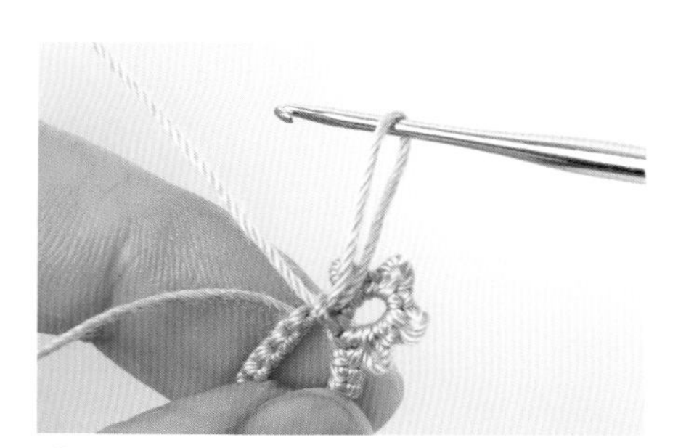

4 拉出可穿过梭编器大小的线圈。

5 取出钩针，穿过梭编器。

6 拉动梭编器收口成圈。收口后，即使拉梭编器线也不会动。芯线接耳完成了。

7 重复3次环②和芯线接耳，接着再做一个环②（不梭编芯线接耳）。

8 留约5cm的梭芯器上的线头后断线，用蕾丝钩针将线头穿入环①的耳内（参考 p.70 的步骤 **9**），进行线的收尾（参考 p.42）。

花样 M 的项链 …p.20

尺寸 长约 90cm的项圈

材料

丝线 / 象牙白色 …4m

桃粉色、亮橙色 … 各 2.7m

淡水珍珠 · 偏孔形 / 白色（8mm × 10mm）…5 颗

淡水珍珠 · 扁珠 / 米橙色（5mm × 5mm）…9 颗

链条（单个圈 3mm × 1.5mm）/ 金色…3cm × 9 根、4cm × 9 根

C 形开口圈 / 金色（0.7mm 粗 × 3.5mm × 4.5mm）…14 个

Artistic Wire 26 号铜丝 /

金色 …7cm × 5 根（用于偏孔形）、6cm × 9 根（用于扁珠）

工具

1 个梭编器、10 号蕾丝钩针、剪刀、木工胶、牙签、量尺、剪钳、平口钳、圆嘴钳

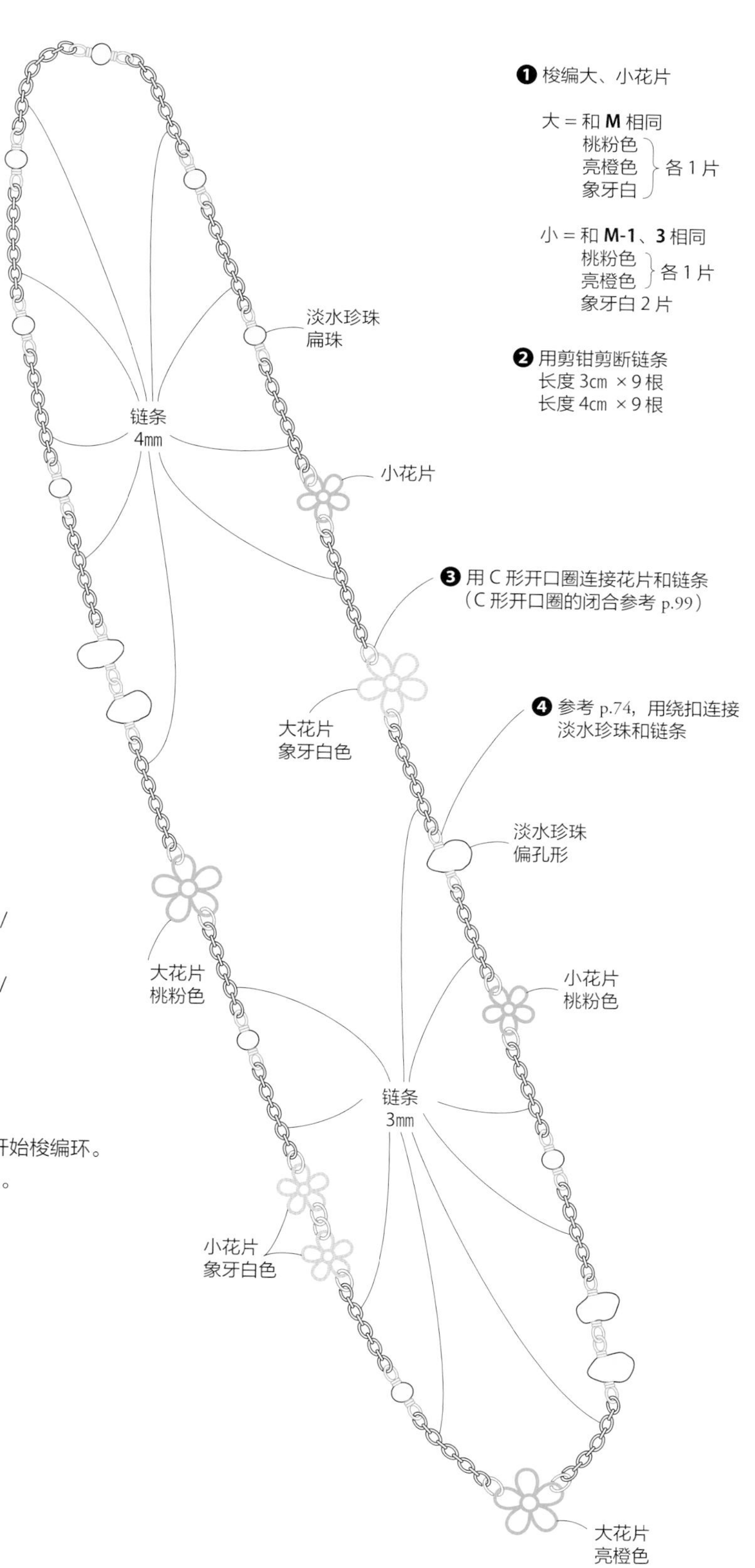

改编的基础花片 花样 M-1～4 …p.13

线材

M-1 丝线 / 象牙白色 …1.2m

M-2 丝线 / 桃粉色 …1.5m

M-3 奥林巴斯（OLYMPUS）贵妇人蕾丝线（Emmy Grande）· HERBS / 粉色（141）…1.4m

M-4 奥林巴斯（OLYMPUS）贵妇人蕾丝线（Emmy Grande）· HERBS / 橙色（171）…1.6m

工具

1 个梭编器、10 号蕾丝钩针、剪刀、木工胶、牙签、量尺

制作方法

参考花样 **M**，将 15cm的线绕在梭编器上，从距离梭编器约 40cm处开始梭编环。

M-1、**3** 是变换针数制作，**M-2**、**4** 是以相同针数同样方法进行制作。

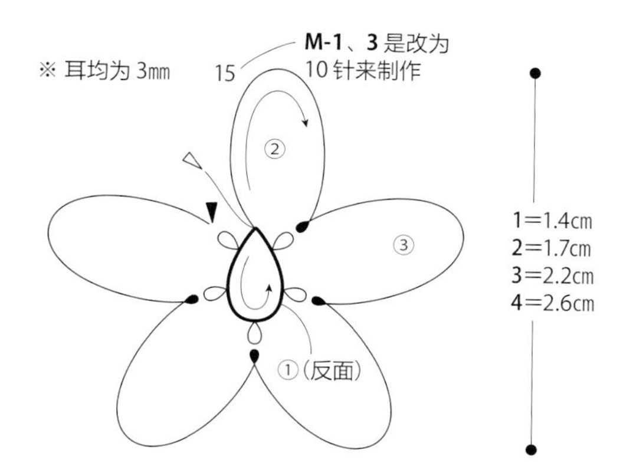

花样 N 的制作方法 …p.6

将梭编成像花辫般的织物圈起，完成稍具立体感的外形。

线 奥林巴斯（OLYMPUS）梭编蕾丝线·中粗／米色（T202）…2.5m

工具 1个梭编器、10号蕾丝钩针、剪刀、木工胶、牙签、量尺

※为便于理解，更换了线进行解说。

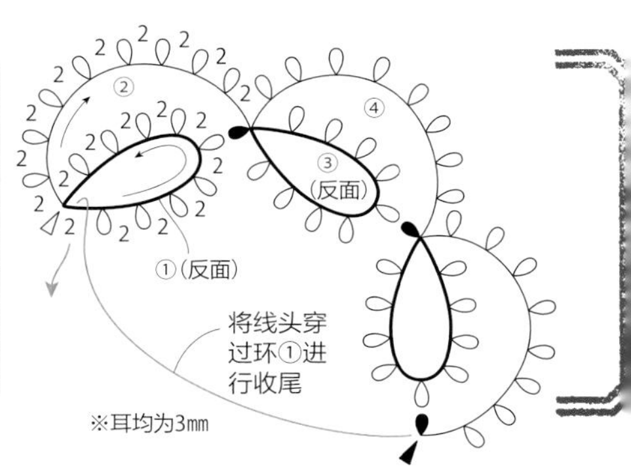

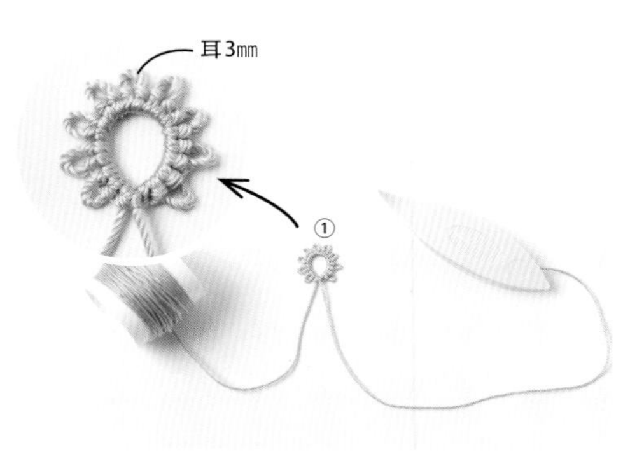

1 将1m线绕在梭编器上，不断线，在距梭编器约40cm处梭编环①（参考p.44的花片B）。

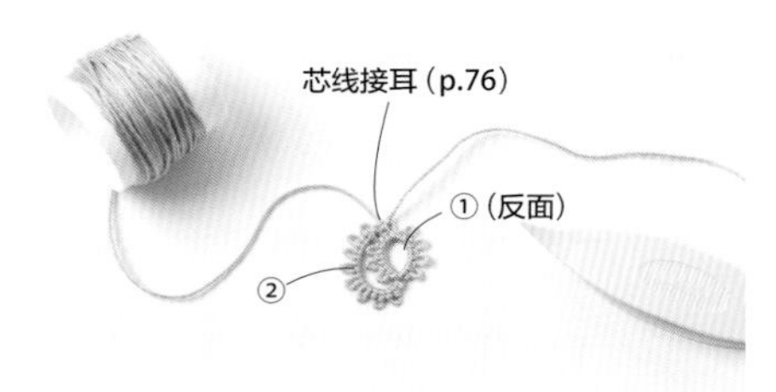

2 翻转环①（翻面），梭编桥制作环②，在环①上进行芯线接耳（参考p.72的"制作桥"）。

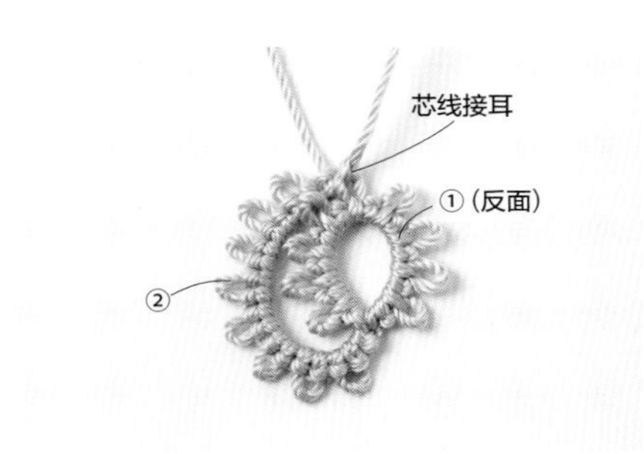

步骤**2**的放大图。环②的桥是靠着环①，拉动梭编器上的线使其弯曲后进行芯线接耳。

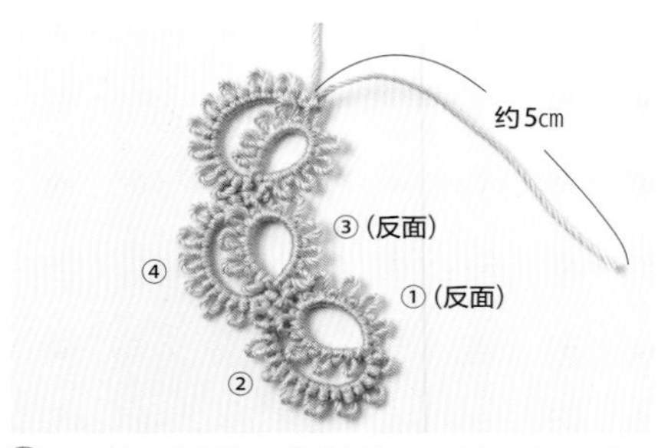

3 翻转环②制作环③（针数和环①相同），翻转环③制作环④（针数和环②相同），接着再重复1次。梭编器上的线头留约5cm断线。

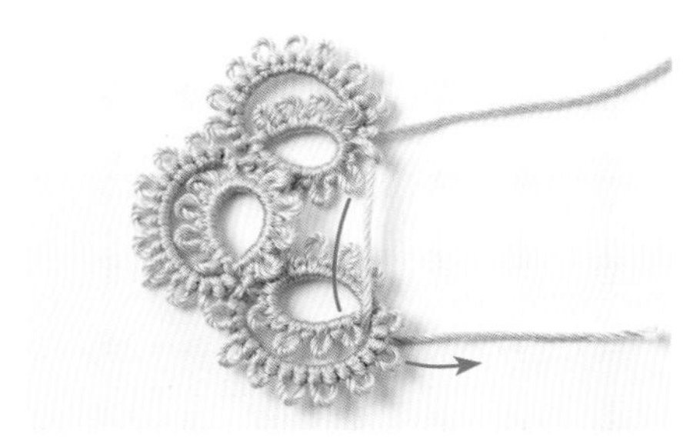

4 参考图片，将线头穿过环①。

5 拉动线头，将开始和结束的线头进行线的收尾（参考p.42）。

改编的基础花片 花样 N-1～3 …p.13

线材

N-1 丝线／青橙色 …2m

N-2 丝线／亮米色 …3.7m

特小圆米珠／金色 …48颗

切割珠／绿色（2mm×3mm）…24颗

小圆米珠／粉色 …24颗

金属珠／金色（2mm×2mm）…6颗

N-3 奥林巴斯（OLYMPUS）梭编蕾丝线·金属线／铜色（T408）…3m

工具

1个梭编器、穿珠针（仅**N-2**）、10号蕾丝钩针、剪刀、木工胶、牙签、量尺

制作方法

参考花样**N**，按相同针数制作，**N-1**是将约70cm的线绕在梭编器上按相同方法制作，**N-2**（p.79）是放入珠子，重复制作4次N的环③、④。**N-3**是将约1.2m的线绕在梭编器上，重复制作4次**N**的步骤③、④。

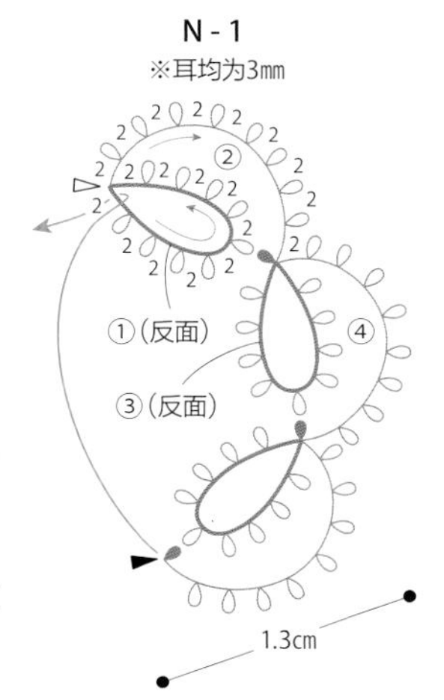

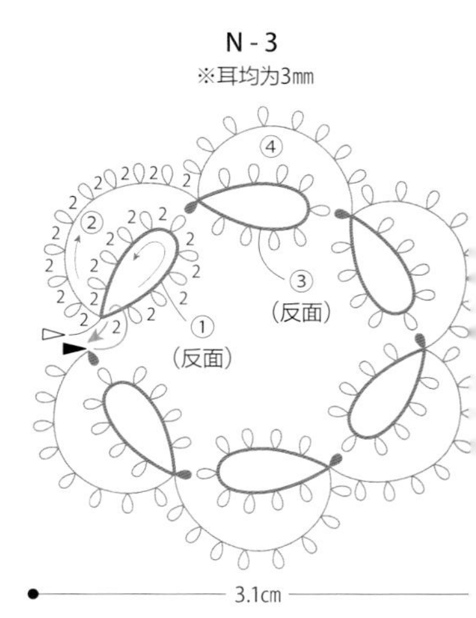

❶ 按下列顺序将珠子穿在线上（参考 p.48“将珠子穿在线上”）

特小圆米珠 ◎ 48 颗
↓
[小圆米珠 ● 4 颗 + 金属珠 □ 1 颗 + 切割珠 ⬡ 4 颗]
↓
共重复 6 次 [ ] 内的穿珠顺序

❷ 按下列顺序绕线
（参考 p.59“将珠子绕在梭编器上”）

空绕 15 次→重复 5 次（步骤❶ [ ] 内的操作 + 空绕 6 次）
→ 在距梭编器约 40cm处带入括号内的珠子制作环①

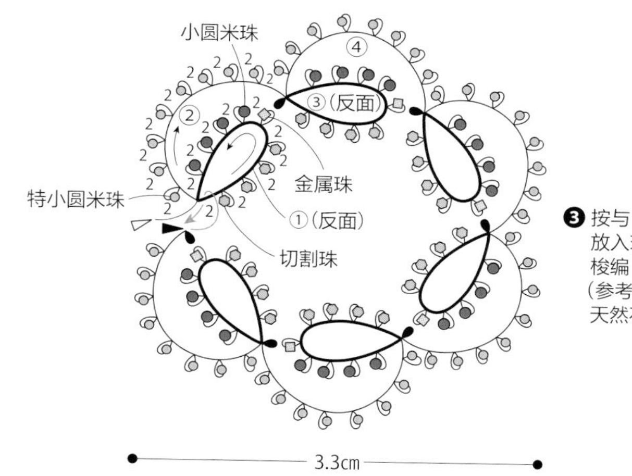

❸ 按与 N 相同的针数，放入珠子的同时进行梭编
（参考 p.57 的“将 1 颗天然石放入耳内”）

花样 N 的胸针…p.19

尺寸 参考胸针配件

材料

丝线 / 亮米色 …3.7m
特小圆米珠 / 金色 …48 颗
切割珠 / 绿色（2mm × 3mm）…24 颗
小圆米珠 / 粉色 …24 颗
金属 / 金色（2mm × 2mm）…6 颗
鱼线 1 号 / 透明 …80cm
胸针配件 · 椭圆镂空 / 金色（26mm × 34mm）…1 个

工具

梭编器 1 个、穿珠针、10 号蕾丝钩针、剪刀、木工胶、牙签、量尺

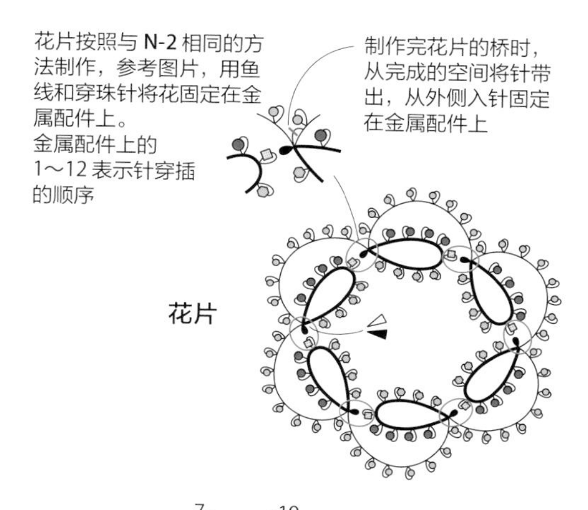

将花片固定在胸针配件上

为便于理解，用彩色原线来解说。

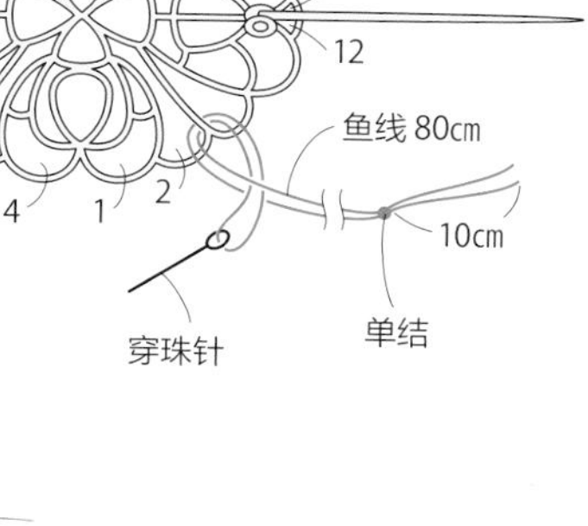

1 准备好花片、胸针配件、穿珠针和鱼线（80cm）。

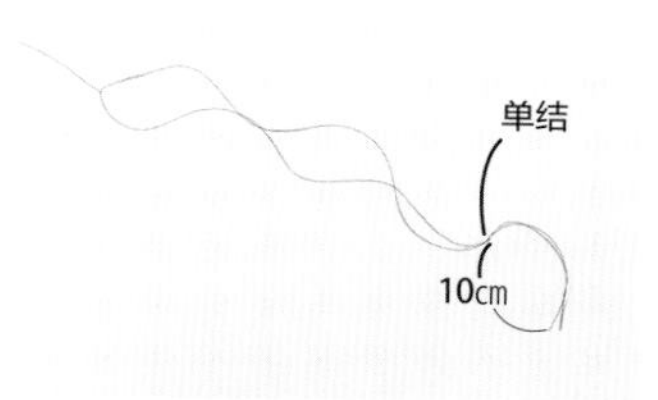

2 将鱼线穿在穿珠针上，两头对齐形成双股线的状态，在距顶端 10cm处打单结。

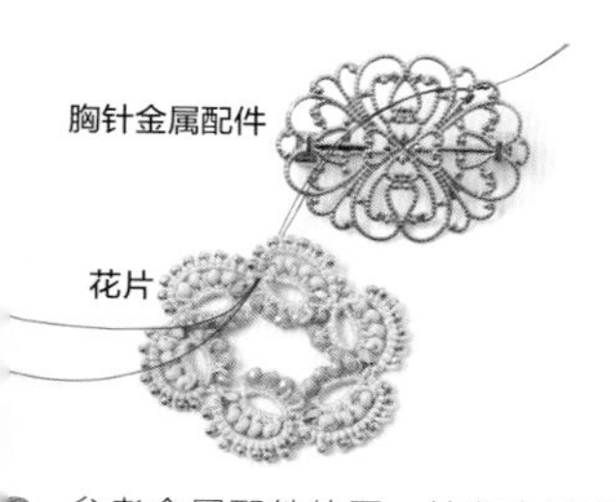

3 参考金属配件的图，并在金属配件的反面将鱼线穿入指定的位置，从配件的 1 处开始从正面将鱼线带出。

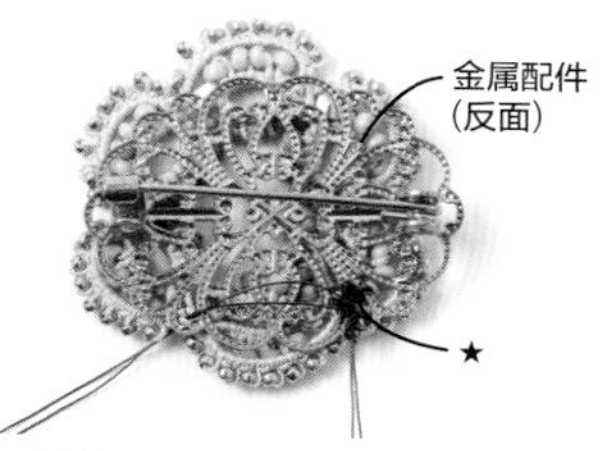

4 从花片的外侧开始将鱼线从配件的 2 处穿过，中间留出 10cm 的线后打 1 个结，接着再绕 2 次打结（参考 p.51 的步骤 **10**）。

5 从正面看 **4** 完成后的样子。因为实际制作时会使用透明的鱼线，所以并不明显。

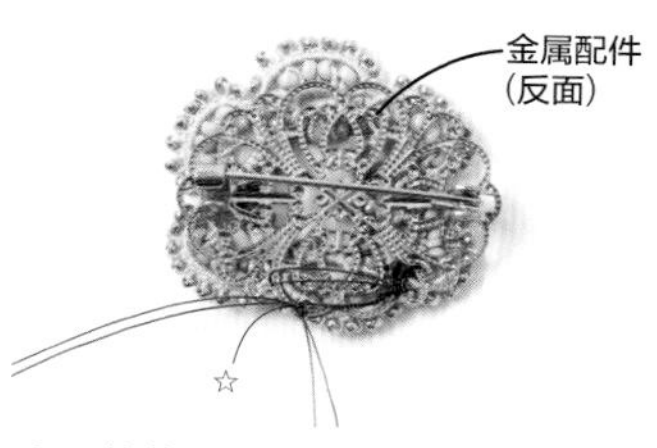

6 从花片的外侧将鱼线穿至配件的 4 处，将 10cm 的线渡至反面再打 1 个结，接着在绕 2 圈打结（☆）。配件的 5 以后也同样地固定，最后剪掉多余的线头。

花样O的制作方法 …p.6

…p.6

环→翻转（翻面）→桥→翻转
每次都在翻转后进行制作。

线 奥林巴斯（OLYMPUS）梭编蕾丝线·中粗 / 米色（T202）…2.4m
工具 1个梭编器、10号蕾丝钩针、剪刀、木工胶、牙签、量尺
※为便于理解，更换了线进行解说。

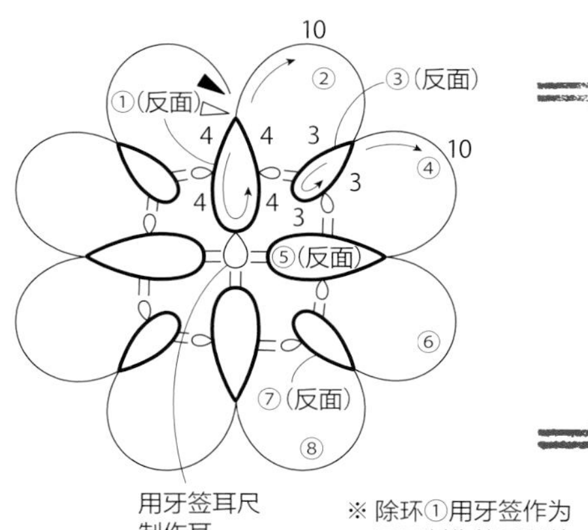

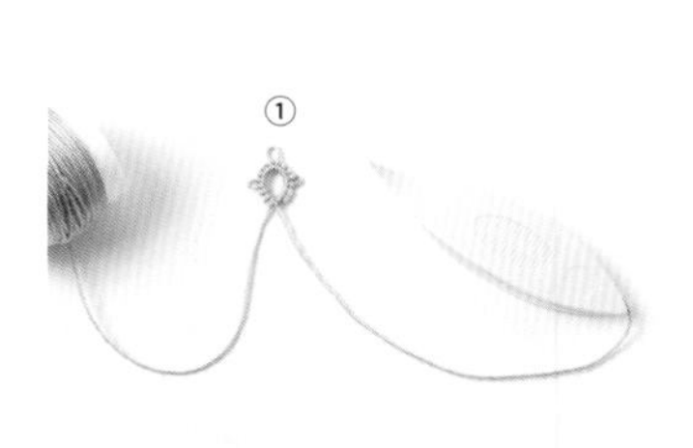

1 将1m线绕在梭编器上，不断线，从距梭编器约40cm的地方开始梭编环①（p.44 花片 B 的要领）。

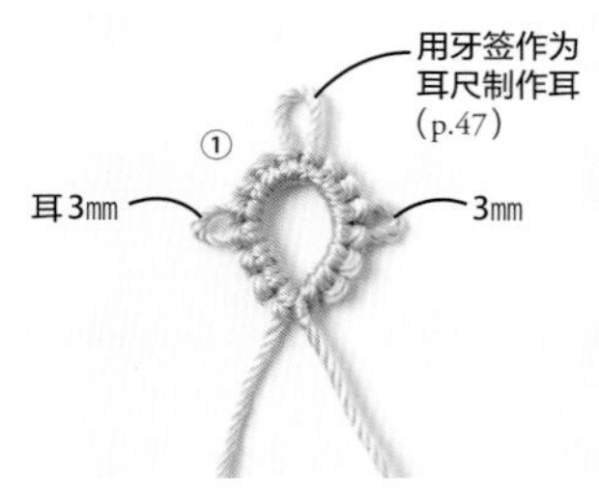

环①的放大图。中间的耳用“牙签作为耳尺制作耳”的方式制作。

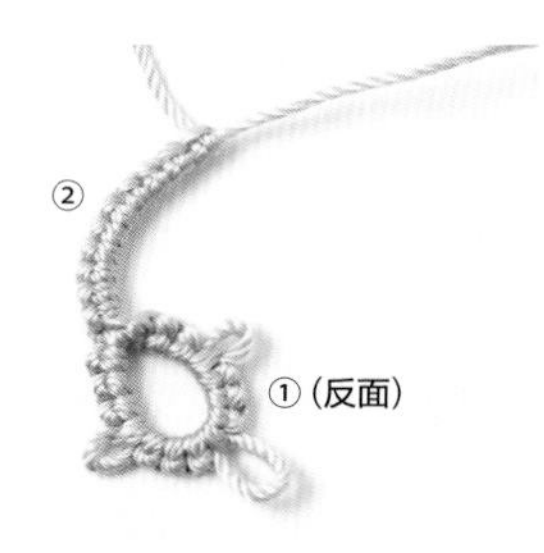

2 翻转（反面）环①，用桥制作环②，拉动梭编器的线使其弯曲（参考p.72的“制作桥”）。

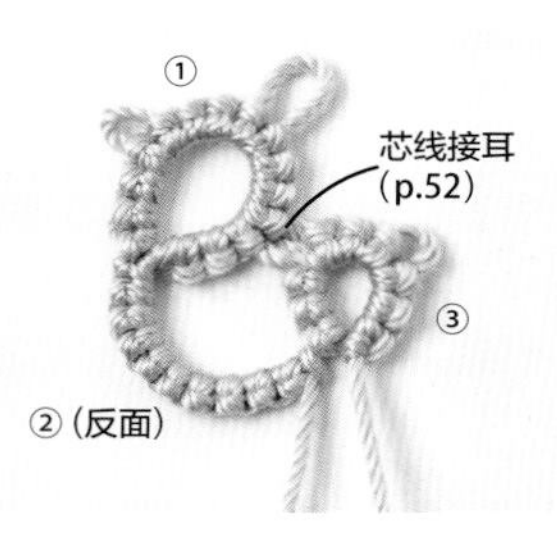

3 翻转环②，线头的线就这样翻着，在环①的耳处进行芯线接耳的同时，梭编环③。

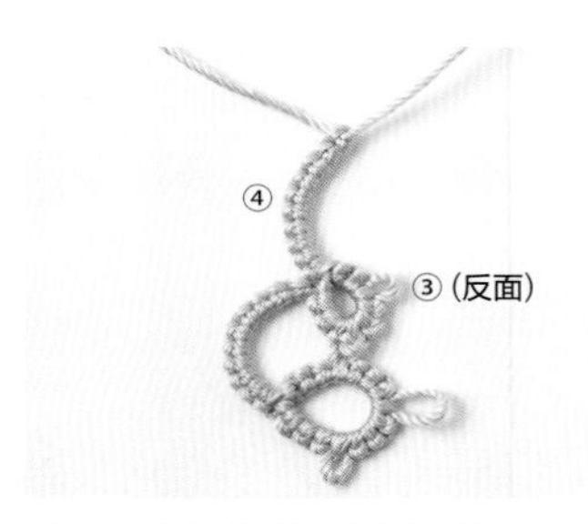

4 翻转环①，制作环④的桥。

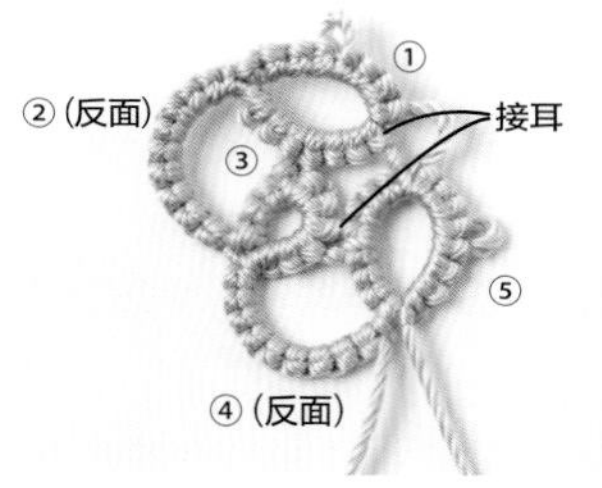

5 翻转环④，并在环③和环①的耳上进行芯线接耳的同时，梭编环⑤。

6 重复2次环②～⑤，接着梭编至桥。

7 翻转桥，在梭编最后的环的同时，用“芯线接耳”和“连接成圆 I”的方式，在前面与环①相连。

8 拉动梭编器上的线，完成小环。完成了内侧圆的相连（●）。

9 翻转，制作桥。

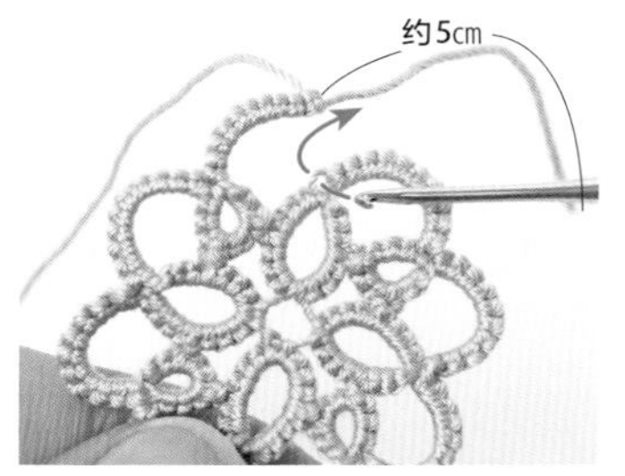

10 梭编器上留约5cm的线头断线，在环和桥之间从前面插入蕾丝钩针，挂线带出。

11 拉线，进行线的收尾（参考p.42）。此面为花片的反面。

花样 O 的项链 …p.21

尺寸 约 90cm的颈圈

材料

丝线 / 饼干色、摩卡色、烟蓝色 …各 4.8m
天然石 / 蓝晶石 · 硬币形（8mm × 8mm × 3mm）…13 颗
天然石 / 烟粉晶 · 多面切割（6mm × 6mm）…8 颗
链条（单圈为 3mm × 3mm）/ 金色 …4cm × 5 根、3cm × 4 根、2cm × 4 根、1cm × 2 根
C 形开口圈 / 金色（0.7mm × 3.5mm × 4.5mm）…12 个
Artistic Wire 26 号铜丝 / 金色 …6cm × 21 根

工具

1 个梭编器、10 号蕾丝钩针、剪刀、木工胶、牙签、量尺、剪钳、平口钳、圆嘴钳

改编的基础花片 花样 O-1～3 …p.13

线材

O-1 丝线 / 烟蓝色 …2.4m
O-2 DMC Diamant 金属刺绣线 / 白银色（D168）…2.2m
O-3 丝线 / 淡蓝色
天然石 / 磷灰石 · 圆形切割（2mm）…12 颗

工具

1 个梭编器、穿珠针（仅 **O-3**）、10 号蕾丝钩针、剪刀、木工胶、牙签、量尺

制作方法

花样 **O-1** 是 1.2m、花样 **O-2** 是 1m、花样 **O-3** 是参考图绕线。参考花样 **O**，按同样针数同样制作，**O-3** 是放入天然石制作。

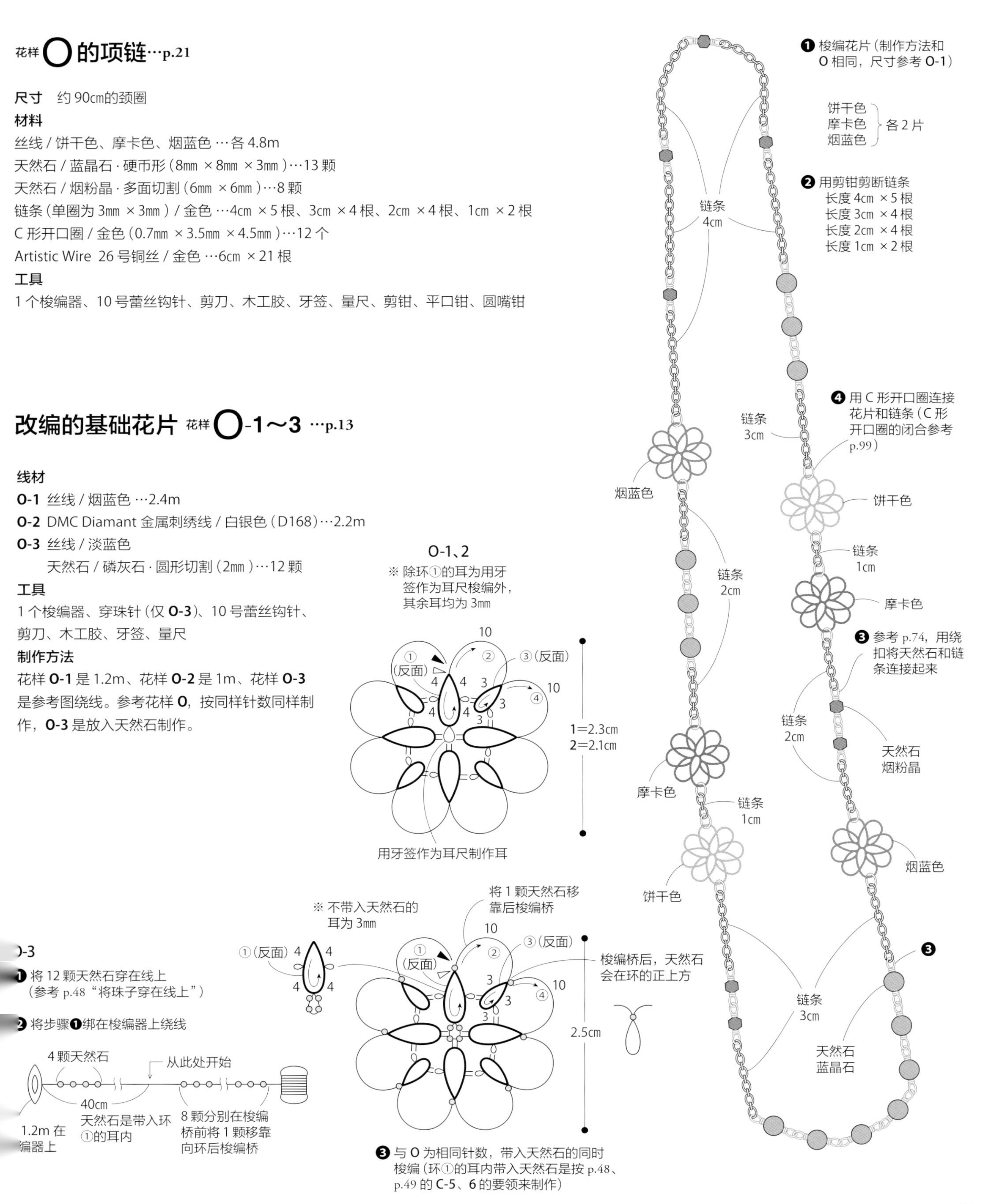

花样P的制作方法 …p.6

按 p.80 花片 O 的要领，梭编五角形的花片。

线 奥林巴斯（OLYMPUS）梭编蕾丝线·中粗 / 米色（T202）…3.6m
工具 1个梭编器、10号蕾丝钩针、剪刀、木工胶、牙签、量尺
※为便于理解，更换了线进行解说。

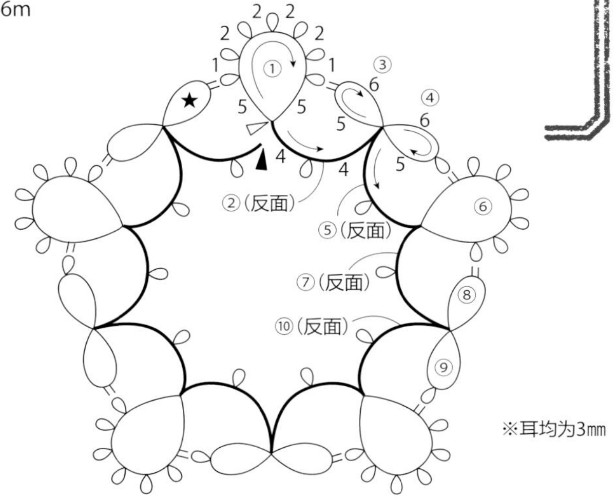

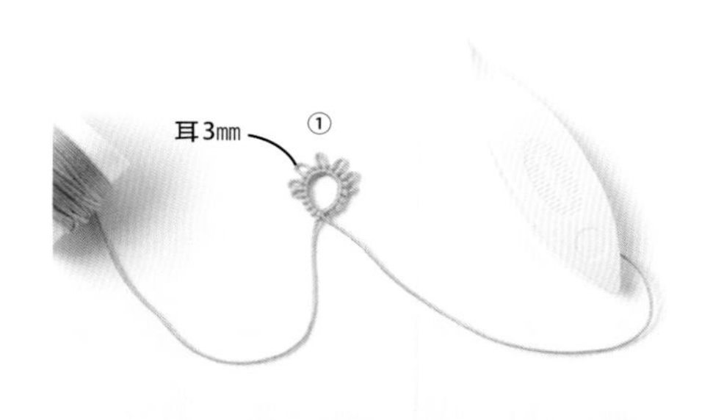

1 将2.2m的线绕在梭编器上，不断线，在距梭编器约40cm处梭编环①（参考 p.44 花片 **B**）。

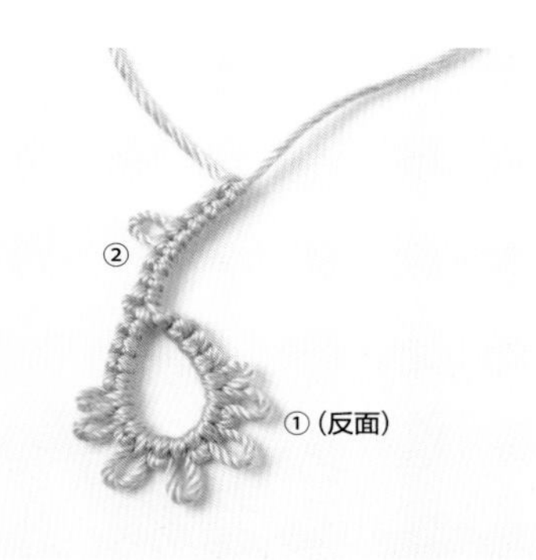

2 翻转环①（翻面），用桥制作环②，拉动梭编器上的线，使之稍稍弯曲（参考 p.72 "制作桥"）。

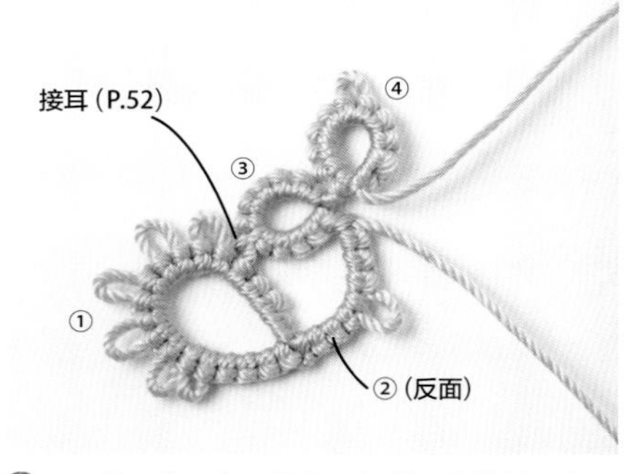

3 翻转环②，在环①的耳上进行芯线接耳的同时，梭编环③，接着制作环④（环④开始的正结和 p.52 的步骤 **2** 相同）。

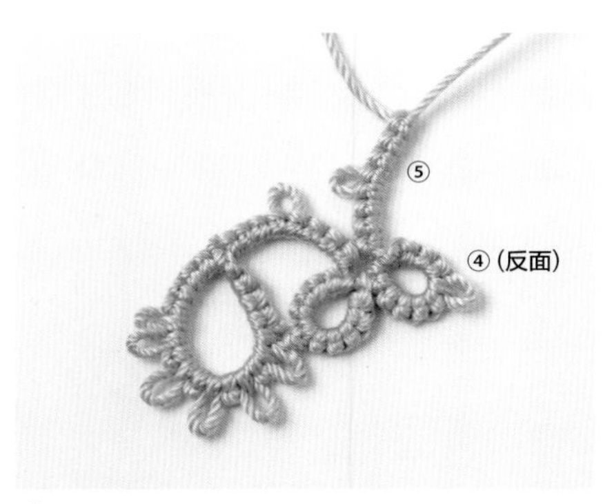

4 翻转环④，并梭编环⑤的桥。

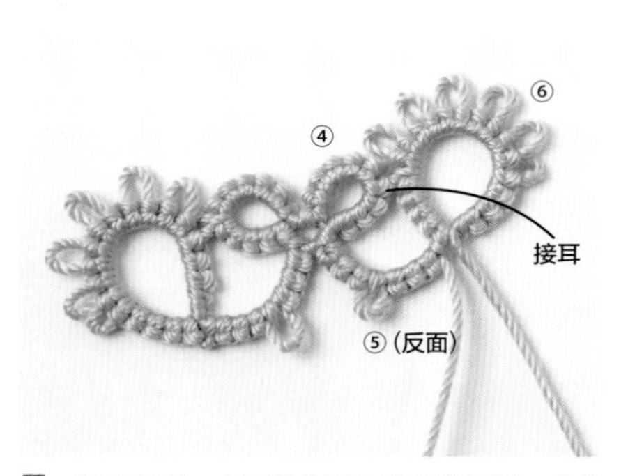

5 翻转环⑤，在环④的耳上接耳的同时，梭编环⑥。

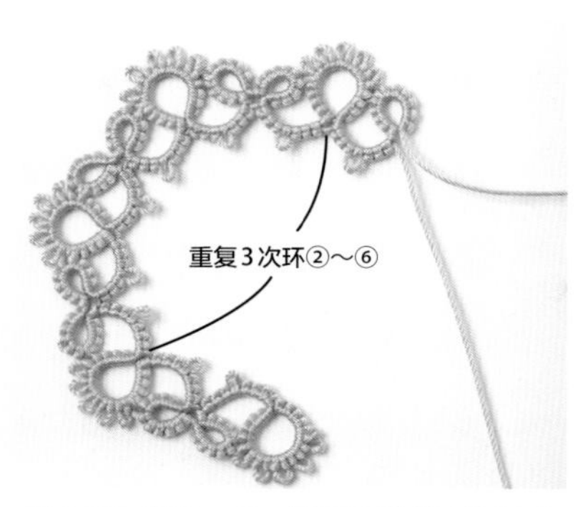

6 重复3次环②～⑥，接着再梭编1次环②、③。

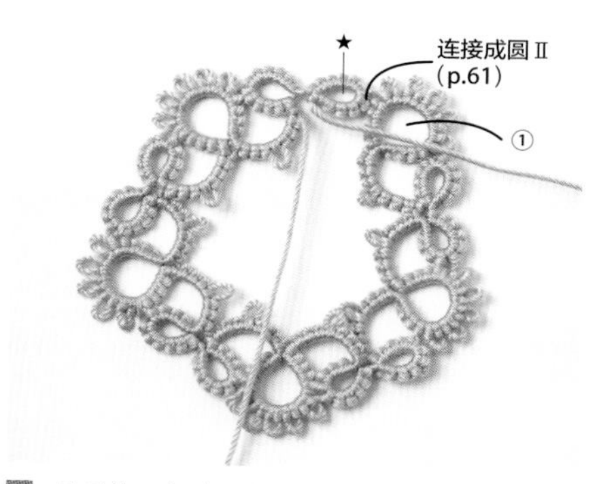

7 最后的环（★）是在耳上用“连接成圆 Ⅱ”的方法边连接边制作。

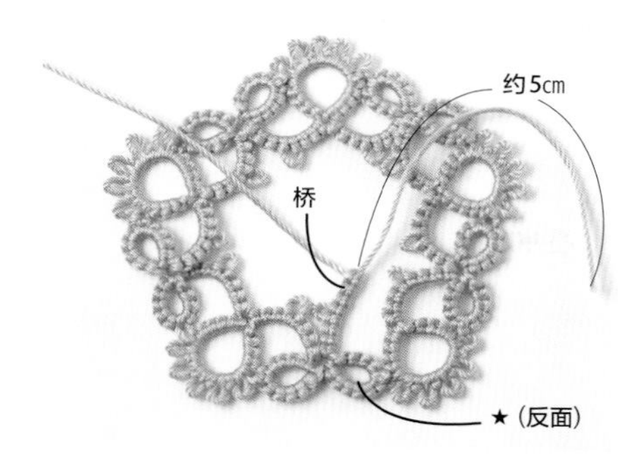

8 翻转★处梭编最后的桥，梭编器上留约 50cm 的线后断线。

9 在环和桥之前从前面插入钩针（◎处。与 p.80 的步骤 **10** 相同），挂线拉出，进行线的收尾（参考 p.42）。此面为花片的反面。

改编的基础花片 花样 P-1～3 …p.14

线材

P-1 奥林巴斯（OLYMPUS）梭编蕾丝线 · 金属线 / 蓝色（T404）…3.4m

P-2 丝线 / 淡蓝色 …3.8m
角珠 / 蓝色 × 米色 …35 颗
金属珠 / 银色（3mm × 2mm）…5 颗

P-3 丝线 / 淡蓝色 …3.8m
角珠 / 蓝色 × 米色 …20 颗
天然石 / 磷灰石 · 圆形切割（2mm）…15 颗
金属珠 / 银色（3mm × 2mm）…5 颗

工具

1 个梭编器、穿珠针（仅 **P-2**、**3**）、10 号蕾丝钩针、剪刀、木工胶、牙签、量尺

制作方法

P-1 是在梭编器上绕线 1.9m，**P-2**、**3** 是参考图，将珠子穿在线上，穿珠后绕线。参考花样 **P**，按相同针数同样进行制作，**P-2**、**3** 是放入珠子或天然石。

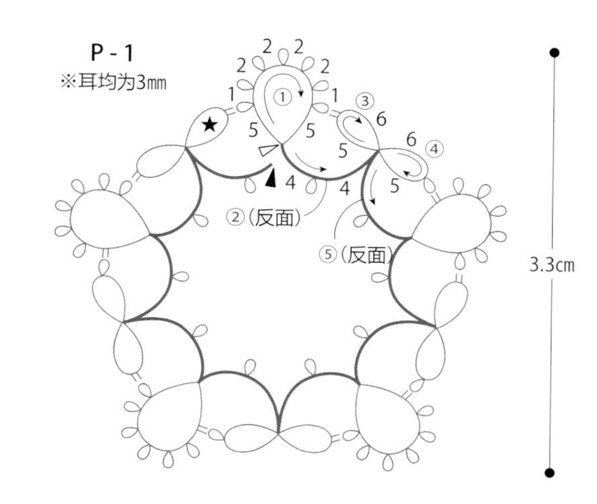

P - 2、3

❶ 将珠子穿在线上（参考 p.48“将珠子穿在线上”）

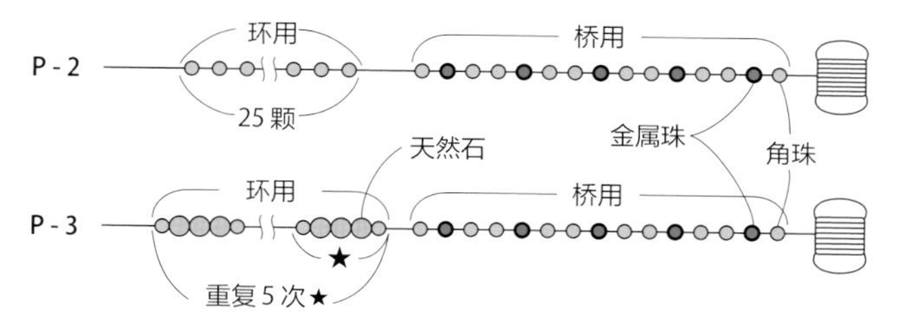

❷ 按下列顺序绕线
（参考 p.59“将珠子绕在梭编器上”）

P-2
空绕 20 次→重复 4 次（○ 5 颗 + 空绕 10 次）
→拿 5 颗珠子在距梭编器约 40cm处梭编环①

P-3
空绕 20 次→重复 4 次（○○○○○ 5 颗 + 空绕 10 次）
★
→拿 5 颗珠子在距梭编器约 40cm处开始放入珠子梭编环①
（耳的部分和 p.57“将 1 颗天然石放入耳内”相同。桥的金属珠按 p.81 **O-3** 的要领放入）

❸ 和花样 P 相同，在距梭编器 40cm处放入珠子（耳部分按照 p.57 的“将 1 颗天然石放入耳内”开始制作环①。桥的金属珠按 p.81 **O-3** 的要领放入）

P-3 是将这部分换成天然石

※ 不放珠子或天然石（仅 **P-3**）耳为 3mm

梭编桥后金属珠就会在环的正上方

②（反面）
⑤（反面）

2=3.9cm
3=4cm

花样 P 的耳坠＆项链…p.31

尺寸　总长约 49㎝

材料

丝线 / 淡蓝色 …20m

角珠 / 蓝色 × 米色 …143 颗

天然石 / 磷灰石 · 圆形切割（2㎜）…33 颗

金属珠 / 银色（3㎜ × 2㎜）…24 颗

龙虾扣 / 银色（12㎜ × 6㎜）…1 个

耳坠配件 / 金色…1 对

工具

1 个梭编器、穿珠针、10 号蕾丝钩针、剪刀、木工胶、牙签、量尺

※ 因本作品无法将线和珠子一次性全都绕在梭编器上，所以分为 2 次制作

❶ 剪 3.3m 的线，暂放一边（步骤❹中使用）

❷ 参考 p.48，将珠子穿在线上（第 1 次）

环 b 用　天然石　环 a 用　桥用　角珠　金属珠

30 颗

◎ ×（重复）9 次的部分

▲ ×（重复）23 次的部分

❸ 按下列顺序绕线
（参考 p.59“将珠子绕在梭编器上”）

空绕 20 次→重复 7 次（○◎◎◎○＋空绕 7 次）
→重复 6 次（○○○○○＋空绕 7 次）
→桥部分保持不变，从距梭编器 40㎝处梭编环①

❹ 用步骤❸的梭编器从图①开始梭编主体，待绕在梭编器上的珠子用完后，梭编器上的线留约 7㎝后断线

❺ 在步骤❶暂放一边的线上穿入珠子（第 2 次）

❻ 和步骤❸同样地绕线在梭编器上，接着从步骤❹开始梭编
空绕 20 次→重复 6 次（○○○○○＋空绕 7 次）
→○◎◎◎○＋空绕 7 次→留下 ○◎◎◎○，距梭编器约 40㎝处断线，将 ○◎◎◎○ 绕在手中继续梭编

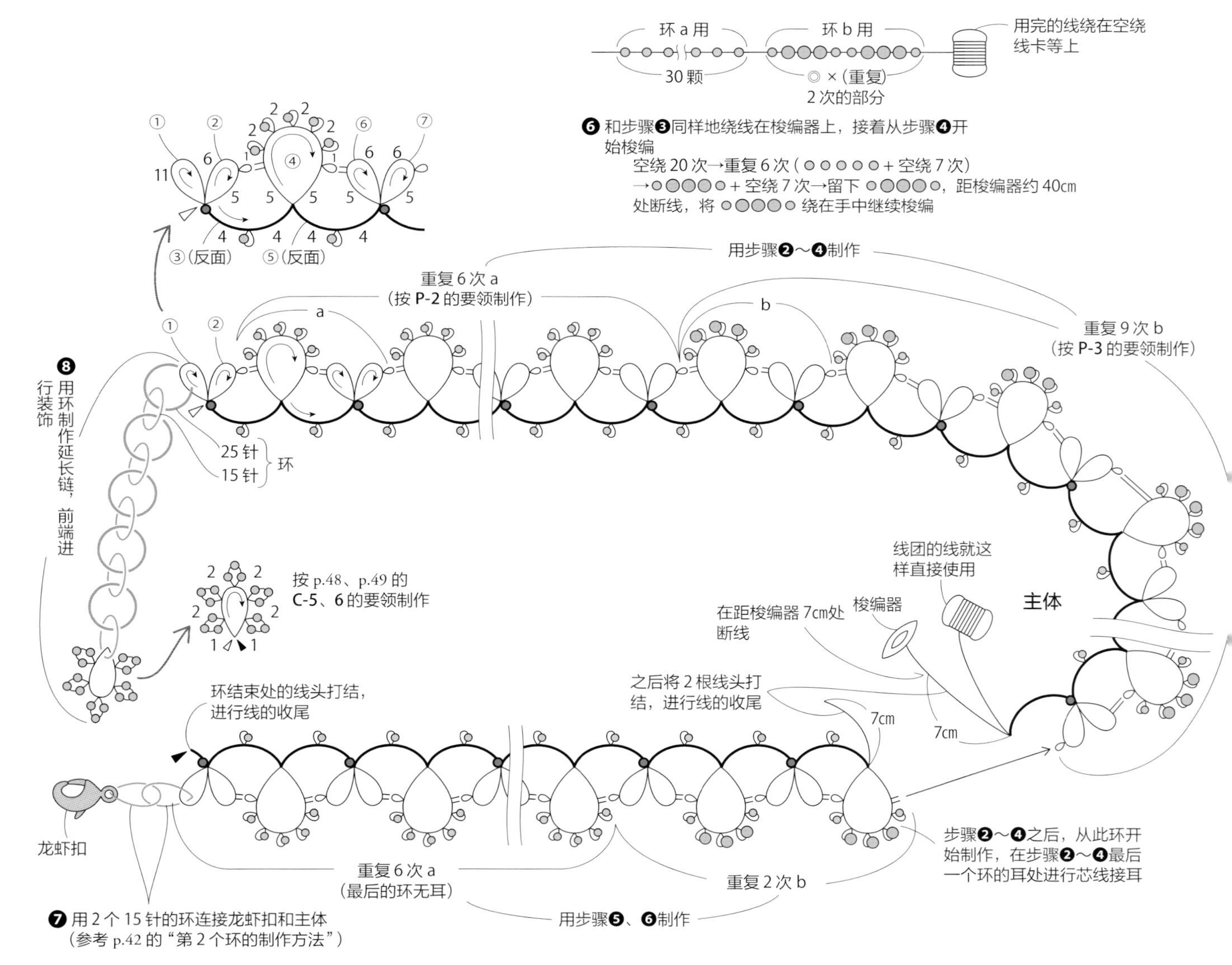

花样Q的制作方法 …p.6

重复制作 3 个环和桥。

线 奥林巴斯（OLYMPUS）梭编蕾丝线·中粗 / 米色（T202）…2.4m

工具 1 个梭编器、10 号蕾丝线、剪刀、木工胶、牙签、量尺

※为便于理解，更换了线进行解说。

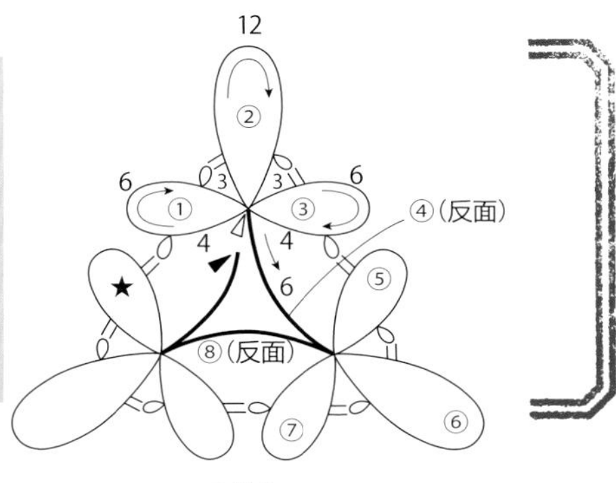

※耳均为3㎜

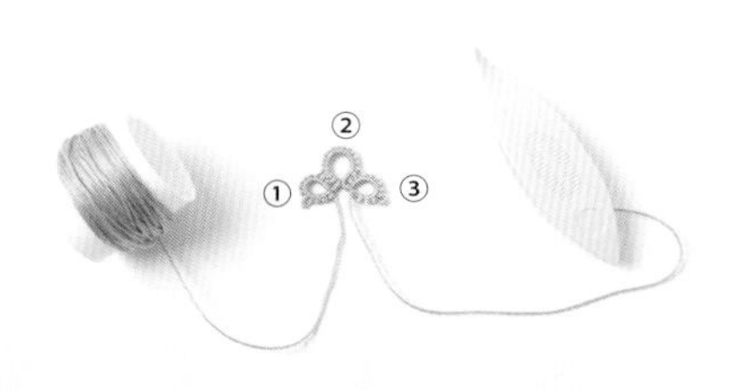

1 将 1.3m 的线绕在梭编器上，无须断线，在距梭编器约 40㎝处制作环①～③（参考 p.52 花片 D）。

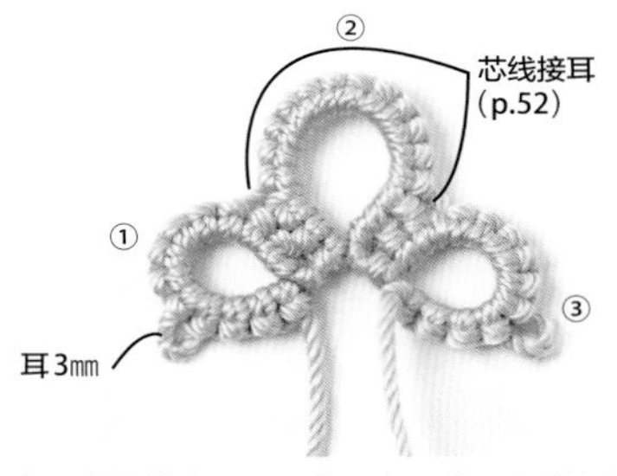

环①～③的放大图。环②是在环①耳上进行芯线接耳的同时制作（开始的正结和 p.52 的步骤 **2** 相同）。接着梭编环③。

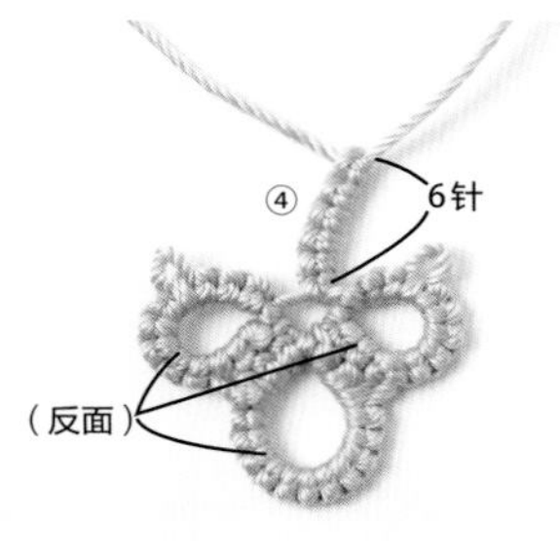

2 翻转（反面）环①～③，梭编环④的桥（参考 p.72“制作桥”）。

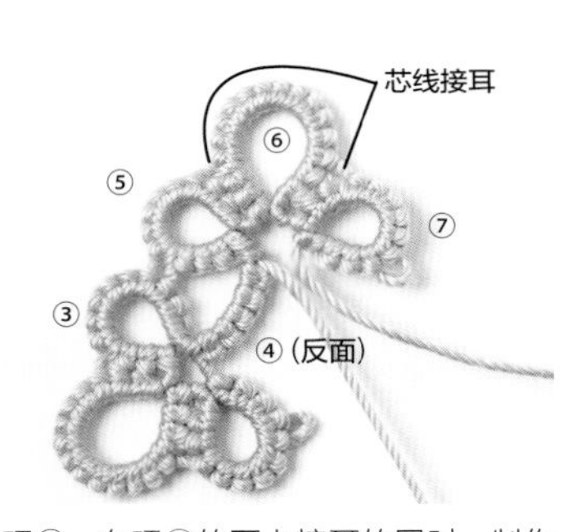

3 翻转环④，在环③的耳上接耳的同时，制作环⑤，接着按照与环②、③相同的方法继续梭编环⑤、⑥。

4 重复 1 次环④～⑥的相同步骤制作。

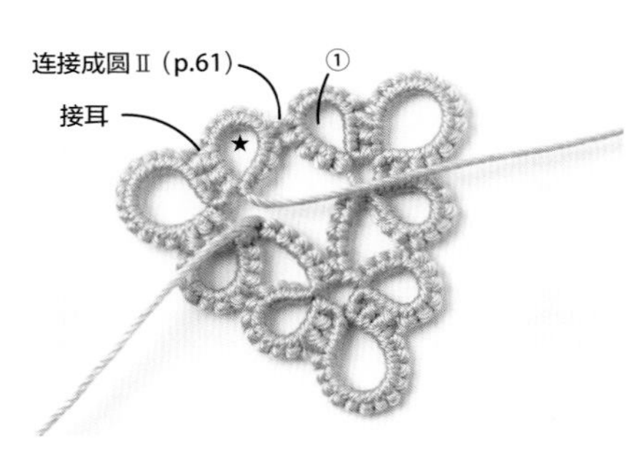

5 最后的环（★）和环③同样的开始，在环①的耳上，按“连接成圆Ⅱ”的方式连接。

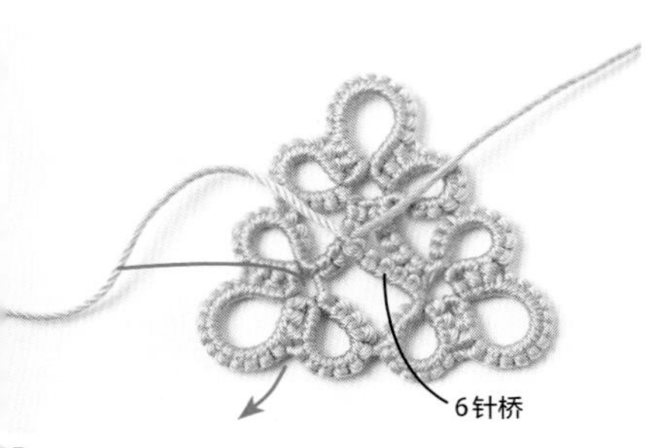

6 制作 6 针桥，梭编器的线头留约 5㎝后断线，在环和桥之间用蕾丝钩针按箭头所示方向穿线。

7 另一侧的线从花片中心穿到反面，线头打结，进行线的收尾（参考 p.42）。打结的面为花片的反面。

改编的基础花片 花样 Q-1～3 …p.14

线材

Q-1 奥林巴斯（OLYMPUS）梭编蕾丝线·细线 / 淡紫色（T110）…2m

Q-2 奥林巴斯（OLYMPUS）梭编蕾丝线·金属线 / 粉色（T403）…2.2m

Q-3 丝线 / 象牙白 …2.3m

天然石 / 月长石·圆形切割（2㎜）…12 颗

工具

1 个梭编器、穿珠针（仅 **Q-3**）、10 号蕾丝钩针、剪刀、木工胶、牙签、量尺

制作方法

Q-1 为绕线 1.1m、**Q-2** 为绕线 1.2m、**Q-3** 是参考花样 **Q**，**Q-1**、**2** 是按相同针数同样制作，**Q-3** 是参考图片边放入天然石绕边进行制作。

Q-3

❶ 将 12 颗天然石穿在线上（参考 p.48“将珠子穿在线上”）

❷ 按下列顺序绕线（参考 p.59“将珠子绕在梭编器上”）

空绕 15 次→重复 2 次（3 颗天然石 + 空绕 8 次）→ 2 颗天然石 + 空绕 3 次→剩下 4 颗天然石，3 颗用于桥，1 颗用于环①的耳

❸ 按 Q 的要领，在指定针目上放入天然石制作（耳的部分和 p.57“将 1 颗天然石放入耳内”相同。其余部分与 p.81 的 O-3 一样放入天然石制作）

Q-1、2

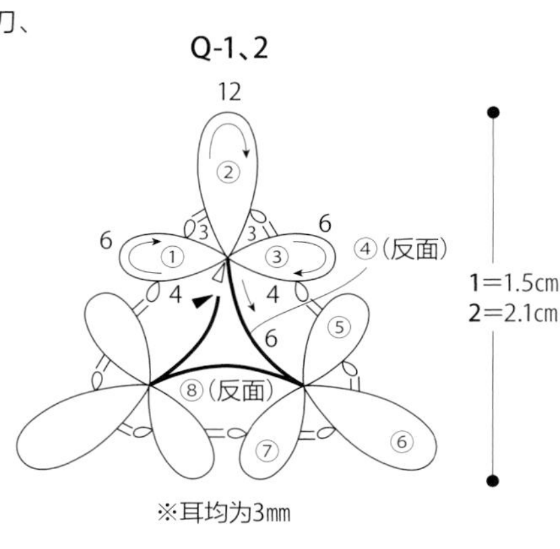

※耳均为3㎜

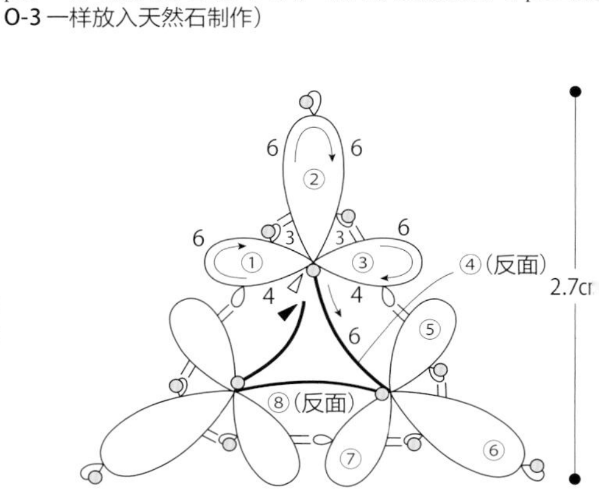

※不放入天然石的耳为3㎜

花样 Q 的项链 …p.23

尺寸 总长约 51㎝

材料

丝线 / 象牙白 …11.5m

天然石 / 月长石·圆形切割（2㎜）…50 颗

粉色碧玺·圆形切割（2㎜）…10 颗

金属片 / 三角·金色（12㎜）…4 个

链条（单个圈 3㎜ × 1.5㎜）/ 金色 …25㎝ × 2 条

C 形开口圈 / 金色（0.6㎜ × 3㎜ × 4㎜）…2 个

Artistic Wire 28 号铜丝 / 金色…6㎜ × 10 根

弹簧扣 / 金色（6㎜）…1 个

收尾扣 / 金色（3㎜ × 6㎜）…1 个

工具

1 个梭编器、穿珠针、10 号蕾丝钩针、剪刀、木工胶、牙签、量尺、剪钳、平口钳、圆嘴钳

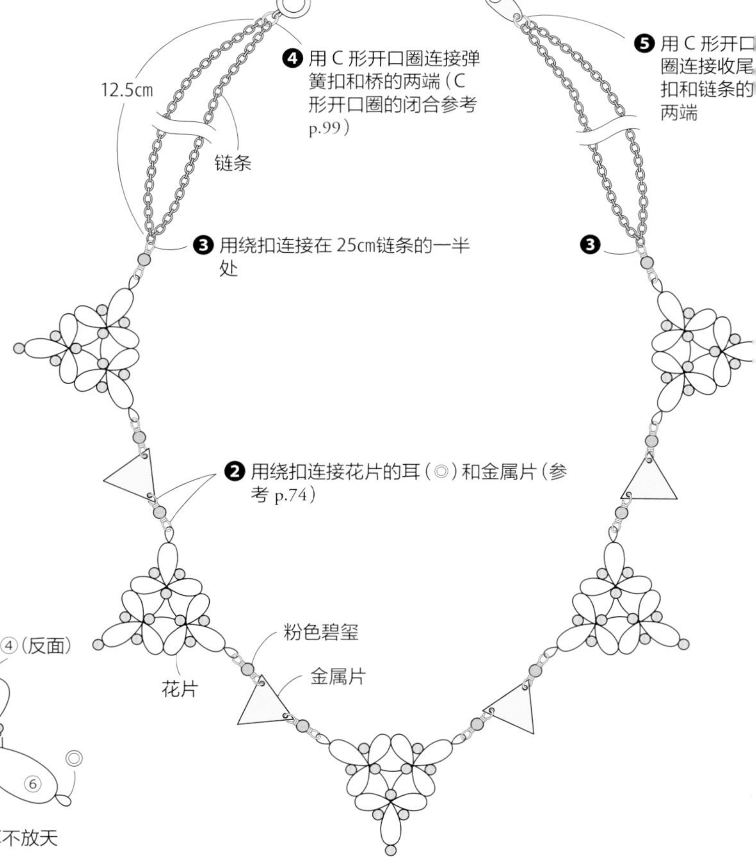

❶ 按步骤 **a**～**c** 的顺序制作 5 片花片

a 将 10 颗碧玺穿在 2.3m 的线上（参考 p.48“将珠子穿在线上”）

b 按下列顺序绕线（参考 p.59“将珠子绕在梭编器上”）

空绕 15 次
↓
（2 颗碧玺 + 空绕 9 次）× 重复 2 次
↓
2 颗碧玺 + 空绕 4 次
↓
剩下的 4 颗碧玺，3 颗用于桥，1 颗用于环①的耳

※ 不放入碧玺的耳，均为 3㎜

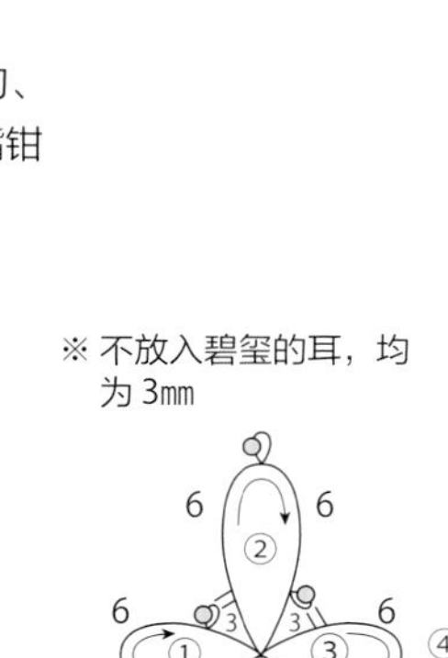

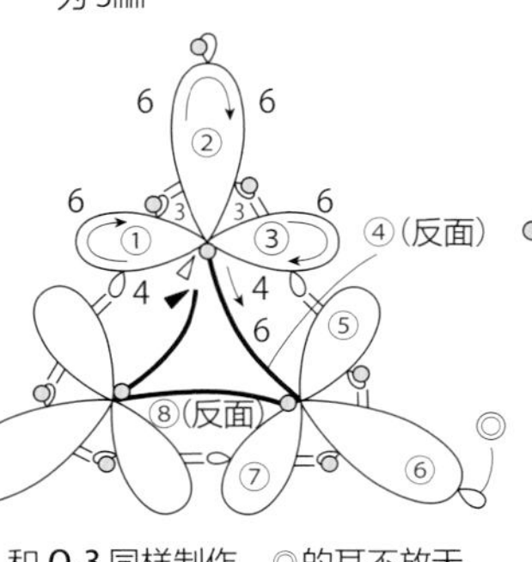

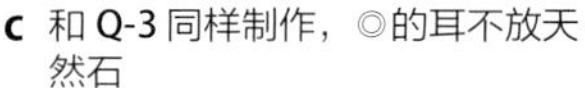

c 和 Q-3 同样制作，◎的耳不放天然石

花样R的制作方法 …p.6

加入了各种技法的难度较大的花片。

线 奥林巴斯（OLYMPUS）梭编蕾丝线·中粗/米色（T202）…3.5m

工具 1个梭编器、10号蕾丝钩针、剪刀、木工胶、牙签、量尺

※ 为便于理解，更换了线进行解说。

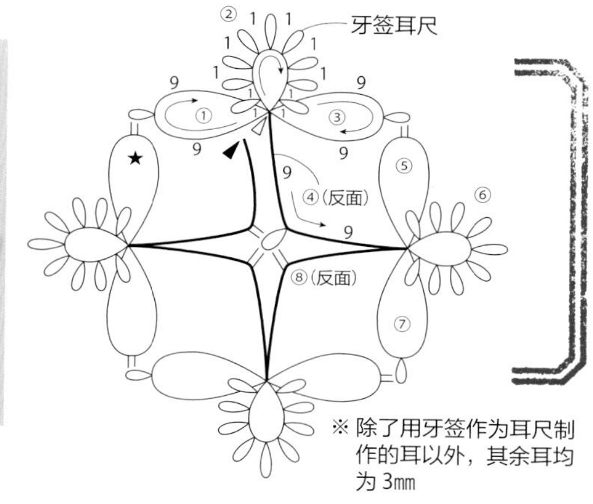

※ 除了用牙签作为耳尺制作的耳以外，其余耳均为3mm

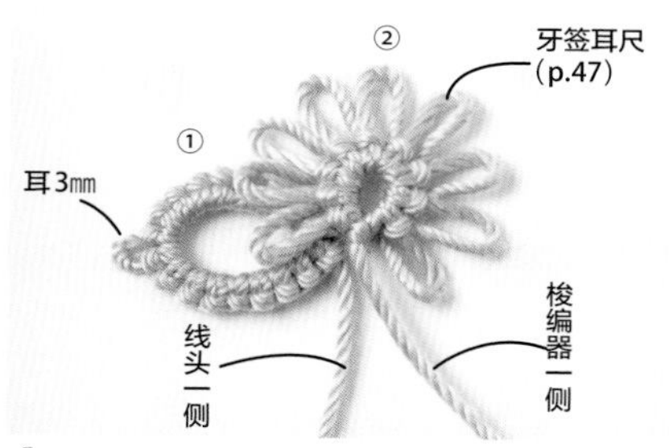

1 将2m的线绕在梭编器上，不断线，在距梭编器40cm处梭编环①、②，（环②最开始的正结和p.52的步骤**2**相同）。

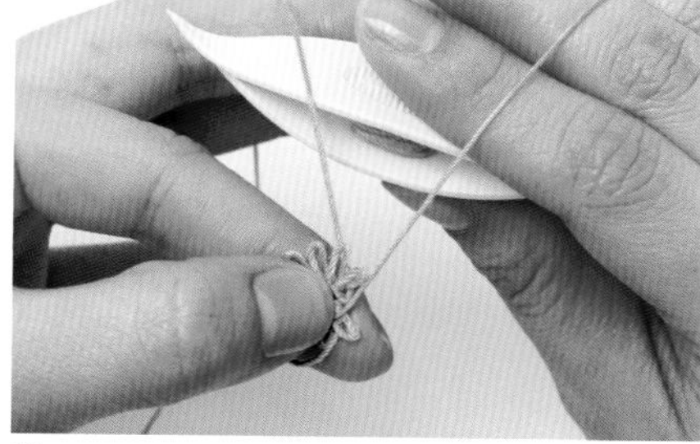

2 重叠环①和环②的底部，制作环③（最开始的正结和p.52的步骤**2**相同）。

3 环③完成。

4 因为环④是制作桥，所以用线团的线和梭编器制作。

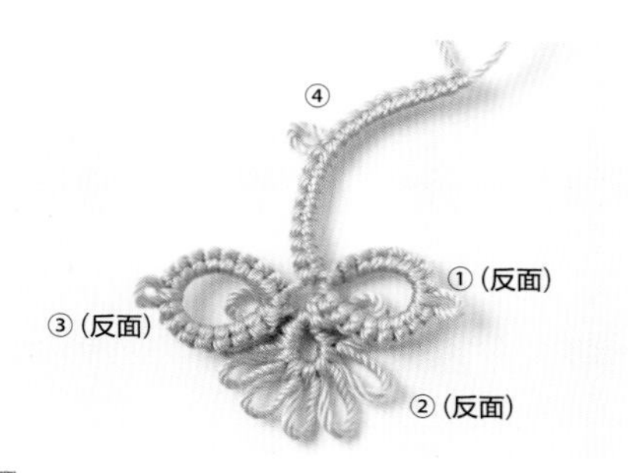

5 翻转环（翻面）①～③，用桥制作环④，拉动梭编器上的线，使其稍稍弯曲（参考p.72“制作桥”）。

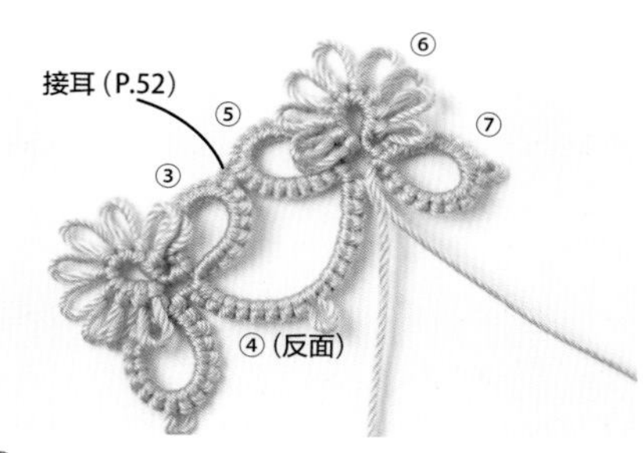

6 翻转环④，在环③的耳上接耳的同时，制作环⑤，接着制作环⑥、环⑦。

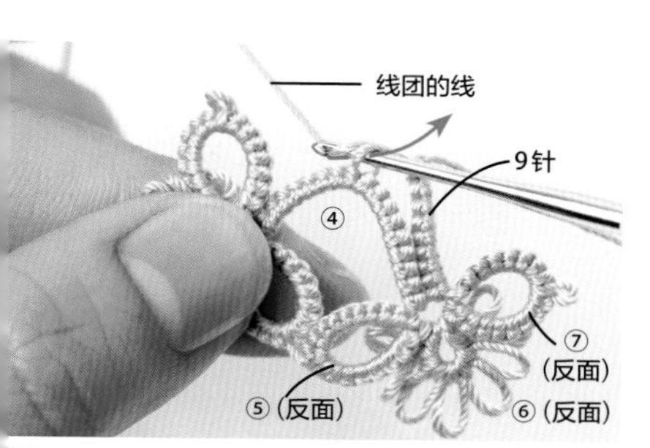

7 翻转环⑤～⑦，梭编完9针环⑧的桥后，将蕾丝钩针插入环④的耳内，带出线团的线。

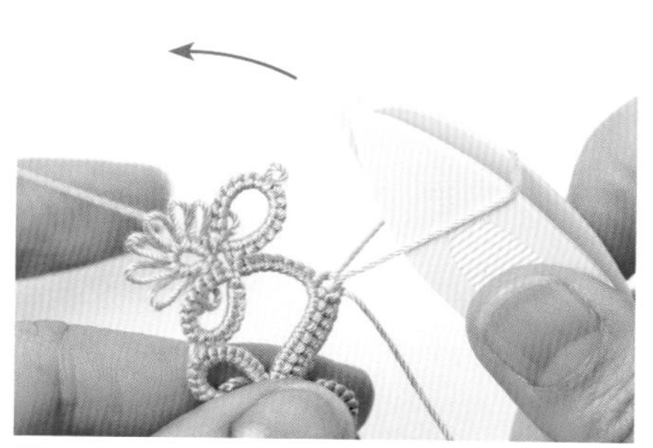

8 取出蕾丝钩针，穿过梭编器。

9 将线分别带出，完成接耳。

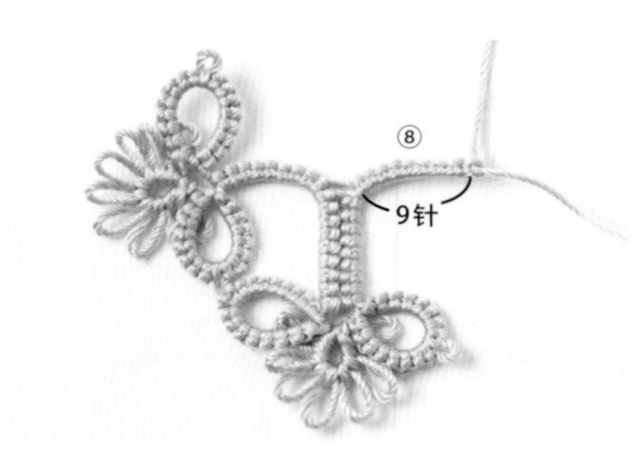

10 接着制作9针桥。完成环⑧。

11 重复环⑤～⑧，做到最后一个环（p.87图中的★部分）的前面。

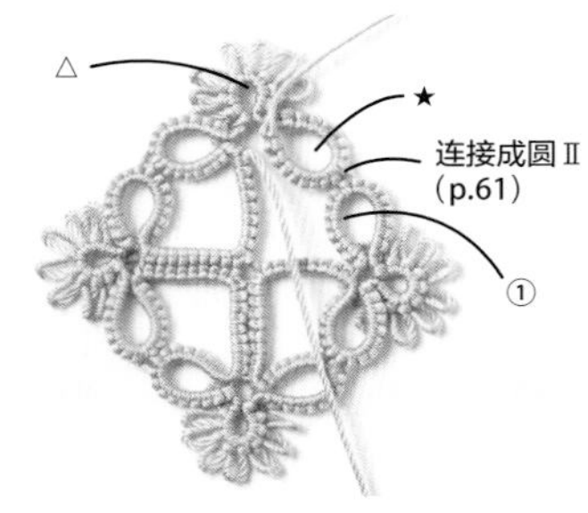

12 最后一个环和开始制作环③相同，用“连接成圆Ⅱ”的方法和最开始制作的环①的耳相连。

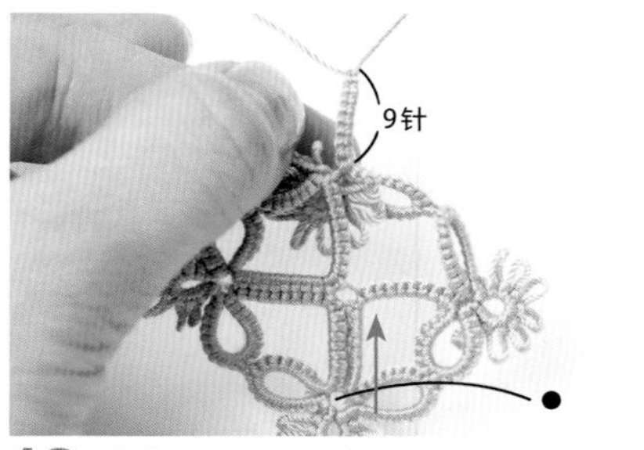

13 将步骤12的△部分倒向后面，梭编最后的9针桥。接着如箭头方向所示立起下方的●部分。

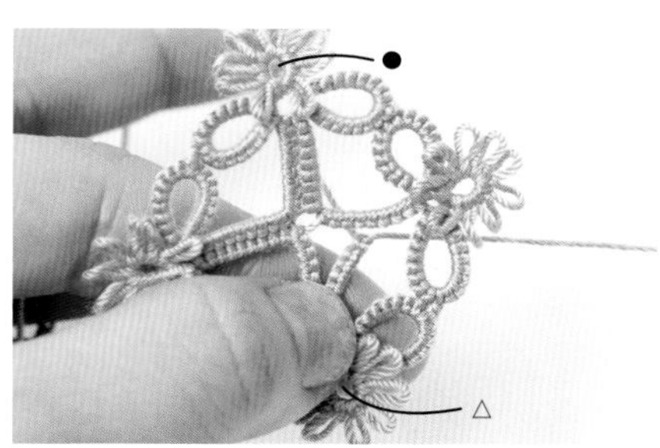

14 ●的环朝上，△的环朝下。

15 纵向对折花片，从前面将蕾丝钩针插入环④的耳中，挂线团的线带出。

16 带出后的样子。

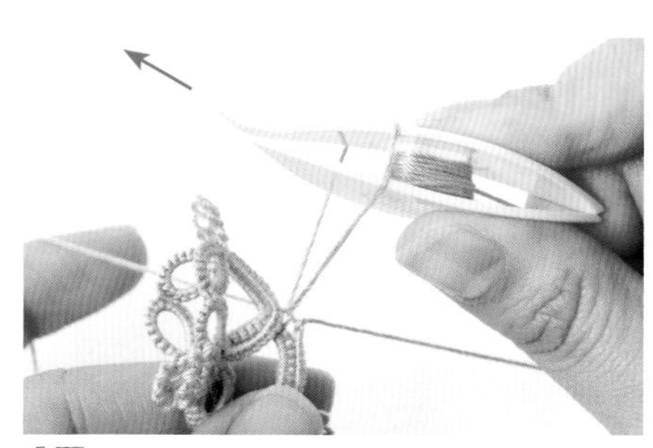

17 取出蕾丝钩针，将梭编器穿过去。

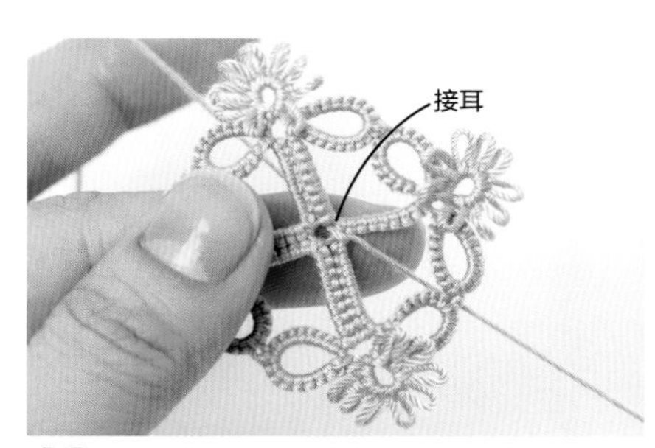

18 将线分别带出。完成了接耳。

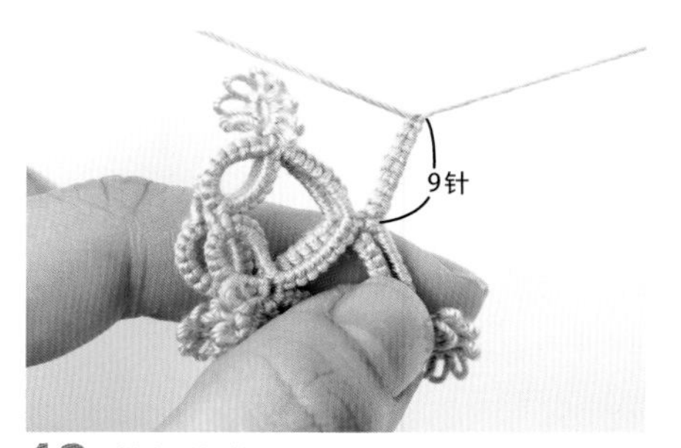

19 纵向对折花片，梭编桥余下的9针。

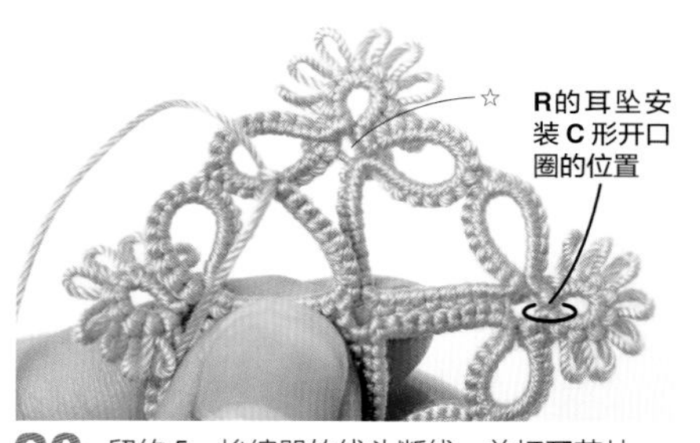

20 留约5cm梭编器的线头断线，并打开花片。

21 从前面将蕾丝钩针插入环和桥（步骤**20**的☆部分）之间，挂线带出（和p.80的步骤**1**相同），进行线的收尾（参考p.42）。此面为花片的反面。

改编的基础花片 花样 R-1～4 …p.14

线材

R-1 奥林巴斯（OLYMPUS）梭编蕾丝线 · 细线 / 奶油色（T102）…2.7m
R-2 DMC Diamant 金属刺绣线 / 金色（D3821）…3m
R-3 奥林巴斯（OLYMPUS）梭编蕾丝线 · 粗线 / 奶油色（T302）…4.8m
R-4 丝线 / 奶油色 …3.4m
天然石 / 奥长石 · 圆形切割（2㎜）…16 颗

工具

1 个梭编器、穿珠针（仅 **R-4**）、10 号蕾丝钩针、剪刀、木工胶、牙签、量尺

制作方法

R-1、**R-2**、**R-3** 是分别将 1.5m、1.8m、3m 的线绕在梭编器上，**R-4** 是参考图示，在线上天然石穿上后绕线。参考花样 **R**，按相同针数同样地制作，**R-4** 是带入天然石制作。

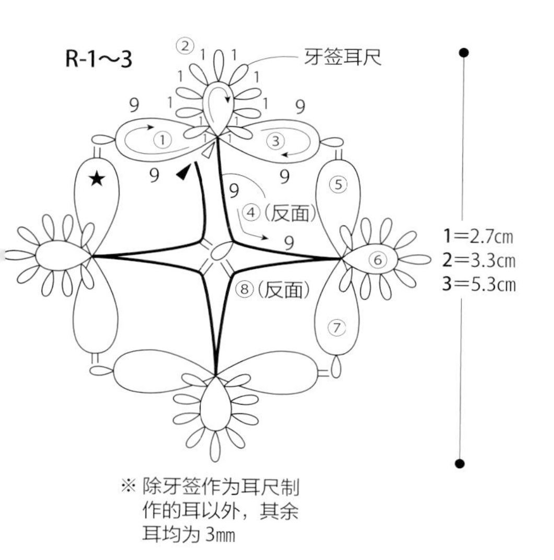

R-4

❶ 将 16 颗天然石穿在线上
（参考 p.48“将珠子穿在线上”）

❷ 按下列顺序绕线
（参考 p.59“将珠子绕在梭编器上”）

空绕 20 次
↓
3 颗天然石 + 空绕 31 次
↓
（4 颗天然石 + 空绕 10 次）× 重复 2 次
↓
4 颗天然石 + 空绕 5 次
↓
剩下的 1 颗天然石用于环①

❸ 按 R 的要领，按相同针数将天然石带入耳内进行制作
（p.57“将 1 颗天然石放入耳内”的要领）

牙签耳尺
天然石
3㎜
④（反面）
⑧（反面）
3.4㎝

花样 R 的耳坠…p.18

尺寸 总长约 7㎝（不含金属配件）

材料

丝线 / 奶油色 …6.8m
天然石 / 奥长石 · 圆形切割（2㎜）…32 颗
链条（单个圈 3㎜ × 2㎜）/ 金色 …6㎝ × 2 根
金属配件 / 方形 · 金色（13㎜ × 13㎜）…2 个
C 形开口圈 / 金色（0.6㎜ × 3㎜ × 4㎜）…4 个
耳坠配件 / 金色 …1 对

工具

1 个梭编器、穿珠针、10 号蕾丝钩针、剪刀、木工胶、牙签、量尺、剪钳、平口钳、圆嘴钳

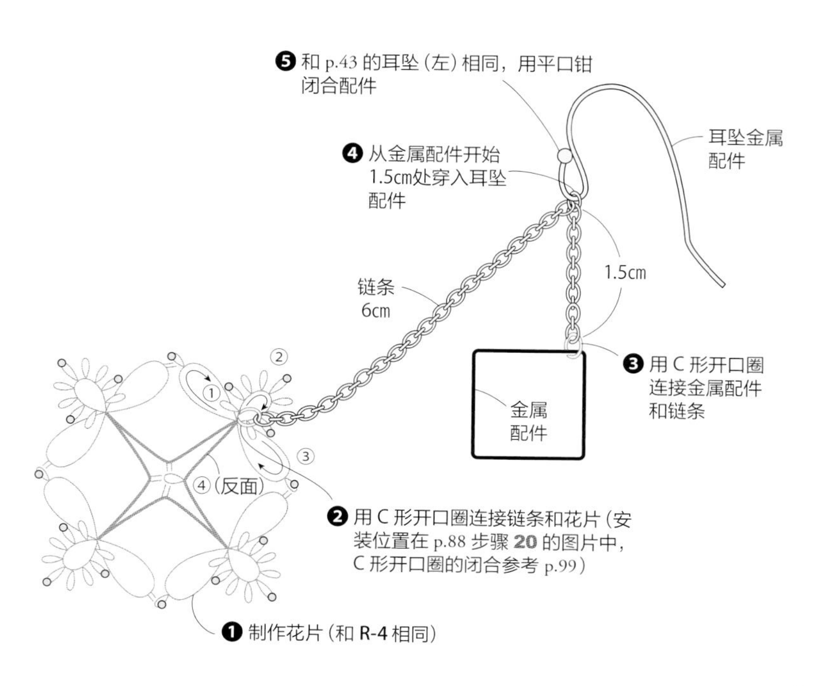

花样S的制作方法 …p.7

梭编第1行，因为是断线制作第2行，所以可以体会一下配色的乐趣。

线 奥林巴斯（OLYMPUS）梭编蕾丝线·中粗/米色（T202）…2.1m

工具 1个梭编器、冰激凌等的盒盖、10号蕾丝钩针、剪刀、木工胶、牙签、量尺

※为便于理解，更换了线进行解说。

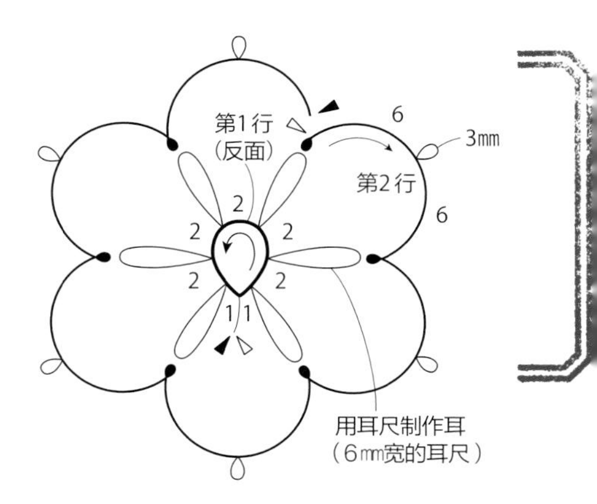

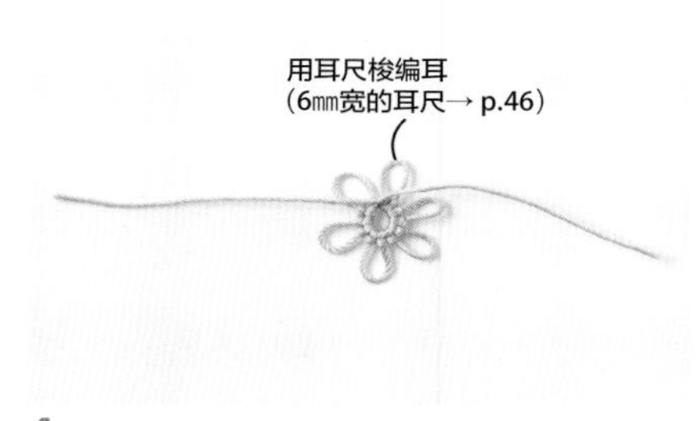

1 梭编第1行。取70cm的线参考图示制作，制作时边用6mm宽的耳尺制作耳，边梭编环，留约5cm的线头，进行断线收尾（参考 p.42）。

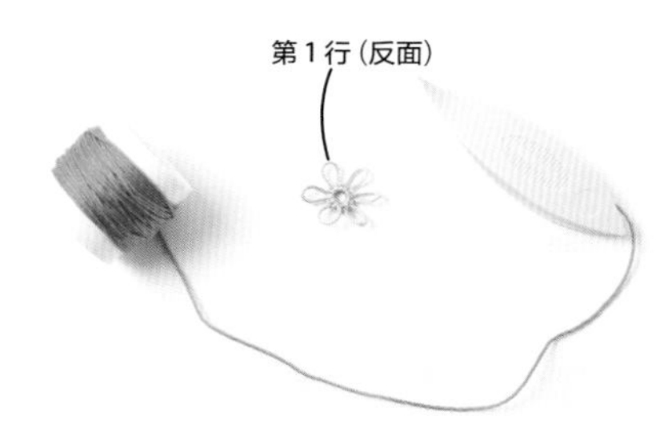

2 梭编第2行。将20cm的线绕在梭编器上，不断线就保持这样。将第1行翻转（翻面）放好。

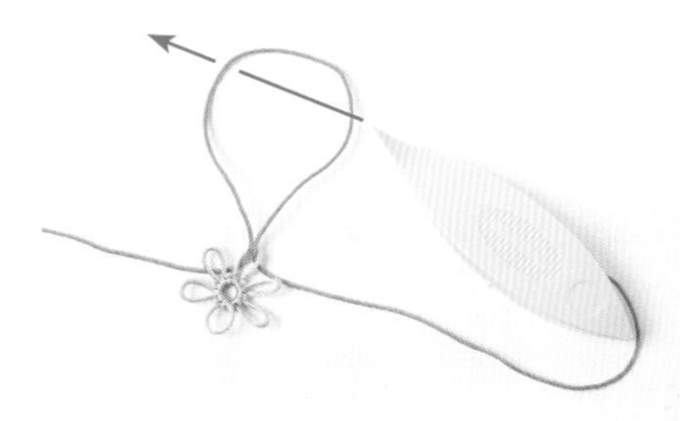

3 从第1行的其中一个耳中带出第2行的线，穿过梭编器。

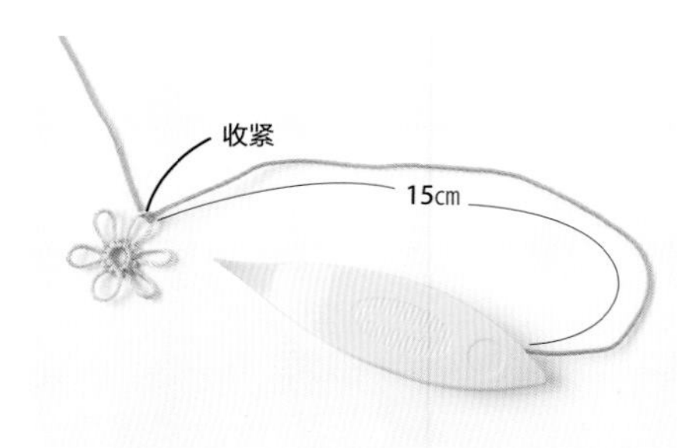

4 在距梭编器15cm处收紧。第2行的线就接在第1行上了。

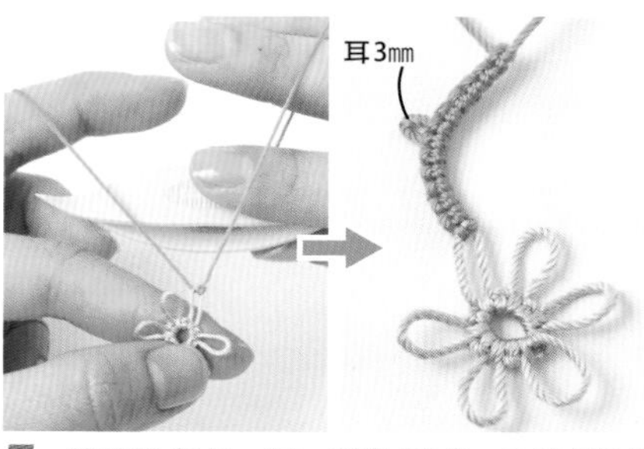

5 梭编桥（6针、耳、6针）（参考 p.72 的“制作桥”）。

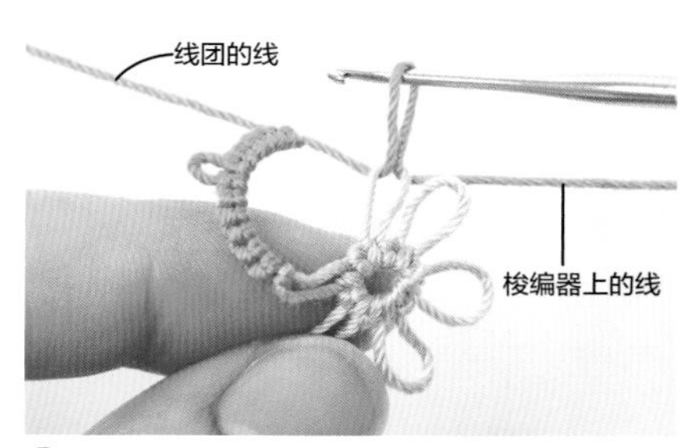

6 将蕾丝钩针插入右耳内，带出梭编器上的线。

7 取出蕾丝线，穿过梭编器收紧。完成了芯线接耳。

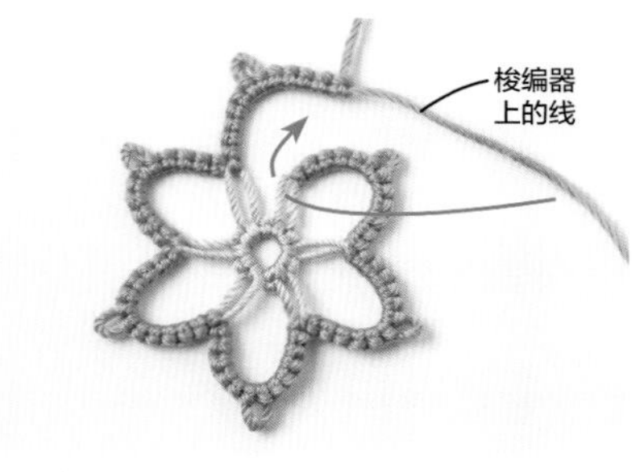

8 重复4次步骤**5～7**，接着再梭编桥。留约5cm 梭编器的线头，按箭头所示方向穿过第1行的耳。

9 线头打结，进行线的收尾。

改编的基础花片 花样S-1、2 …p.15

线材

S-1 丝线 / 柠檬黄色 …2.1m

S-2 丝线 / 石灰绿色 …2.1m

特小圆米珠 / 珍珠 …60 颗

角珠 / 丝米色 …12 颗

工具

1 个梭编器、冰激凌等的盒盖、10 号蕾丝钩针、剪刀、木工胶、牙签、量尺

制作方法

第 1 行 **S-1**、**2** 是用 70cm的线制作。第 2 行 **S-1** 是将 20cm的线绕在梭编器上、**S-2** 是将珠子穿在线上，梭编器上只绕 20cm的线。参考花样 **S**，并按相同针数制作，**S-2** 是放入珠子梭编。

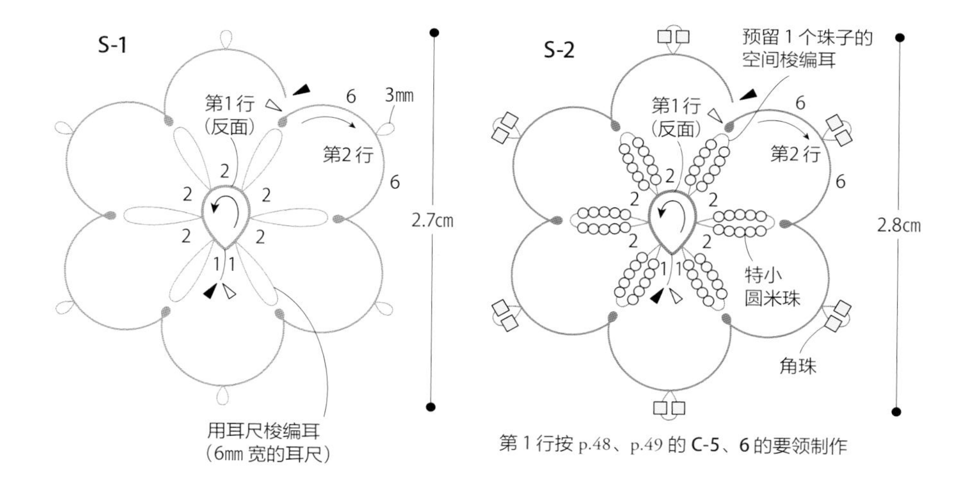

花样S的耳坠 …p.26

尺寸 长度约 4cm（不含配件）

材料

丝线 / 石灰绿色 …4.5m

特小圆米珠 / 珍珠 …120 颗

角珠 / 丝米色 …24 颗

挂圈 / 金色（25mm）…2 个

耳坠配件 / 金色 …1 对

工具

1 个梭编器、穿珠针、10 号蕾丝钩针、剪刀、木工胶、瞬间强力胶、牙签、平口钳

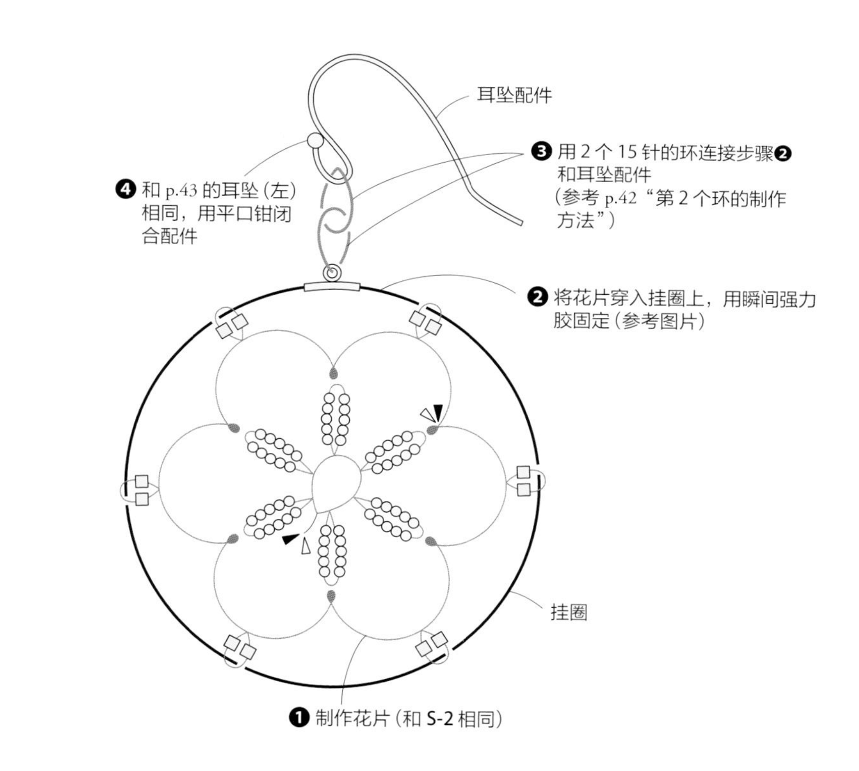

将花片穿入挂圈

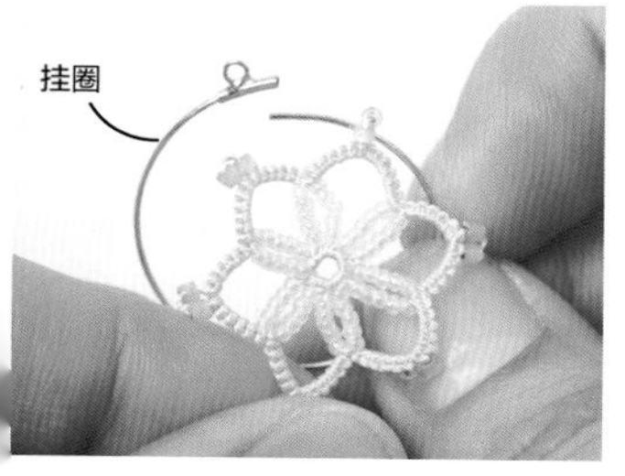

1 将花片的耳穿在挂圈上。

2 穿过所有耳后的状态。

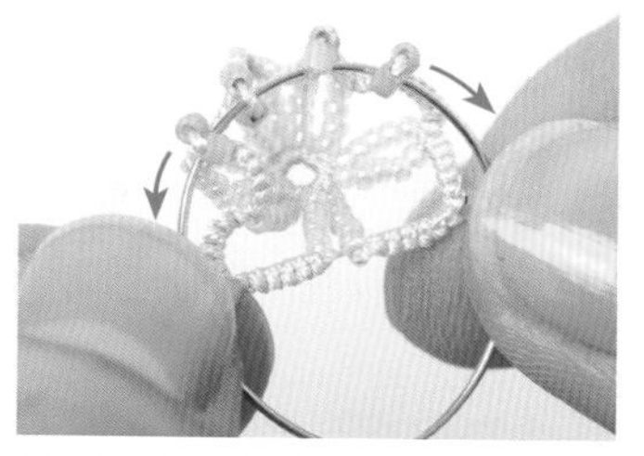

3 移动耳，使花片均匀地展开。

4 在挂圈上涂瞬间强力胶后套进去（☆），干透。

花样 T 的制作方法 …p.7

按 p.90 花片 S 的要领，第 2～4 行均是在第 1 行的耳上进行芯线接耳。

线 奥林巴斯（OLYMPUS）梭编蕾丝线 · 中粗 / 米色（T202）…3.8m

工具 1 个梭编器、冰激凌等的盒盖、10 号蕾丝钩针、剪刀、木工胶、牙签、量尺

※为便于理解，更换了线进行解说。

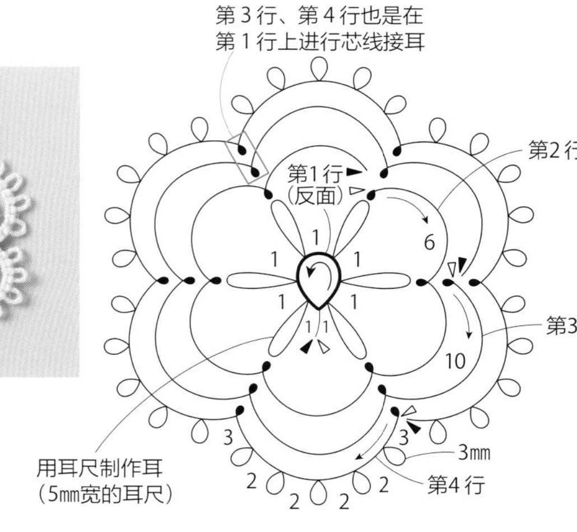

1 梭编第 1 行。取 70cm的线参考图示制作，边用 5mm 宽的耳尺梭编耳，边制作环，留约 5cm 的线头断线，进行线的收尾（参考 p.42）。

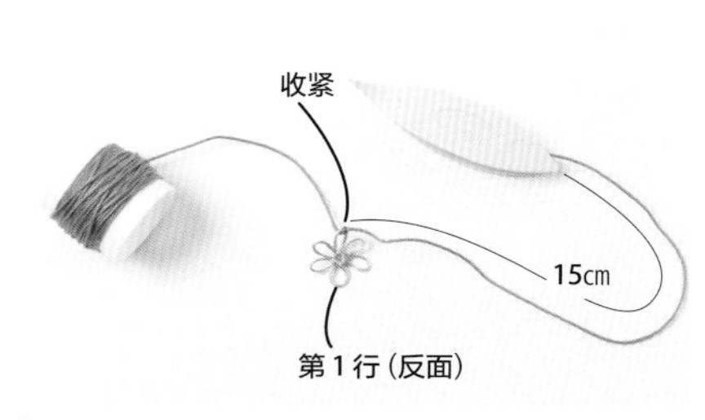

2 梭编第 2 行。将 10cm的线绕在梭编器上，不要断线就保持这样。和 p.90 的步骤 **3**、**4** 相同，将第 2 行的线接在第 1 行。

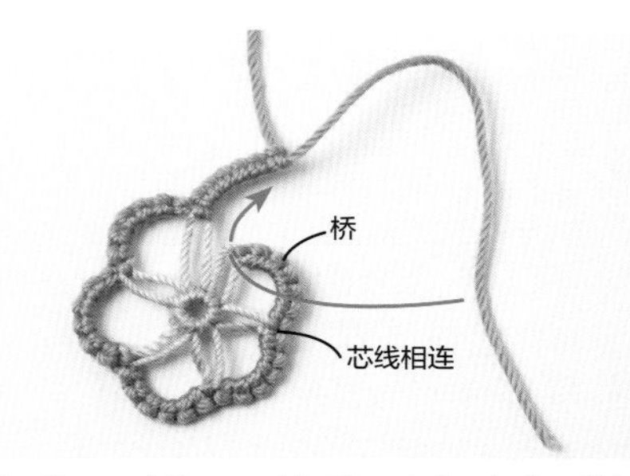

3 按 p.90 步骤 **5**～**8** 的要领，和第 1 行的耳进行芯线相连，留约 5cm梭编器上的线头断线，如箭头方向所示，穿入第 1 行的耳。

4 线头打结，进行线的收尾。

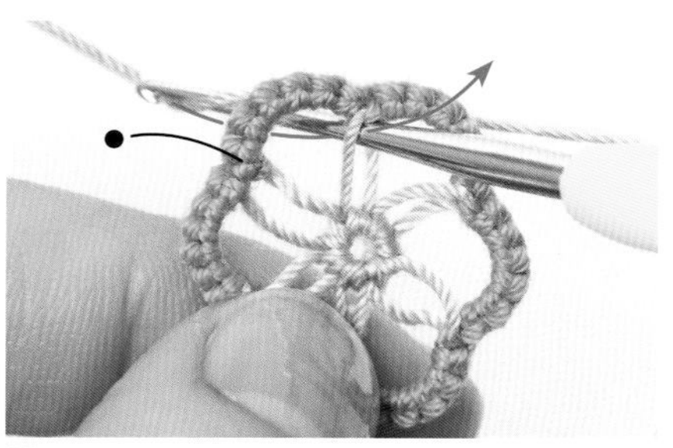

5 梭编第 3 行。将 13cm的线绕在梭编器上，不断线就保持这样。在第 2 行线收尾处（●）右侧第 1 行的耳上插入蕾丝钩针，挂线带出。

6 取出蕾丝钩针，穿入梭编器。

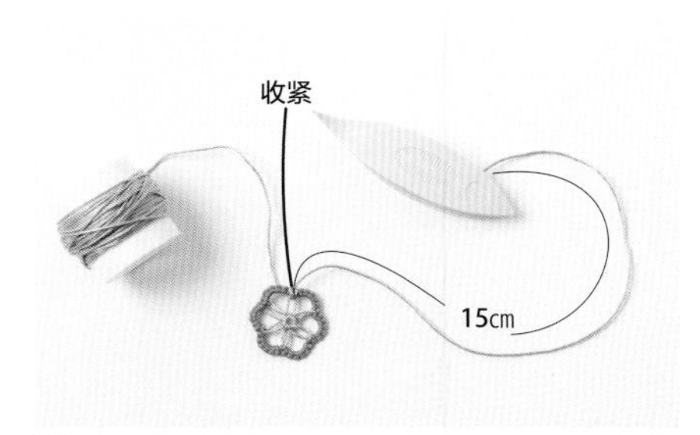

7 和第 2 行相同，距梭编器 15cm处收紧。将第 3 行的线接在了第 1 行上。

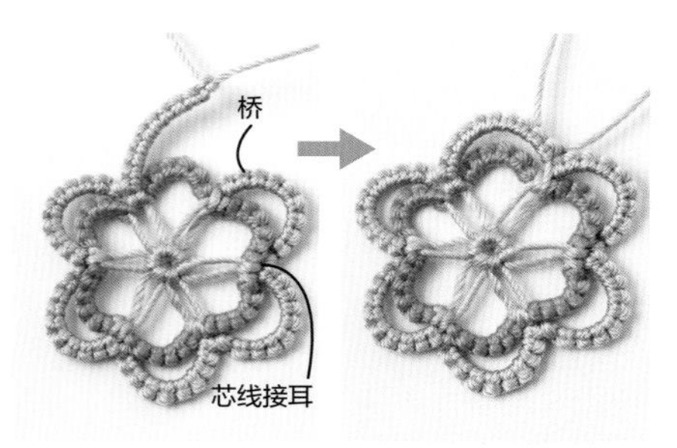

8 和第 2 行相同，和桥进行芯线接耳，留约 5cm 梭编器上的线头断线，穿入第 1 行的耳进行线的收尾。

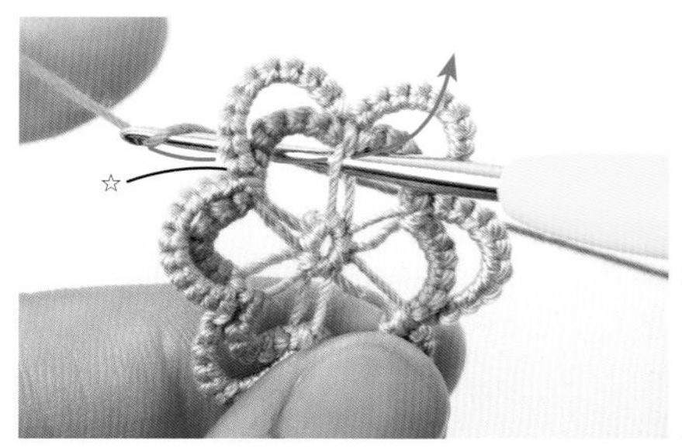

9 梭编第 4 行。将 16cm的线绕在梭编器上，不断线就保持这样。在第 3 行线收尾处（☆）右侧第 1 行的耳处插入蕾丝钩针，挂线带出。

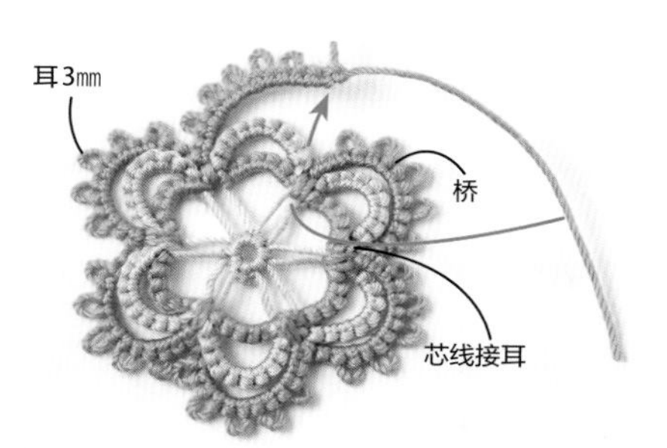

10 和步骤 **6** 一样取出蕾丝钩针，穿入梭编器，和步骤 **7** 一样，距梭编器 15㎝ 处收紧。将第 4 行的线连接在了第 1 行上。

11 和第 2 行相同，和桥进行芯线接耳，并留约 5㎝梭编器的线头断线，穿入第 1 行的耳。

12 线头打结，进行线的收尾。

改编的基础花片 花样 T-1～3 …p.15

线材

T-1 丝线 / 奶油色 …70㎝ 亮橙色 …1m
杏黄色 …1.3m 柑橘色 …1.7m
天然石 / 粉色猫眼石 · 圆形切割（2㎜）…30 颗

T-2 丝线 / 靛蓝色 …70㎝ 蔚蓝色 …1m
蓝色 …1.3m 绿松石色 …1.7m
天然石 / 蓝色磷灰石 · 圆形切割（2㎜）…30 颗

T-3 奥林巴斯（OLYMPUS）梭编蕾丝线 · 粗线 / 奶油色（T302）…70㎝ 奶黄色（T306）…1.1m 薄荷绿色（T309）…1.4m 亮蓝色（T310）…1.8m

工具

1 个梭编器、冰激凌等的盒盖、穿珠针（仅 **T-1**、**2**）、10 号蕾丝钩针、剪刀、木工胶、牙签、量尺

制作方法

T-1～**3** 的第 2 行是绕 10㎝的线在梭编器上，第 3 行是绕 13㎝。第 4 行是将天然石穿在线上（参考 p.48“将珠子穿在线上”），梭编器只绕 16㎝的线。**T-3** 是将 16㎝的线绕在梭编器上。参考花片 T，按相同针数制作，**T-1**、下 **T-2** 是带入天然石，按指定的配色制作。

T - 1、2

用耳尺梭编耳（5㎜ 宽的耳尺）

第1行（反面）

第2行

第3行

第4行

天然石

2.7cm

配色表

	T-1	T-2
第 1 行	奶油色	靛蓝色
第 2 行	亮橙色	蔚蓝色
第 3 行	杏黄色	蓝色
第 4 行	柑橘色	绿松石色

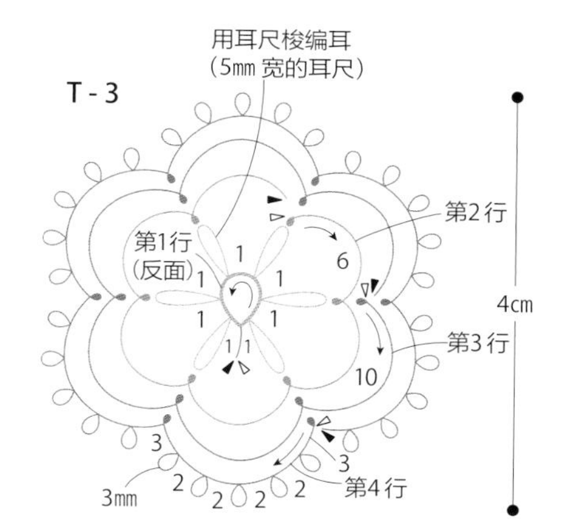

配色表

第 1 行	奶油色
第 2 行	奶黄色
第 3 行	薄荷绿色
第 4 行	亮蓝色

花样 T 的耳饰 …p.18

尺寸 直径 2.7㎝（不含配件）

材料

丝线 / 奶油色 …1.4m 亮橙色 …2m
杏黄色 …2.6m 柑橘色 …3.4m
天然色 / 粉色猫眼石 · 圆形切割（2㎜）…60 颗
鱼线 1 号 / 透明 …1.2m
耳饰金属配件 · 带镂空底座 / 金色（16㎜）…1 对

工具

1 个梭编器、冰激凌等的盒盖、穿珠针、10 号蕾丝钩针、剪刀、木工胶、牙签、量尺、平口钳、圆嘴钳

花片和 **T-1** 同样的制作，按 p.79“将花片装在胸针配件上”的要领，将鱼线穿入穿珠针，并将花片装在配件上。不过，只是开始和结尾进行打结。配件上标注的 1～12 为入针出针的顺序

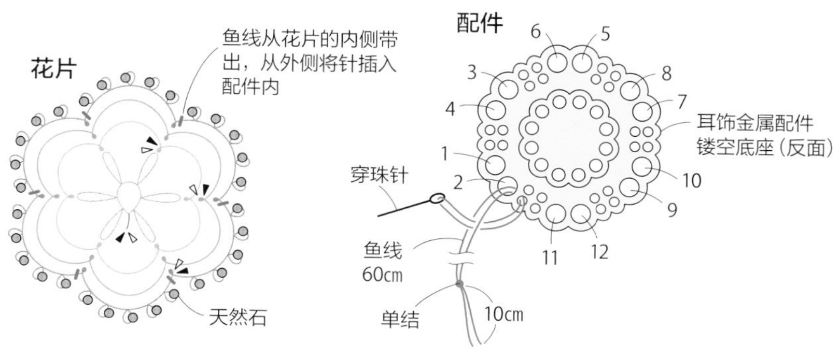

花样U的制作方法 …p.7

和 p.90 的花片 S 相同，第 2 行是用新线来制作。

线 奥林巴斯（OLYMPUS）梭编蕾丝线 · 中粗 / 米色（T202）…3.2m
工具 1 个梭编器、10 号蕾丝钩针、剪刀、木工胶、牙签、量尺
※为便于理解，更换了线进行解说。

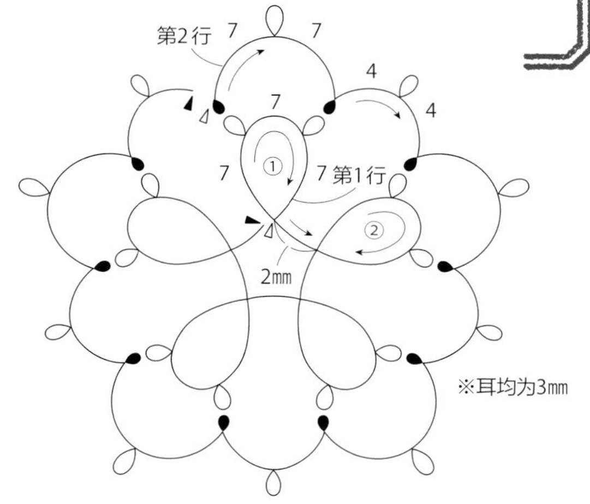

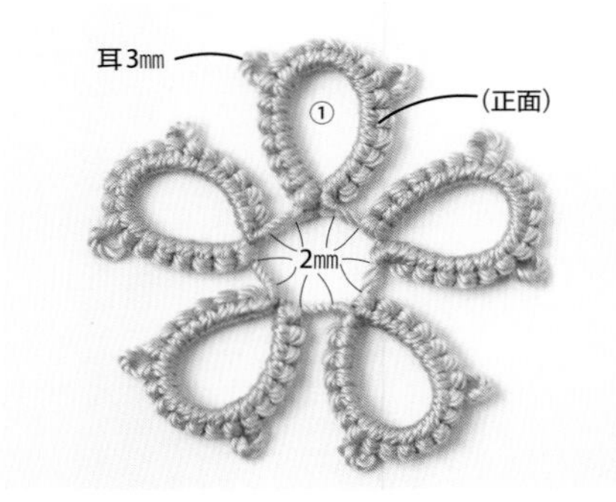

1 第 1 行使用 1.5m 的线制作。将 1.1m 的线绕在梭编器上，参考图片制作环①，重复“空开 2㎜制作环”。结束处也空开 2㎜将线打结，将线收尾（参考 p.42）。

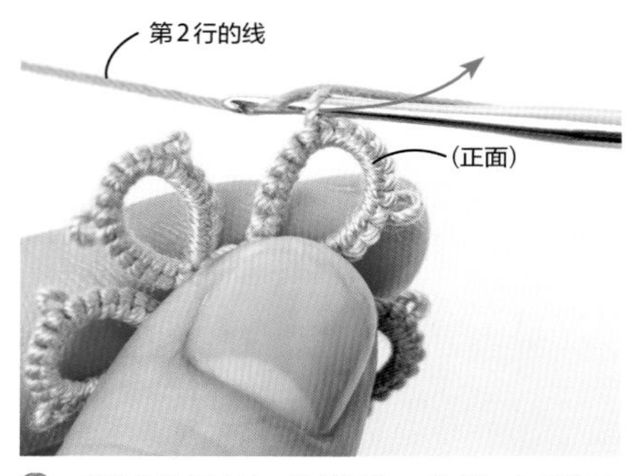

2 第 2 行使用 1.7m 的线制作。将 30㎝的线绕在梭编器上，不断线在第 1 行的耳内插入蕾丝钩针，挂第 2 行的线带出。

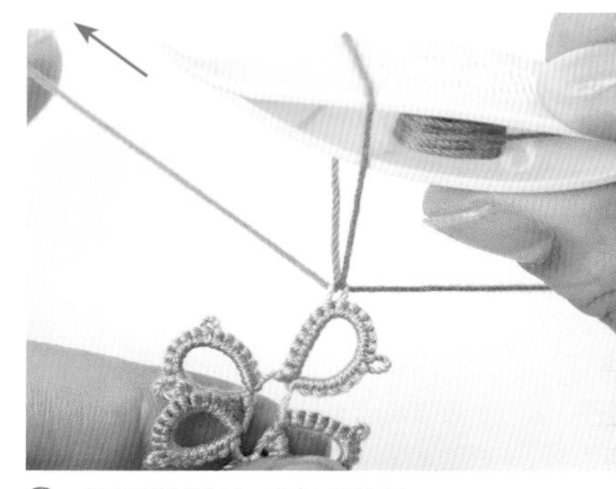

3 取出蕾丝钩针，穿过梭编器。

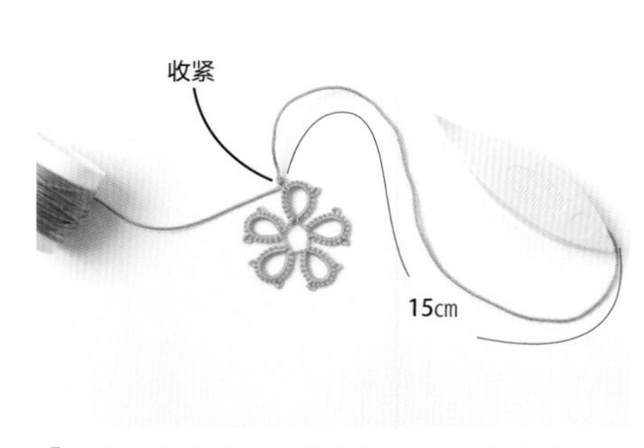

4 在距梭编器 15㎝处收紧。第 2 行的线接在了第 1 行。

5 制作桥（7 针、耳、7 针）（参考 p.72“制作桥”）。

6 在右侧的耳处进行芯线接耳。

7 接着制作桥（4针、耳、4针），进行芯线接耳。

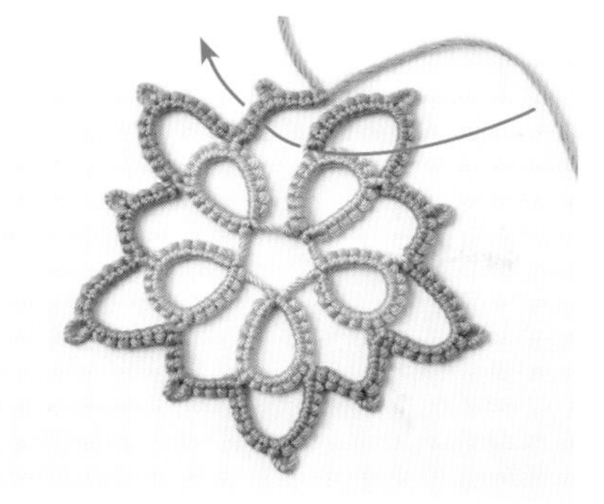

8 重复桥和芯线接耳，最后不要芯线接耳，梭编器上的线留约5cm断线，用蕾丝钩针按箭头所示方向，穿入第1行耳内。

9 打结线头，进行线的收尾。

改编的基础花片 花样 U-1～3 …p.15

线材

U-1 奥林巴斯（OLYMPUS）梭编蕾丝线·粗线 / 淡紫色（T208）…1.5m
炭灰色（T212）…1.7m
角珠 / 烟灰色 …35颗

U-2 丝线 / 米灰色、黑玫瑰色 … 各1.8m
角珠 / 玫瑰灰色 …35颗
天然石 / 蓝色磷灰石·圆形切割（2mm）…30颗

U-3 DMC Diamant 金属刺绣线30号 / 银色（2）…3.6m（第1、2行均为1.8m）

工具

1个梭编器、穿珠针（仅 **U-1**、**2**）、10号蕾丝钩针、剪刀、木工胶、牙签、量尺

制作方法

第2行 **U-1**、**2** 是将珠子穿在线上（参考 p.48“将珠子穿在线上”），梭编器上只绕30cm的线。**U-3** 是将30cm的线绕在梭编器上。参考花片 **U**，**U-1** 为按相同针数，放入珠子制作，**U-2** 为按指定的针数，放入珠子制作，**U-3** 为按相同针数，分别用指定的配色制作。

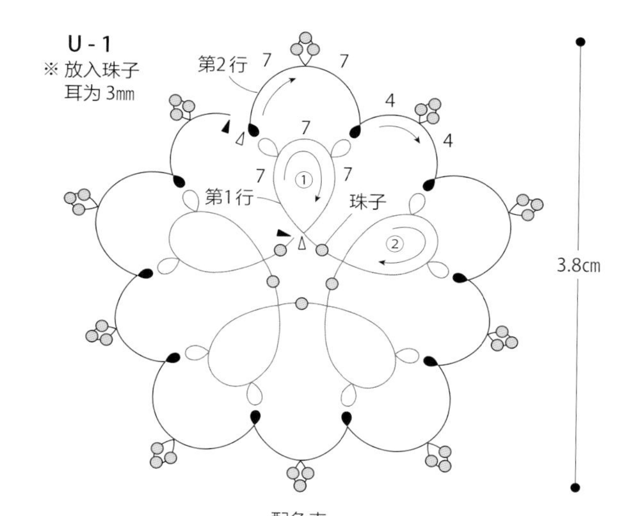

配色表

第1行	淡紫色
第2行	炭灰色

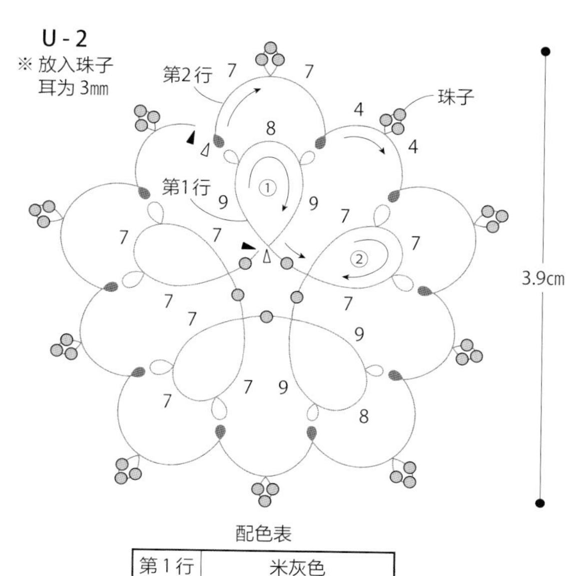

配色表

第1行	米灰色
第2行	黑玫瑰色

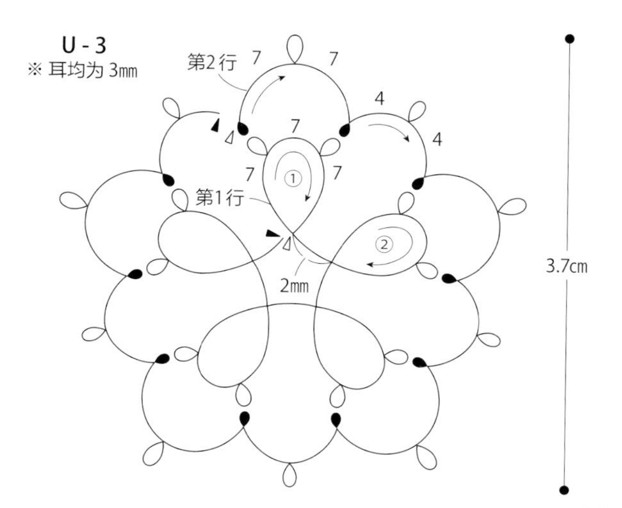

花样 U 的项链…p.27

尺寸 总长 51㎝（除花片外）

材料

丝线 / 米灰色 …2.2m　黑玫瑰色 …3m

角珠 / 玫瑰灰色 …36 颗

天然石 / 碧玺 · 竖孔栗子形（7㎜ × 7㎜）…2 颗

天然石 / 拉长石 · 不规则（8㎜ × 5㎜）…40 颗

Artistic Wire 26 号铜丝 / 抗氧化银色…6㎜ × 40 根

OT 扣 / 银色（O 扣 11㎜ × 14㎜、T 扣 15㎜）…1 对

工具

1 个梭编器、穿珠针、10 号蕾丝钩针、剪刀、木工胶、牙签、量尺、剪钳、平口钳、圆嘴钳

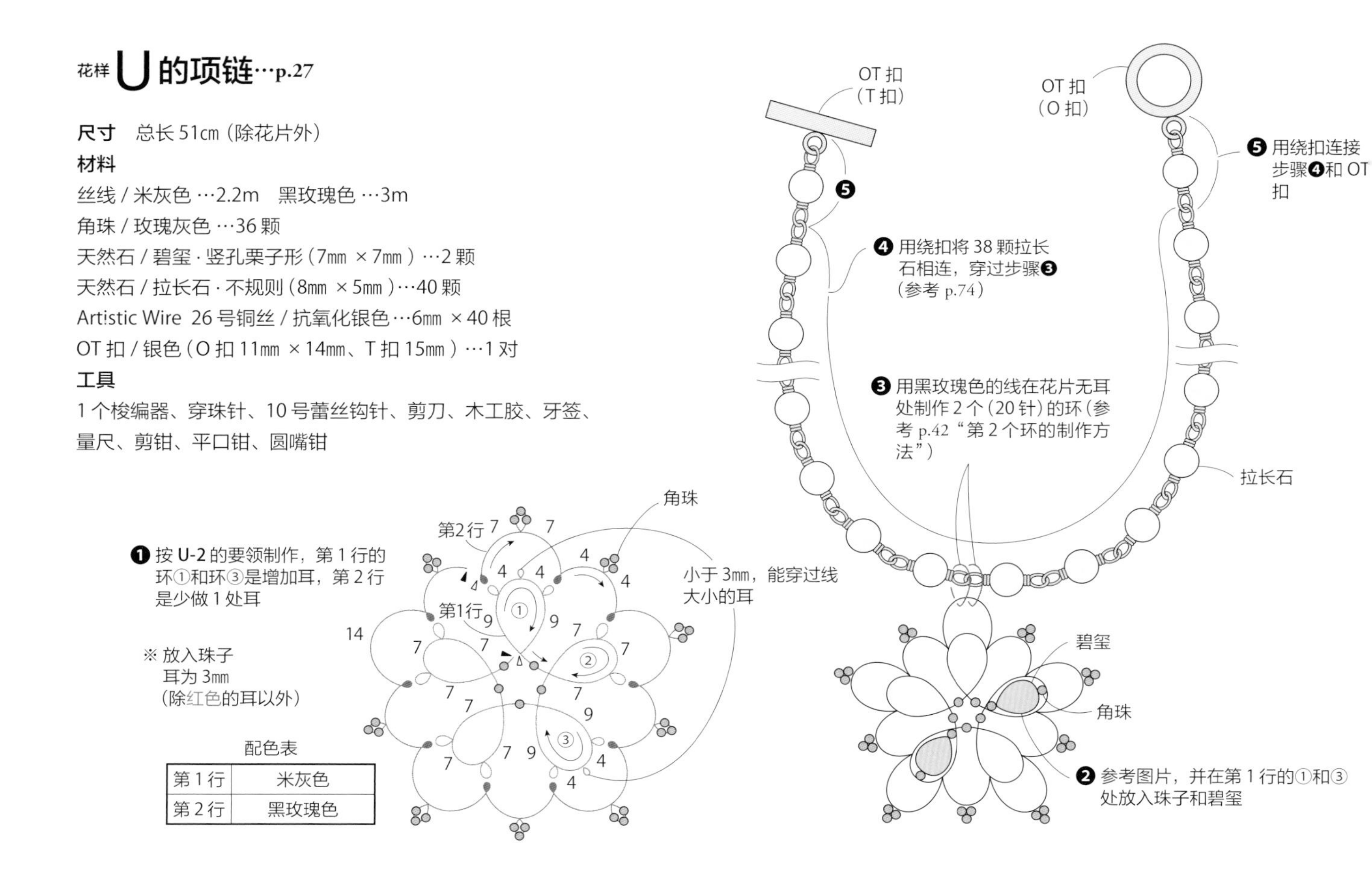

配色表

第 1 行	米灰色
第 2 行	黑玫瑰色

❷花片的完成

※ 为便于理解，更换了线的颜色进行解说（实际使用米灰色的丝线）。

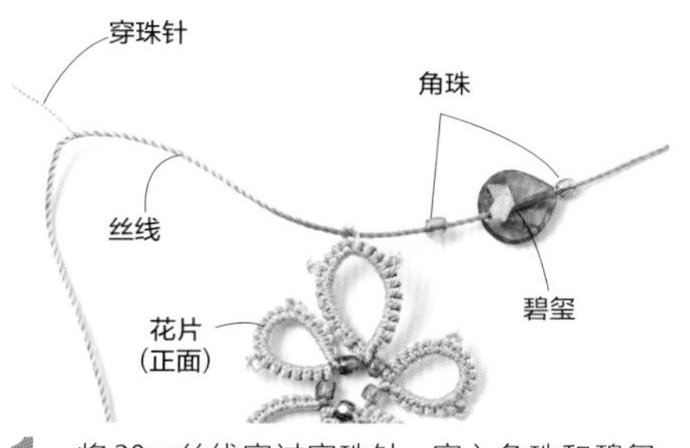

1 将 20㎝丝线穿过穿珠针，穿入角珠和碧玺。参考图片，将穿珠针穿过花片指定的耳内。

2 将穿珠针穿过 1 颗角珠和碧玺。

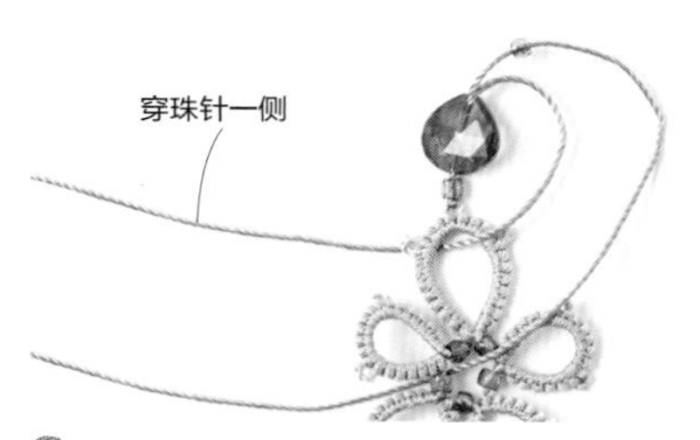

3 将穿珠针穿过环，将了另一侧的线头穿过中心孔。

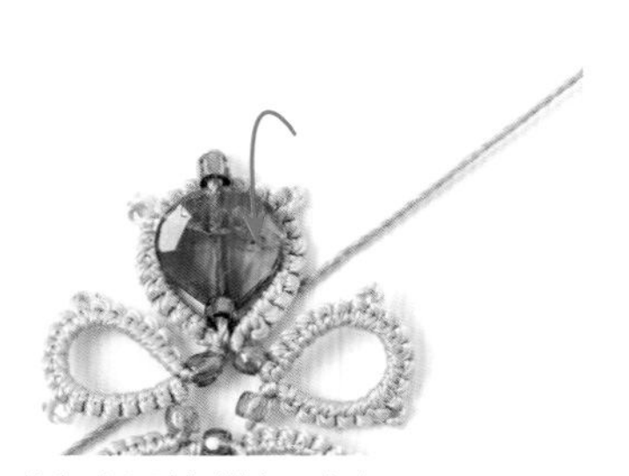

4 拉线，将角珠和碧玺搭在环上方。

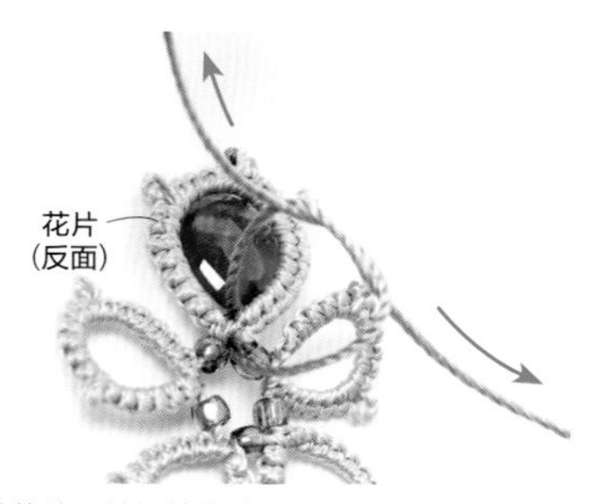

5 翻过花片，并打结线头。

6 进行线的收尾（参考 p.42）。另一处也同样操作。

花样V的制作方法 …p.7

将耳制作得稍大些，是较为容易制作的花片。

线 奥林巴斯（OLYMPUS）梭编蕾丝线・中粗／米色（T202）…8.4m

工具 1个梭编器、10号蕾丝钩针、剪刀、木工胶、牙签、量尺

※为便于理解，更换了线进行解说。

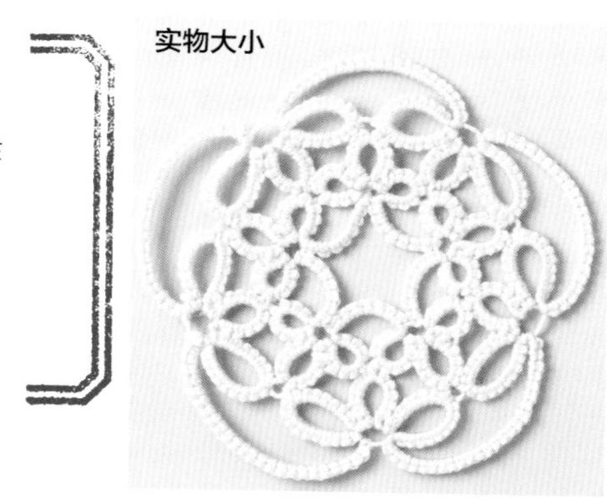

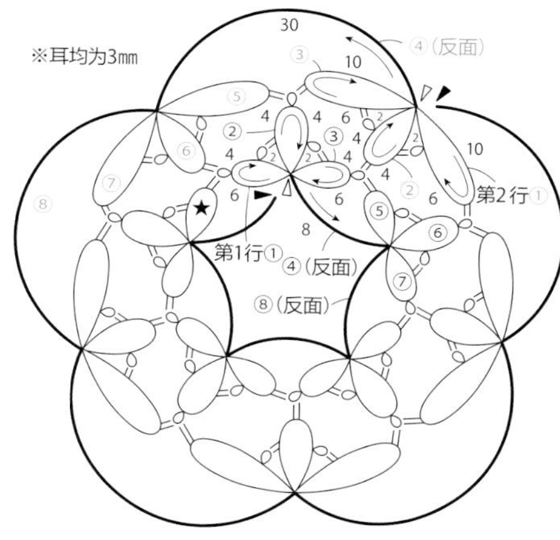

※ p.98 右下有放大图（图片为 V-1 的图示。线不同，但针数相同）

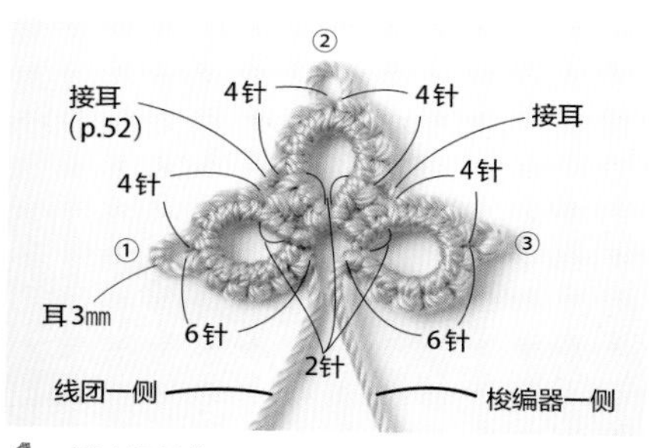

1 第1行是将2m线绕在梭编器上，不断线，参考图示，在距梭编器约40cm处梭编环①～⑤（环②、③最开始的正结和p.52的步骤**2**相同）。

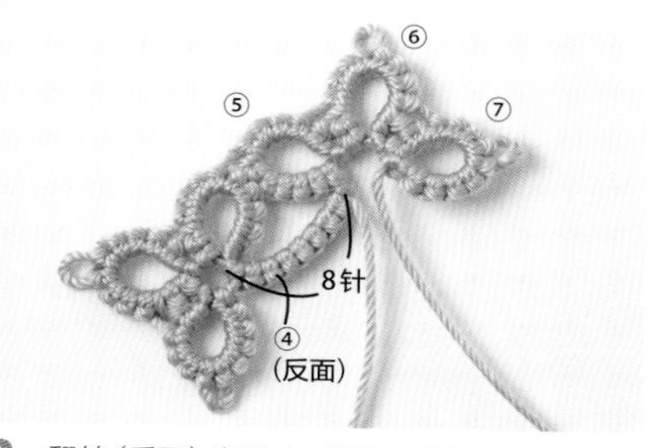

2 翻转（反面）步骤**1**，梭编环④的桥（参考p.72"制作桥"）。翻转环④ 梭编环⑤～⑦（和①～③的针数相同）。

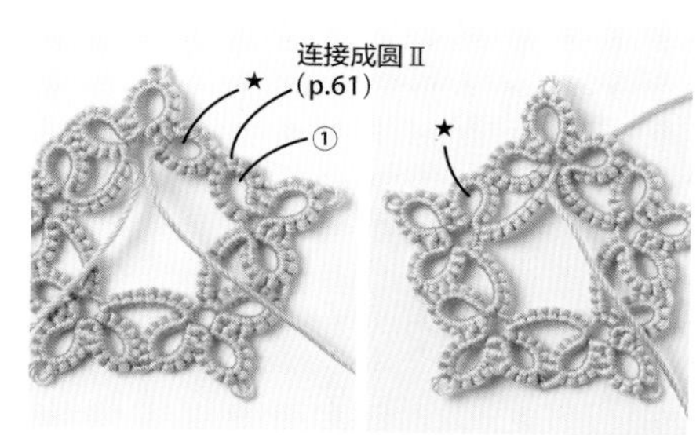

3 重复步骤④～⑦，最后的环（★）用"连接成圆Ⅱ"的方法连接在环①上。最后的桥梭编完成后，将线头穿入开始的环和桥之间，进行线的收尾（参照p.42）。

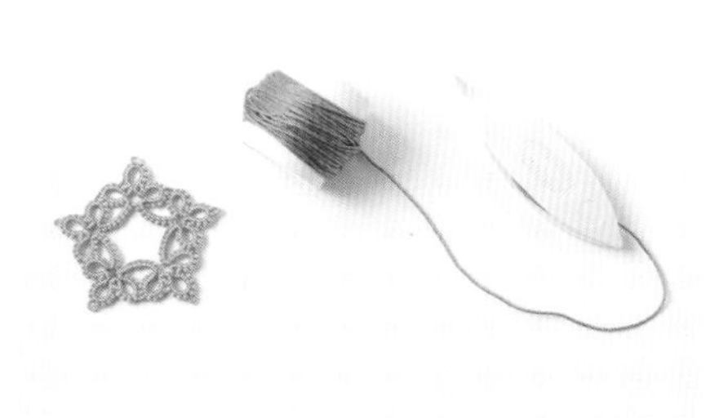

4 梭编第2行。将2.8m的线绕在梭编器上，不断线保持这种状态。

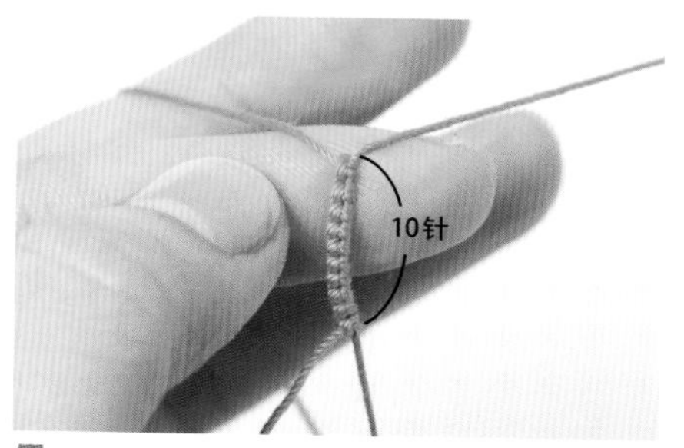

5 参考图示，在距梭编器约40m处梭编10针的环①。

6 在第1行的环⑥的耳上插入蕾丝钩针，将挂线在左手上的线圈带出。

7 取出蕾丝钩针，穿过梭编器进行接耳。

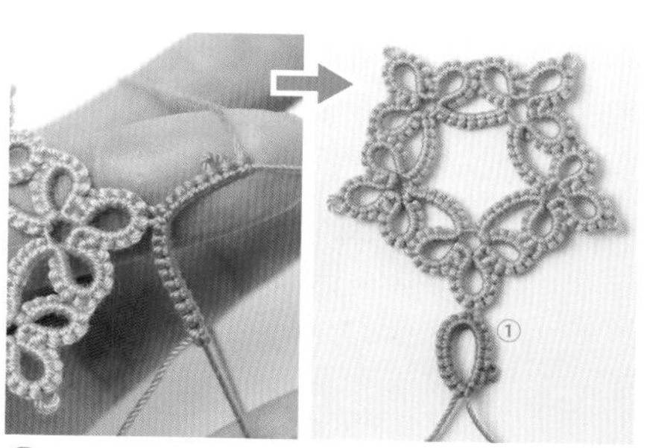

8 梭编环①剩余的部分（6针、耳、2针），拉动梭编器上的线制作成环。

9 环②是在2处边接耳边制作。

10 环③也是边在 2 处接耳边制作。

11 翻转环①～③，并制作环④的（30 针）桥。

12 桥就完成了。

13 翻转环④，边在第 1 行的环②上接耳边制作环⑤。

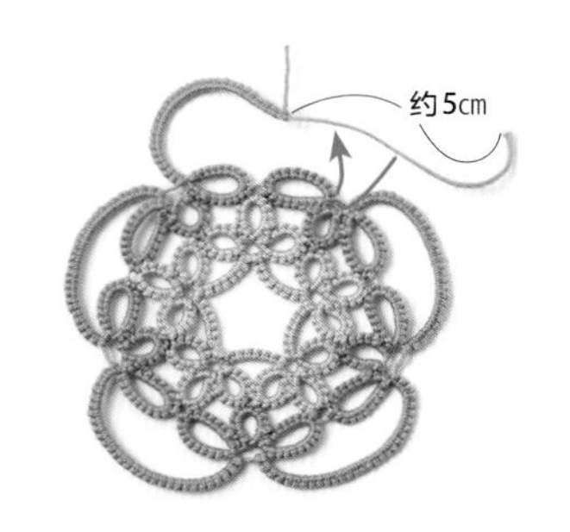

14 重复 3 个环和桥，梭编好最后的桥后，留约 5cm梭编器上的线头后断线，将线头穿过最开始的环和桥之间。

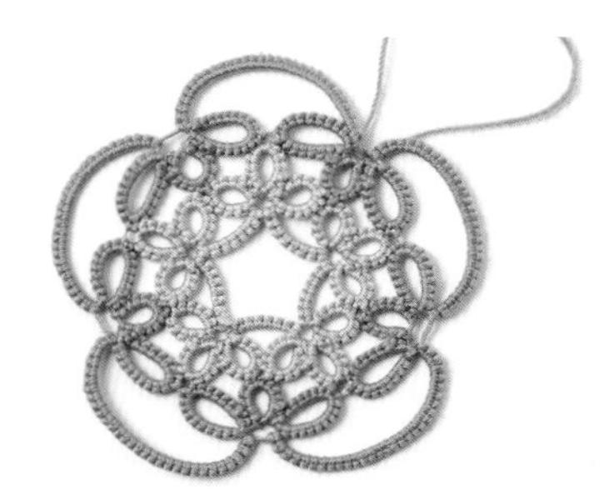

15 线头打结，进行线的收尾。

改编的基础花片 花样 V-1～3 …p.16

线材

V-1 奥林巴斯（OLYMPUS）梭编蕾丝线・细线 / 象牙白色（T103）…3m 粉色（T107）…4.1m

V-2 丝线 / 银河色系 …3.2m　紫色 …4.6m
角珠 / 金色 …10 颗
金属珠 / 金色（3㎜ × 2㎜）…5 颗

V-3 丝线 / 橄榄色 …3.2m　雾绿色 …4.6m
角珠 / 金色 …10 颗
金属珠 / 金色（3㎜ × 2㎜）…5 颗

工具

1 个梭编器、穿珠针（仅 **V-2**、**3**）、10 号蕾丝钩针、剪刀、木工胶、牙签、量尺

制作方法

参考花样 **V**，按指定的线长绕在梭编器上。**V-1** 为按相同针数换线制作，**V-2**、**3** 除是指定内容外，均与 **V-1** 按相同针数在指定的耳内放入珠子制作。

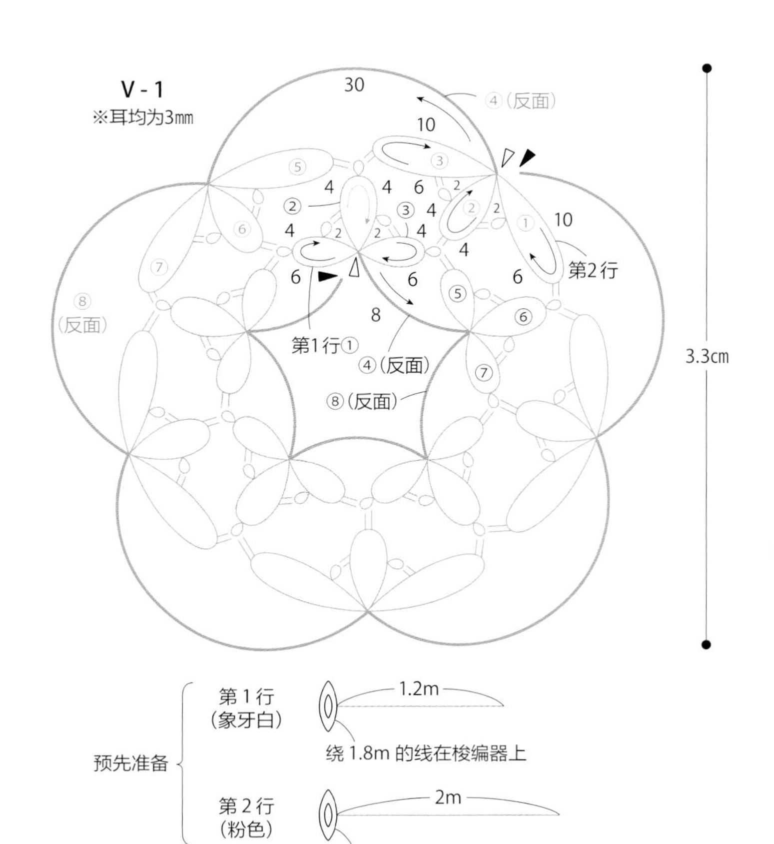

V-2、3

❶ 将 10 颗角珠穿在第 1 行的线上
（参考 p.48“将珠子穿在线上”）

❷ 将线按下列顺序绕线
（参考 p.59“将珠子绕在梭编器上”）

空绕 20 次→（1 颗珠子 + 空绕 6 次）× 重复 5 次
→留下 5 颗不绕上去

❸ 和 V 相同，在距梭编器约 40㎜处开始梭编环①，在指定的耳内放入珠子梭编（p.57“将 1 颗天然石放入耳内”的要领）

❹ 将 5 颗金属珠穿在第 2 行的线上，只绕 3m 的线在梭编器上

❺ 在距梭编器约 40㎝处开始梭编

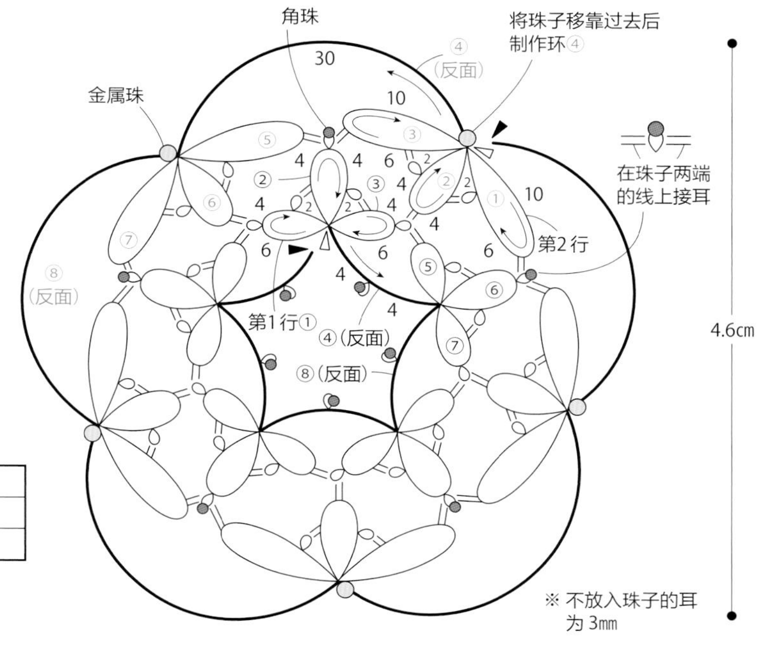

配色表

	V-2	V-3
第 1 行	银河色	橄榄色
第 2 行	紫色	雾绿色

花样 V 的锁骨链…p.19

尺寸　总长约 46㎝（除花片外）

材料

丝线 / 银河色 …3.2m　紫色 …4.6m
角珠 / 金色 …10 颗
金属珠 / 金色（3㎜ × 2㎜）…5 颗
皮绳 / 米色（1.2㎜ 粗）…1m
玻璃珠 / 薰衣草色（6㎜ × 4㎜）…5 颗
金属珠 / 金色（3㎜ × 3㎜）…10 颗
C 形开口圈 / 银色（0.7㎜ × 3.5㎜ × 4.5㎜）…16 个

工具

1 个梭编器、穿珠针、10 号蕾丝钩针、剪刀、木工胶、牙签、量尺、平口钳、圆嘴钳

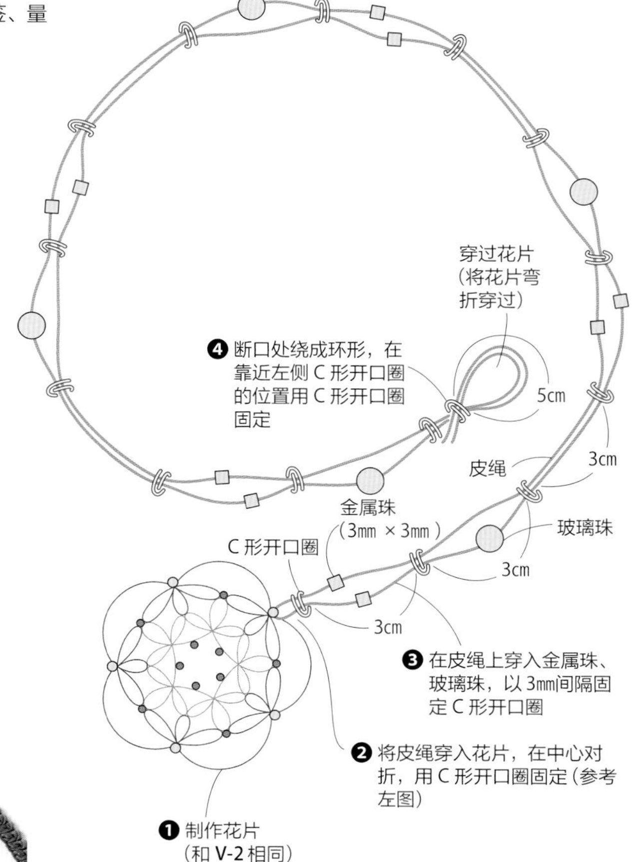

● C形开口圈的闭合方法

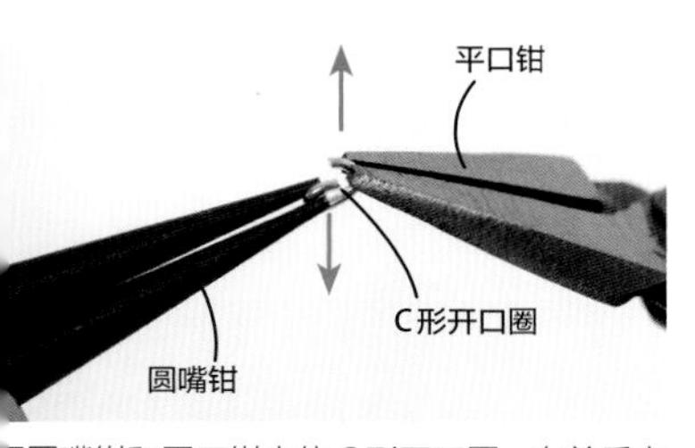

用圆嘴钳和平口钳夹住 C 形开口圈，向前后方向打开（合起来时也相同，向前后方向关闭）。

●用C形开口圈固定皮绳

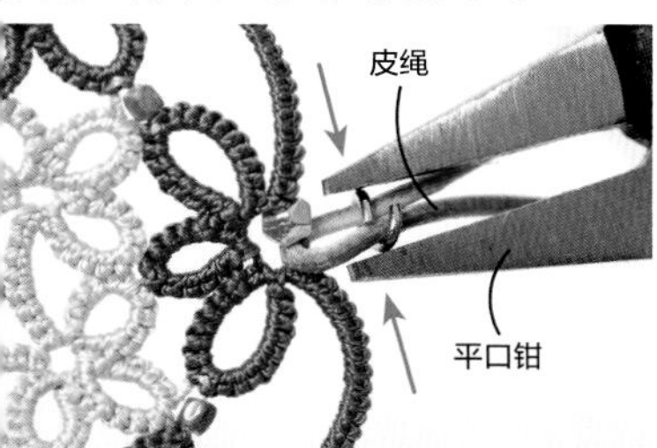

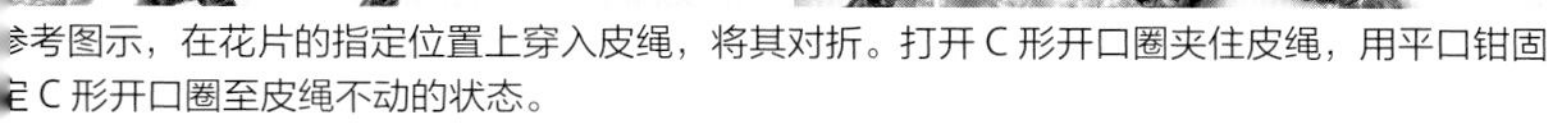

参考图示，在花片的指定位置上穿入皮绳，将其对折。打开 C 形开口圈夹住皮绳，用平口钳固定 C 形开口圈至皮绳不动的状态。

花样W的制作方法 …p.7

使用2个梭编器，用称为“分裂环”的技法来制作。

线 奥林巴斯（OLYMPUS）梭编蕾丝线·中粗/米色（T202）…1.9m
工具 2个梭编器、剪刀、木工胶、牙签、量尺
※为便于理解，更换了线进行解说。

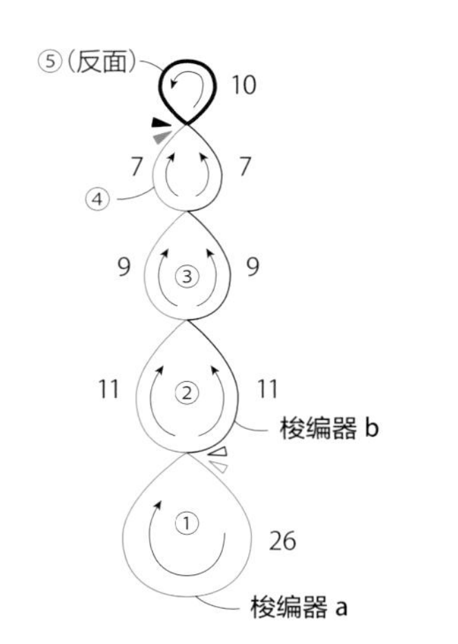

重点

分裂环是可以在1个环中出现两种颜色的技法。
步骤**3**、**4**是在环的要领中，加入替换卷针。
步骤**6**、**7**是用环的动作，没有加入替换卷针。

●分裂环

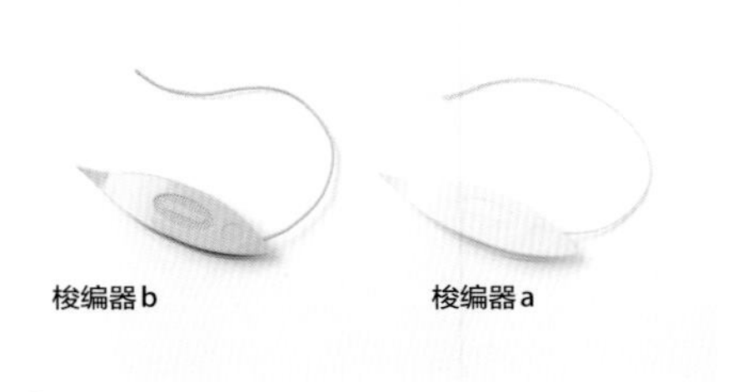

1 将1m、90cm的线分别绕在梭编器a和梭编器b上。

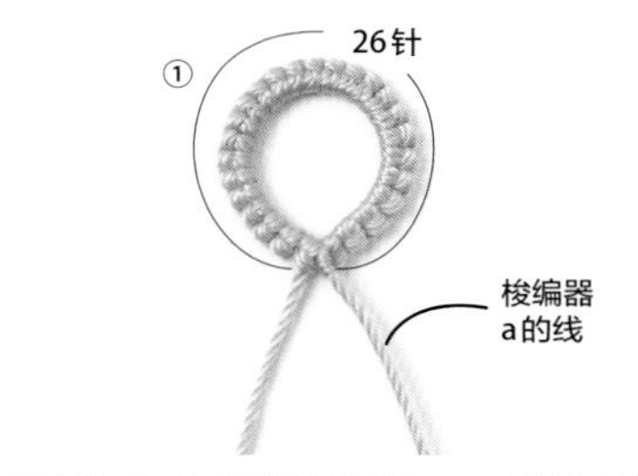

2 用梭编器a制作环①（参考p.38的花片A）。

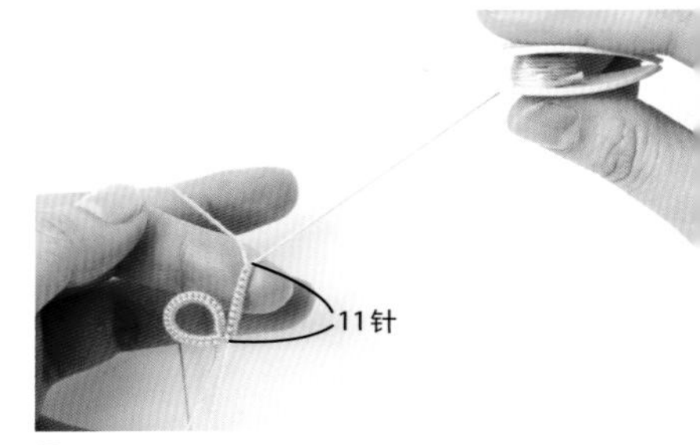

3 接着制作11针的环②（最开始的正结和p.52的步骤**2**相同）。梭编的针脚在左侧完成。

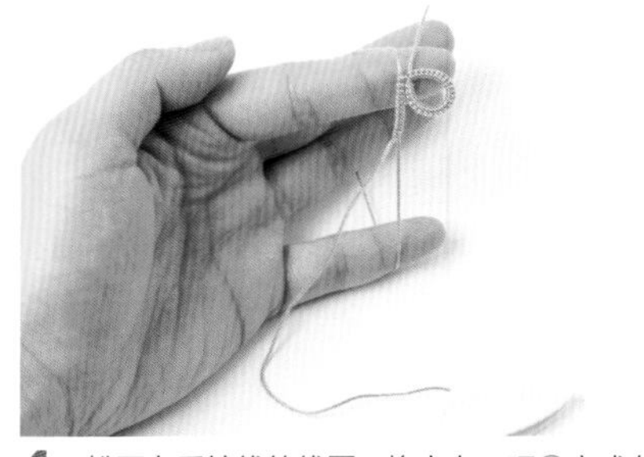

4 松开左手挂线的线圈，换方向，环①变成在右侧的重新挂线，梭编器a就这样保持不变。

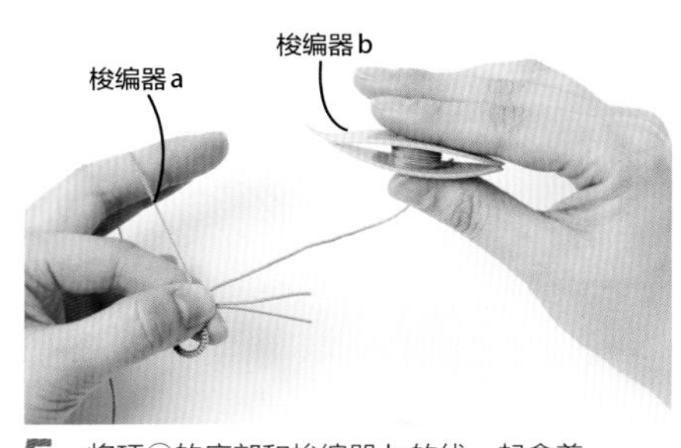

5 将环①的底部和梭编器b的线一起拿着。

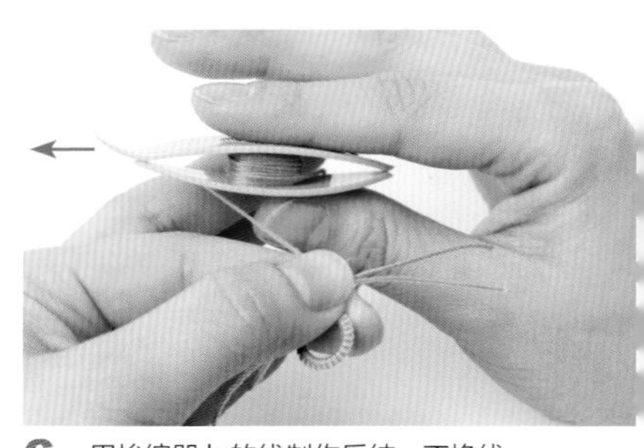

6 用梭编器b的线制作反结，不换线。

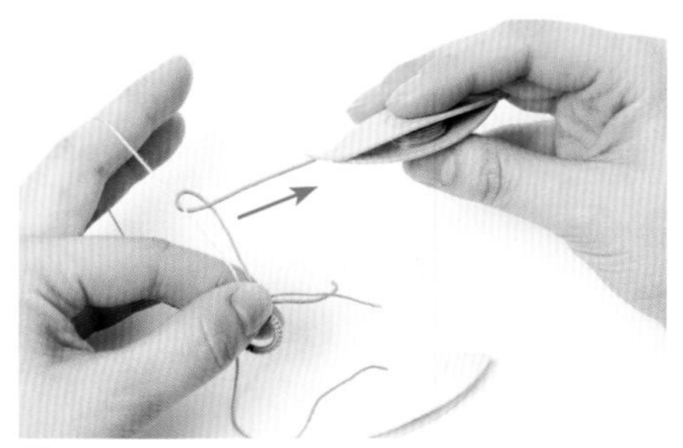

7 用b线在梭编器a线上制作卷针。

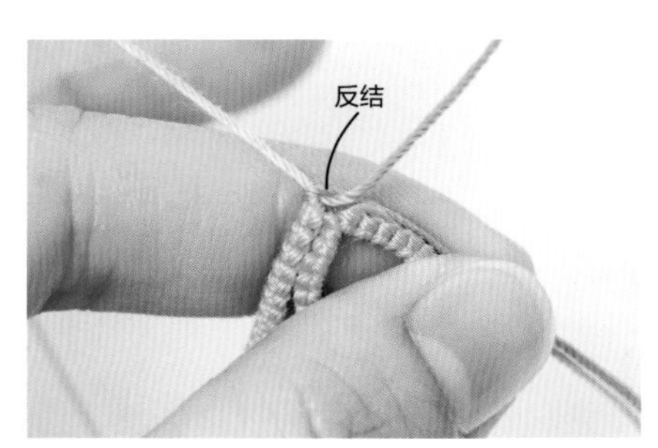

8 反结完成了。

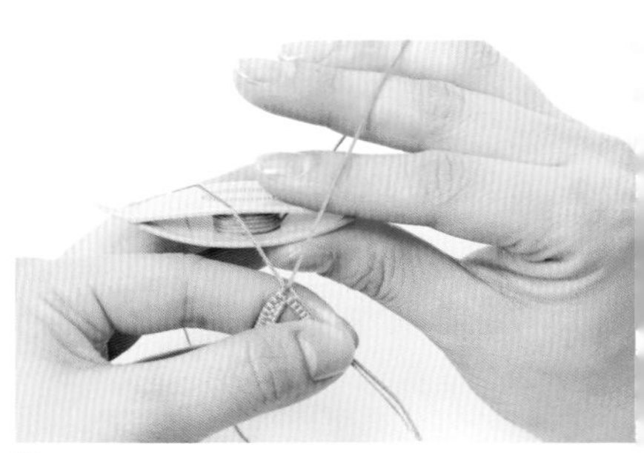

9 接着制作正结。

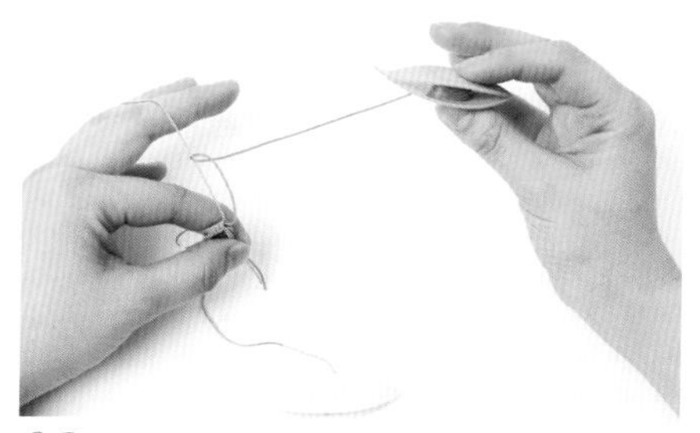

10 用 b 线在梭编器 a 的线上制作卷针。

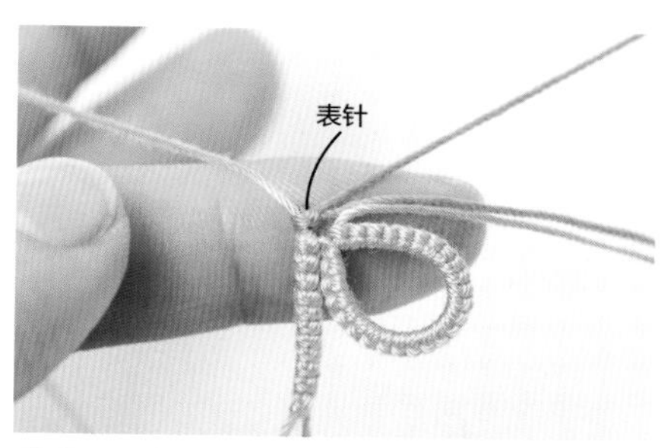

11 正结完成，完成了 1 针（反结 + 正结 =1 针）。做好的针脚在右侧。

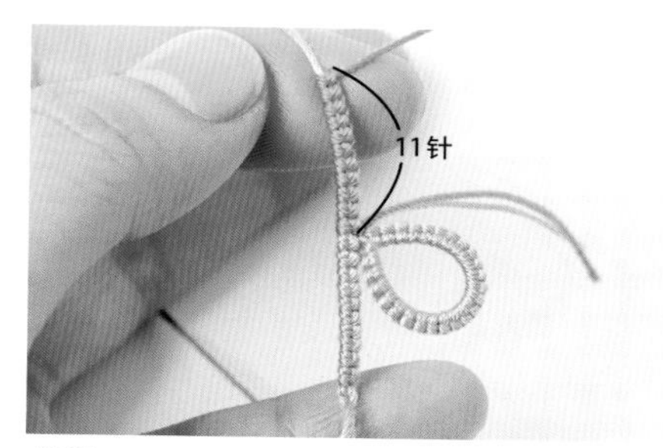

12 重复“反结、正结”，共制作 11 针。

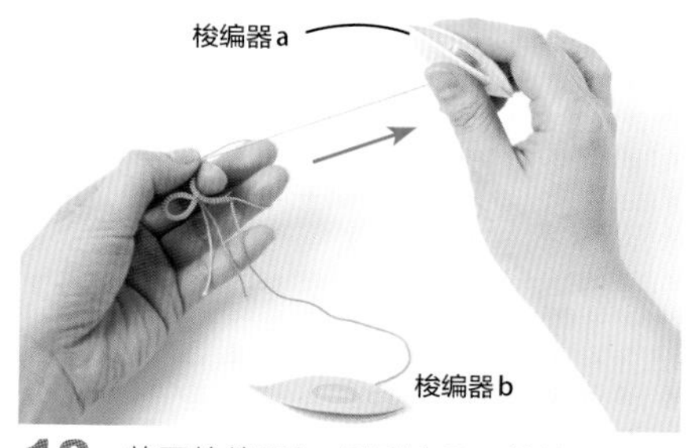

13 放下梭编器 b，回到步骤 **3** 的持线状态。拉梭编器上的线。

14 环②完成了。

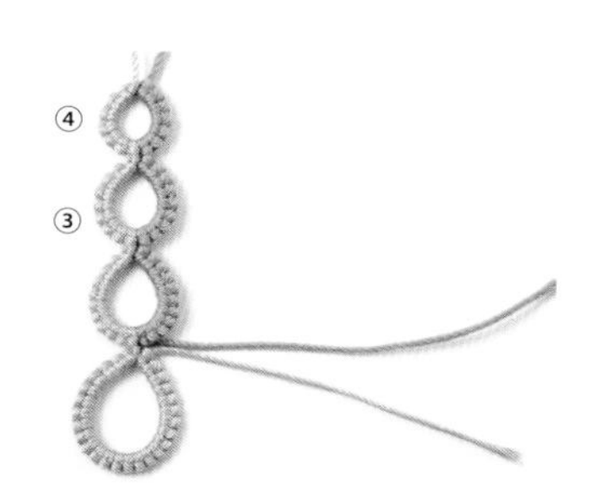

15 和步骤 **3～14** 相同，按指定的针数制作环③、④。

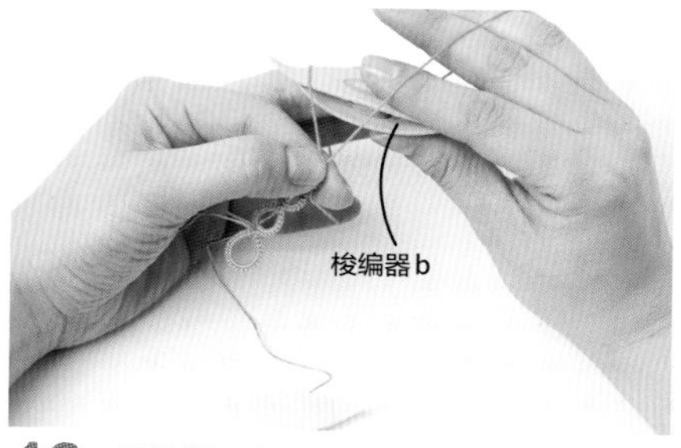

16 翻转（翻面）环④，用梭编器 b 制作环⑤。

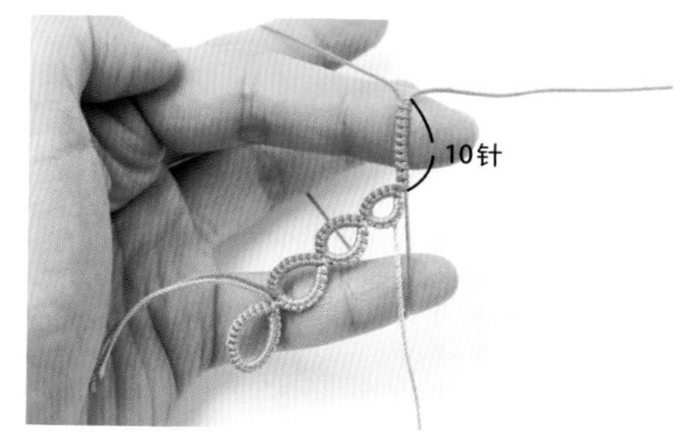

17 10 针完成了。

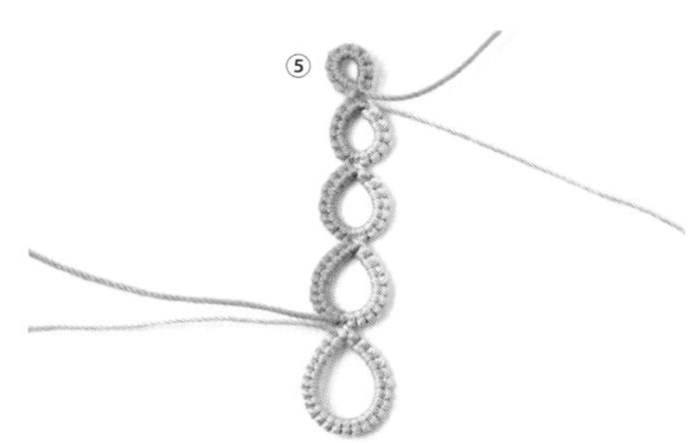

18 拉动梭编器 b 的线作成环，并进行线的收尾（参考 p.42）。

改编的基础花片 花样 W-1～4 …p.16

线材

W-1 奥林巴斯（OLYMPUS）梭编蕾丝线 · 细线 / 绿松石色（T113）…90cm 亮蓝色 …1m

W-2 丝线 / 芥末黄 …1m 灰色…90cm

W-3 丝线 / 亮粉色 …1m 薰衣草蓝色…90cm

W-4 奥林巴斯（OLYMPUS）贵妇人蕾丝线（Emm y Grande）COLORS 系列 / 雾绿色（244）…1.2m

奥林巴斯（OLYMPUS）贵妇人蕾丝线（Emm y Grande）HERBS 系列 / 米色（721）…1m

工具

2 个梭编器、剪刀、木工胶、牙签、量尺

制作方法

参考花样 **W**，针数相同，换线按相同方法制作。

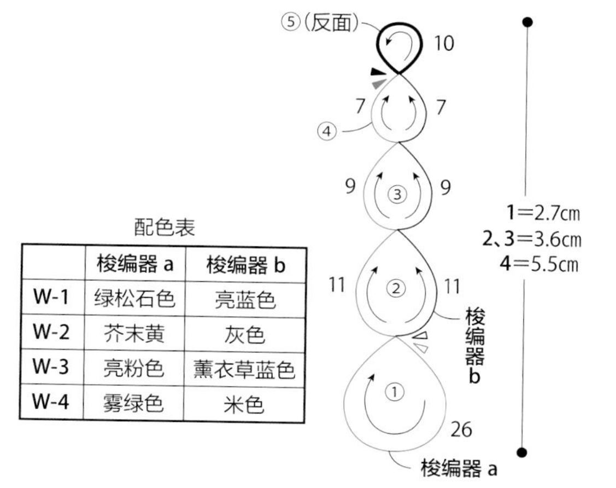

配色表

	梭编器 a	梭编器 b
W-1	绿松石色	亮蓝色
W-2	芥末黄	灰色
W-3	亮粉色	薰衣草蓝色
W-4	雾绿色	米色

花样 W 的项链…p.19

尺寸 总长约 46㎝（除花片外）

材料

丝线 / 亮粉色 …1m 薰衣草紫色 …90㎝

天然石 / 堇青石 · 水滴形（9㎜ × 6㎜）…1 颗

定位珠（作为珠子用）/ 银色 …6 颗

链条（单个圈 1㎜ × 2㎜ ）/ 银色 …40㎝

C 形开口圈 / 银色（0.5㎜ × 2㎜ × 3㎜ ）…2 个

弹簧扣 / 银色（6㎜ ）…1 个

收尾连接片 / 银色（3㎜ × 6㎜ ）…1 个

工具

2 个梭编器、剪刀、木工胶、牙签、量尺、剪钳、平口钳、圆嘴钳

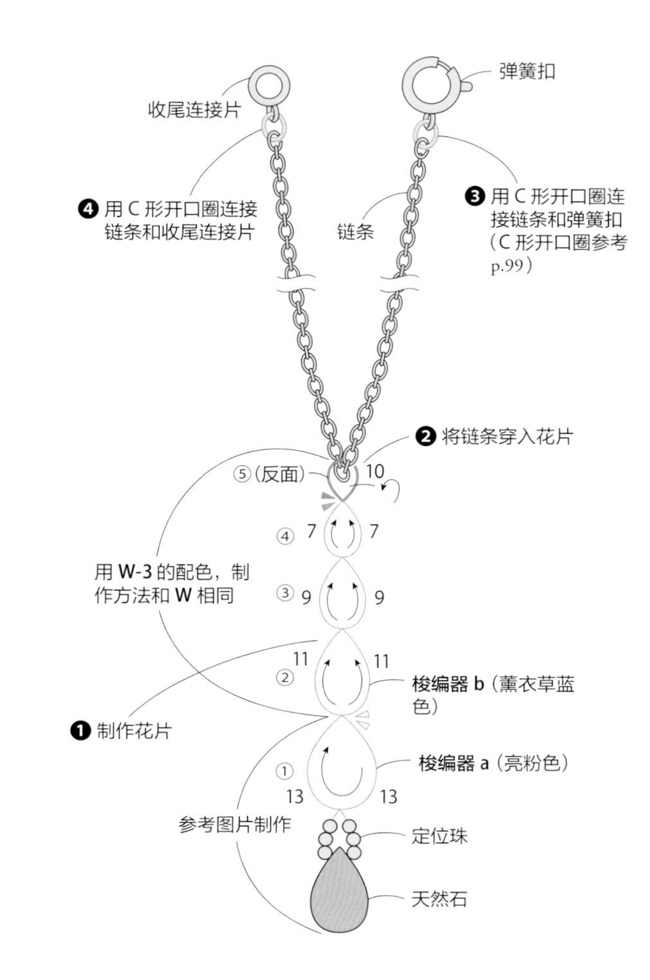

❶的制作方法

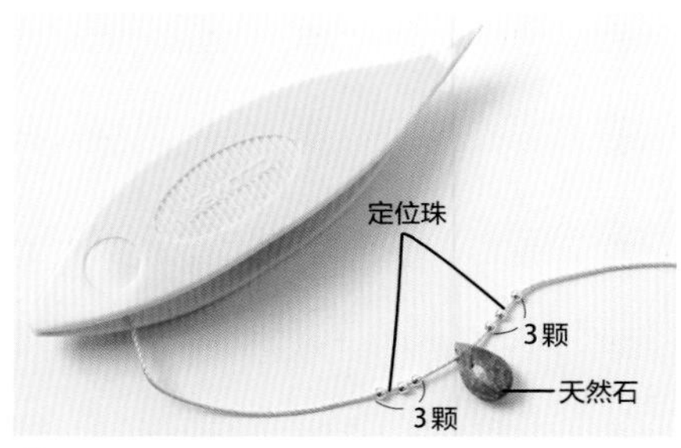

1 在梭编器 a 的线上穿入 3 颗定位珠、1 颗天然石、3 颗定位珠（参考 p.48“将珠子穿在线上”）。

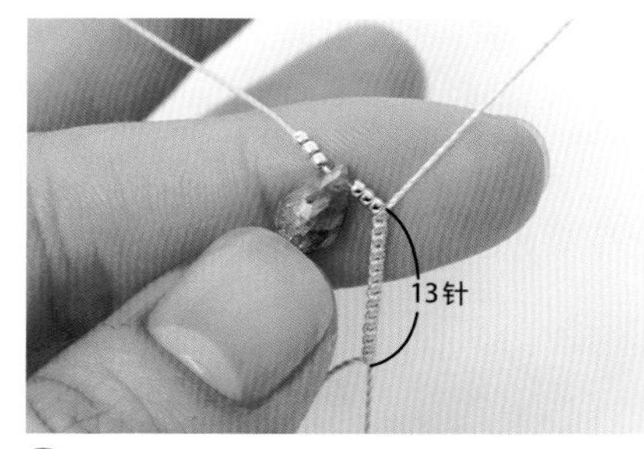

2 制作环①。定位珠和天然石带入挂在左手线圈的状态下，梭编 13 针，移靠向制作定位珠和天然石的一旁。

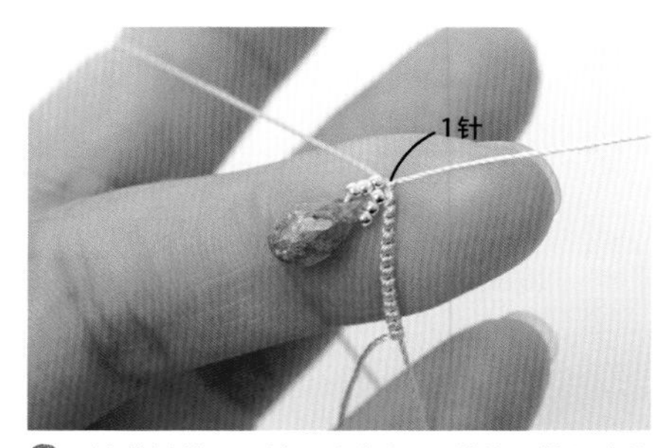

3 接着梭编下一针，移靠向 13 针处。带入定位珠和天然石的耳就完成了。

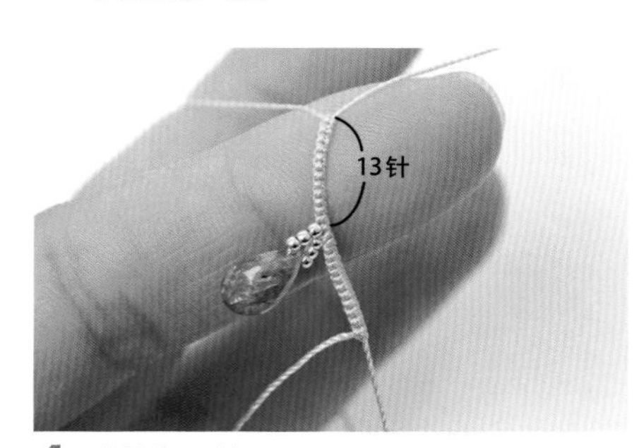

4 共梭编 13 针。

5 拉动梭编器的线作成环。

花样X的制作方法 …p.7

是用2个梭编器分别制作各自的配件，用2根线梭编桥的花样。

线 奥林巴斯（OLYMPUS）梭编蕾丝线·中粗／米色（T202）…2m
工具 2个梭编器、冰激凌等的盒盖、10号蕾丝钩针、迷你夹、剪刀、木工胶、牙签、量尺
※为便于理解，更换了线进行解说。

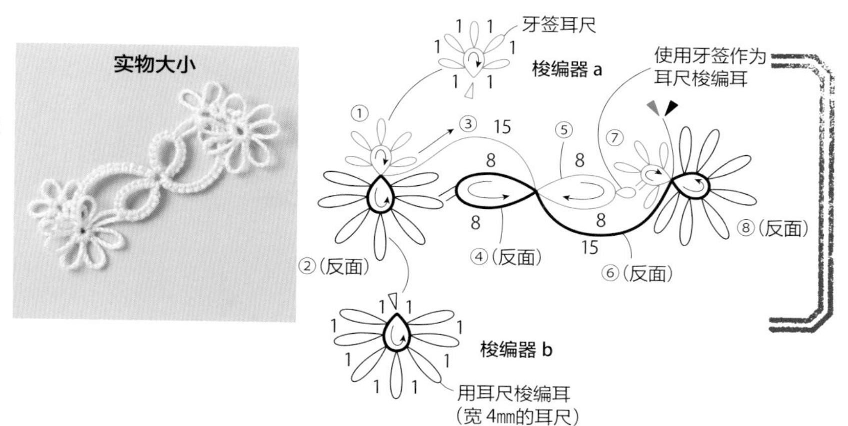

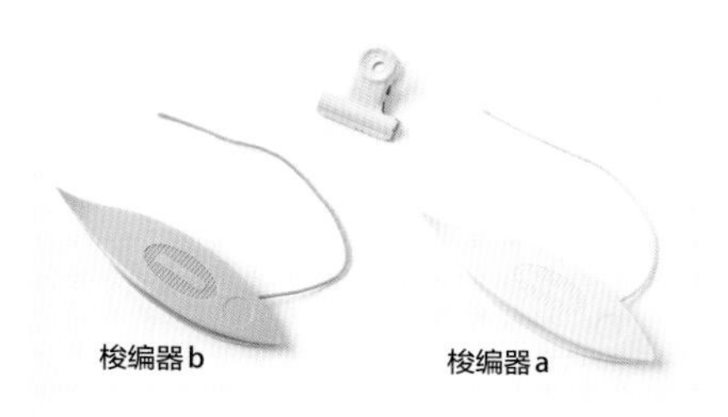

1 在梭编器a、梭编器b上分别绕1m的线，准备迷你夹。

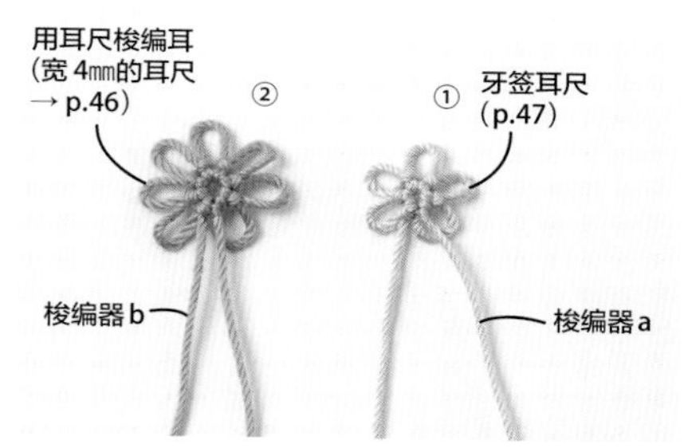

2 参考图示，环①、环②分别是用梭编器a和牙签耳尺，梭编器b和耳尺梭编耳制作的（参考p.46、p.47的花片C的要领）。

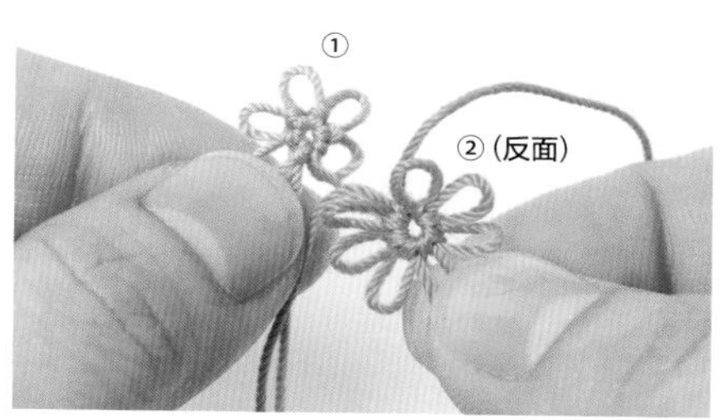

3 翻转环②（翻面），并对接①和②的底部。

4 为防止移位，用迷你夹固定底部。

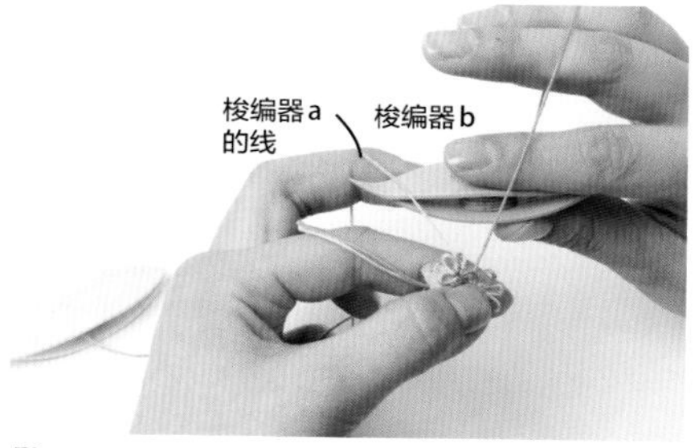

5 用左手拿着步骤**4**的织物，将梭编器a的线挂在左手上，用梭编器b制作环③的桥（参考p.72的“桥”）。

6 梭编15针，环③就完成了。

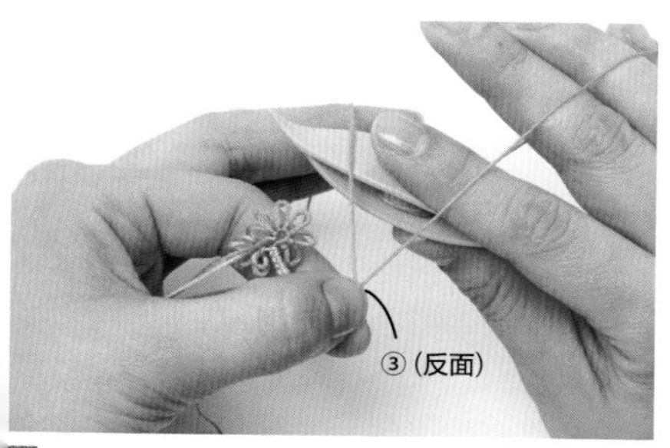

7 取下迷你夹。翻转环③，并用梭编器b制作环④。

8 梭编8针，在环②第6片花瓣的耳上插入蕾丝钩针，进行接耳。

9 继续梭编8针，拉动梭编器的线作成环。环④就完成了。

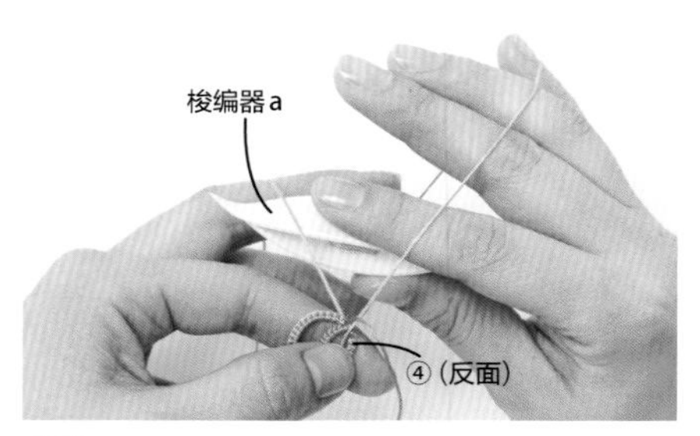

10 翻转环④，用梭编器 a 制作环⑤。

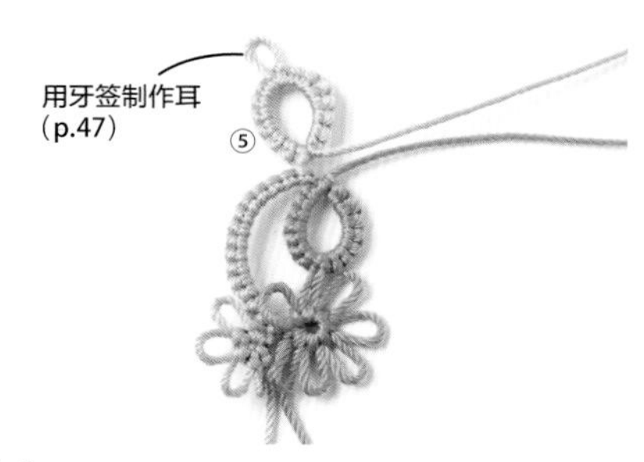

11 环⑤就完成了（耳是由牙签制作的）。

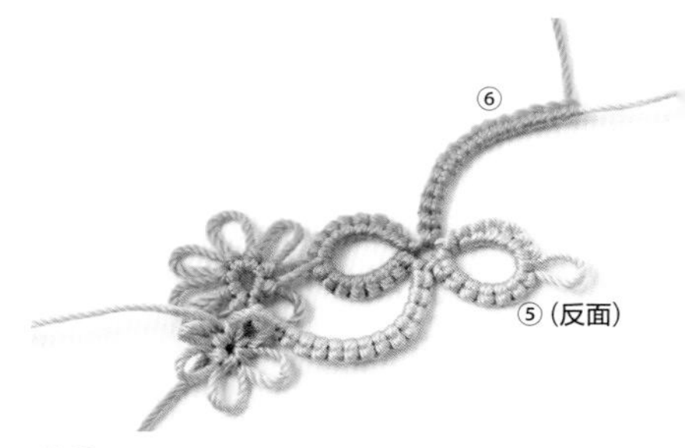

12 翻转环⑤，将梭编器 b 的线挂在左手上，用梭编器 a 制作环⑥的桥。

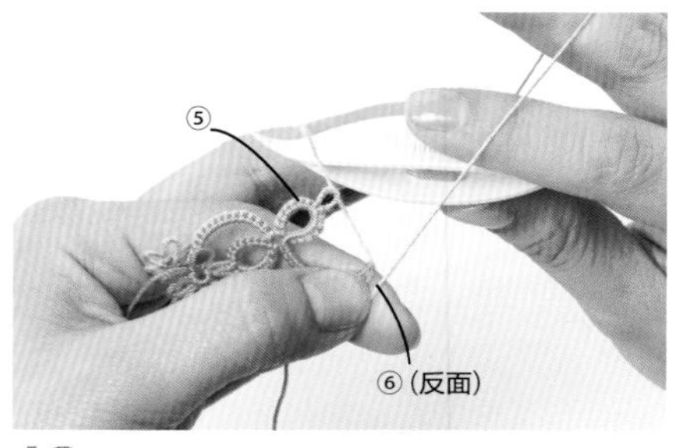

13 翻转环⑥，并用梭编器 a 制作环⑦。

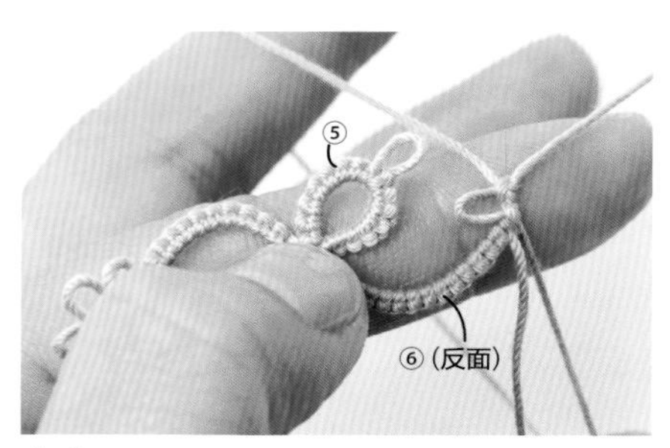

14 和环①相同，用牙签制作耳，接着在环⑤的耳上接耳。

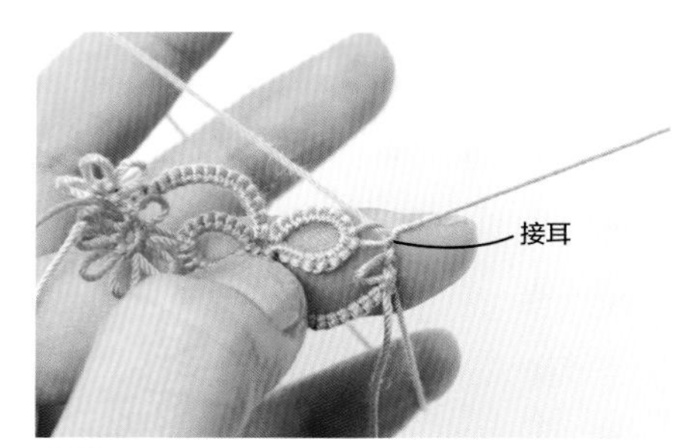

15 接耳就完成了。

16 梭编剩下的部分，拉梭编器 a 的线作成环。环⑦就完成了。

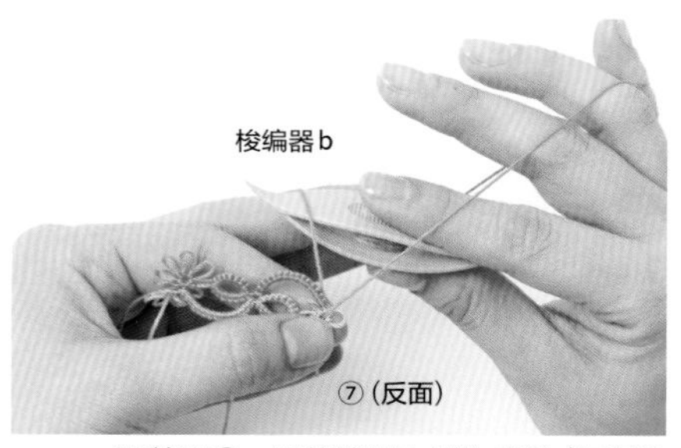

17 翻转环⑦，用梭编器 b 制作环⑧（和环②相同）。

18 环⑧就完成了。进行线的收尾（参考 p.42）。

改编的基础花片 花样 X-1～3 …p.17

线材

X-1 奥林巴斯（OLYMPUS）梭编蕾丝线・细线 / 粉色（T107）、淡紫色 … 各 80cm
X-2 奥林巴斯（OLYMPUS）梭编蕾丝线・金属线 / 薰衣草色（T402）、粉色（T403）… 各 90cm
X-3 丝线 / 粉色、青灰色 … 各 90cm
特小圆米珠 / 银粉色 …50 颗
角珠 / 珍珠灰色 …70 颗

工具

2 个梭编器、冰激凌等的盒盖（仅 **X-1**、**2**）、穿珠针（仅 **X-3**）、10 号蕾丝钩针、迷你夹、剪刀、木工胶、牙签、量尺

制作方法

参考花样 **X**，针数相同换线的样色，**X-3** 是加入了珠子。

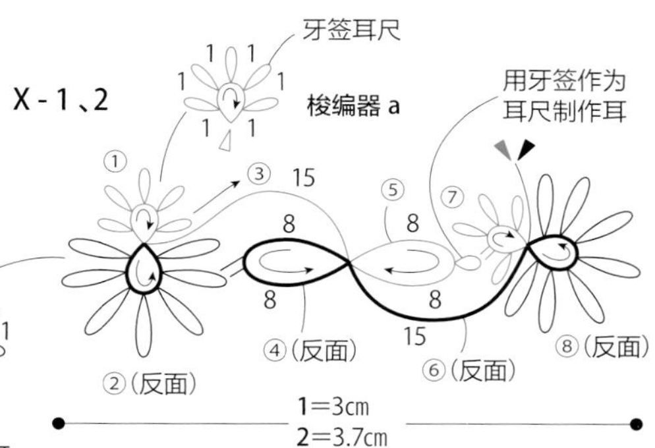

配色表

	X-1	X-2
梭编器 a	粉色	薰衣草色
梭编器 b	淡紫色	粉色

X - 3

❶ 准备梭编器 a、b

a=将 50 颗特小圆米珠穿在粉色线上
（参照 p.48“将珠子穿在线上”）

↓

按下列顺序绕线
（参照 p.59“将珠子绕在梭编器上”）

空绕 8 次→25 颗珠子 + 空绕 8 次
→剩下 25 颗就这样保持不变，在梭编环①时使用

b=按 a 的要领，将 70 颗角珠穿在青灰色线上

空绕 8 次→35 颗珠子 + 空绕 8 次
→剩下 35 颗就这样保持不变，在梭编环②时使用

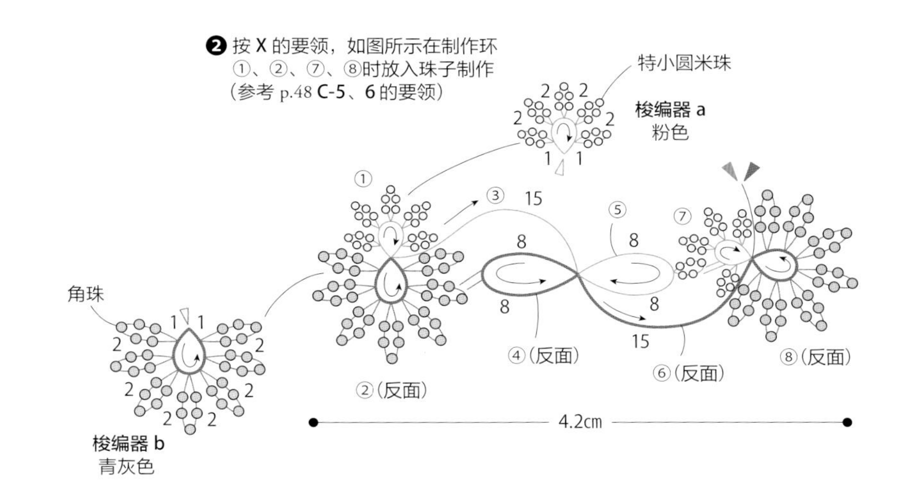

花样 X 的手链…p.32

尺寸　总长约 19.5cm

材料

丝线 / 青灰色 …4m　粉色 …2.8m

特小圆米珠 / 银粉色 …175 颗

角珠 / 珍珠灰色 …245 颗

磁扣 / 铑（6mm × 11mm）…1 对

工具

2 个梭编器、穿珠针、10 号蕾丝钩针、迷你夹、剪刀、木工胶、牙签、量尺

❶ 准备梭编器 a、b

a=将 175 颗特小圆米珠穿在粉色线上（参照 p.48“将珠子穿在线上”）

按下列顺序绕线
（参照 p.59“将珠子绕在梭编器上”）

空绕 8 次→（25 颗珠子 + 空绕 8 次）× 重复 6 次
→剩下 25 颗就这样保持不变，在梭编环①时使用

b=按 a 的要领，将 245 颗角珠穿在青灰色线上

空绕 20 次→（35 颗珠子 + 空绕 8 次）× 重复 7 次
→留约 40cm，制作开始的环（环② 15 针）

❷ X-3 花片如图所示放入珠子进行制作，梭编器 b 开始和最后制作（15 针）环。

①～④的制作方法

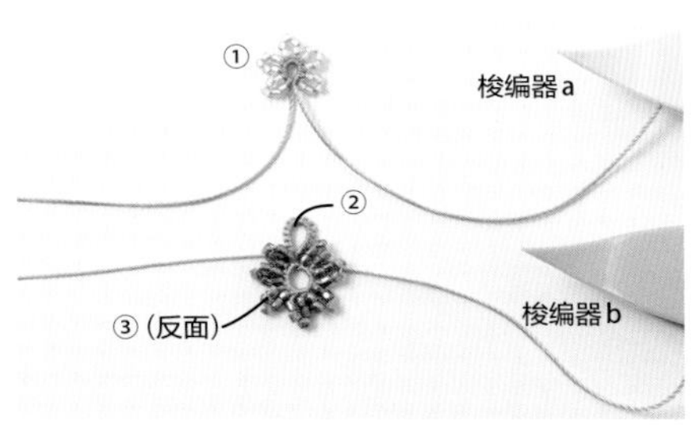

1 用梭编器 a 制作环①（参考 p.48 的 C-5、6 的制作方法）。环②用梭编器 b 制作，翻转后制作环③。

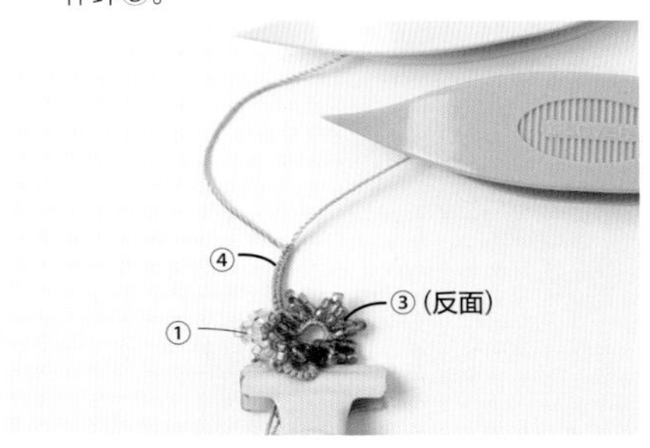

2 按 p.103 步骤 3～6 的要领，将环①和环③（反面）的底部用小夹子固定，制作④的链条。

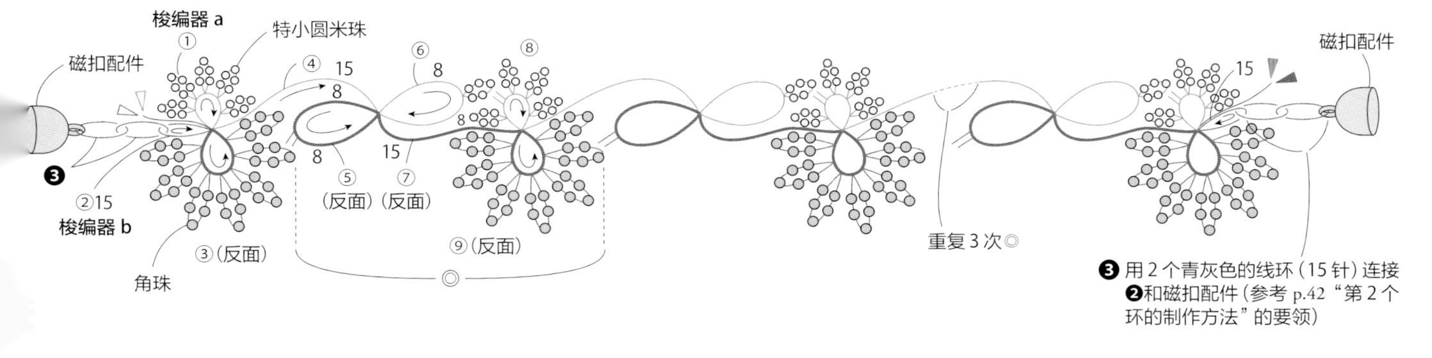

花样 Y 的制作方法 …p.7

用 2 个梭编器，边替换梭编器边制作。

线 奥林巴斯（OLYMPUS）梭编蕾丝线 · 中粗 / 米色（T202）…3m
工具 2 个梭编器、10 号蕾丝钩针、
剪刀、木工胶、牙签、量尺
※为便于理解，更换了线进行解说。

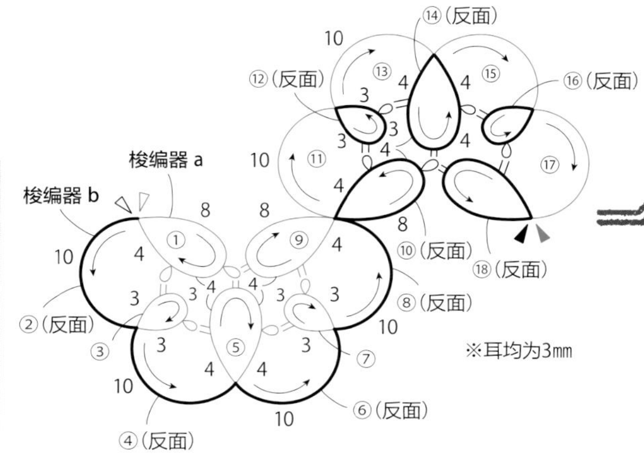

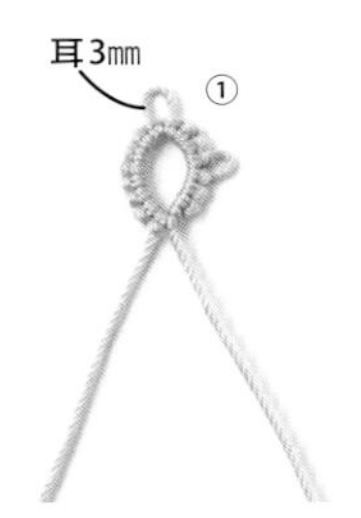

1 梭编器 a、b 上分别绕 1.5m。参考图示，用梭编器 a 制作环①（参考 p.44 花片 B 的要领）。

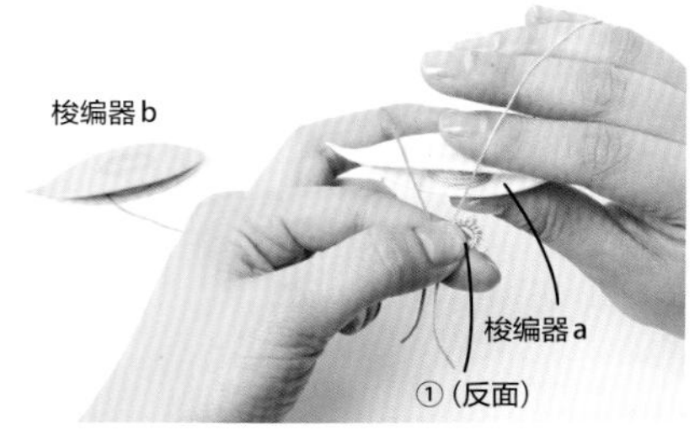

2 翻转环①（翻面）拿着，将梭编器 b 的线挂在左手上，用梭编器 a 制作环②的桥（参考 p.72 的“制作桥”）。

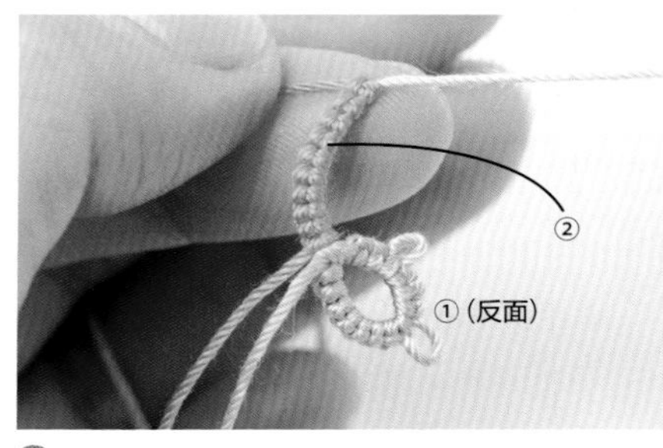

3 环②的桥完成了。

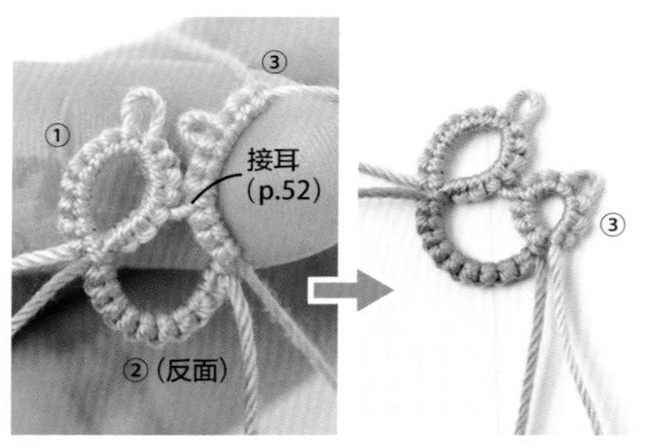

4 翻转环②，并用梭编器 a 边在环①的耳上接耳，边制作环③。

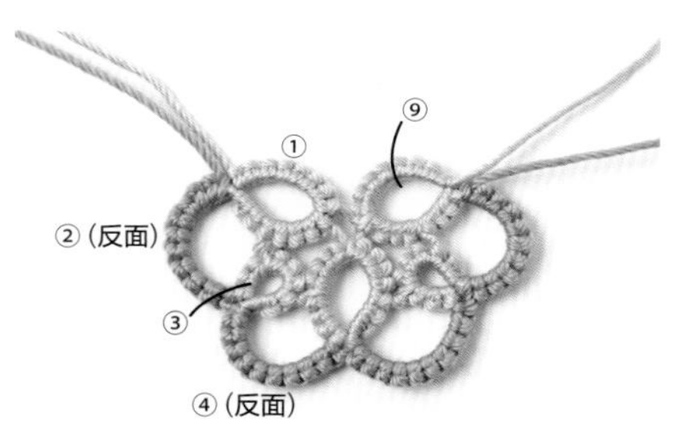

5 按步骤 **2～4** 的要领，交替制作桥和环，直到环⑨。

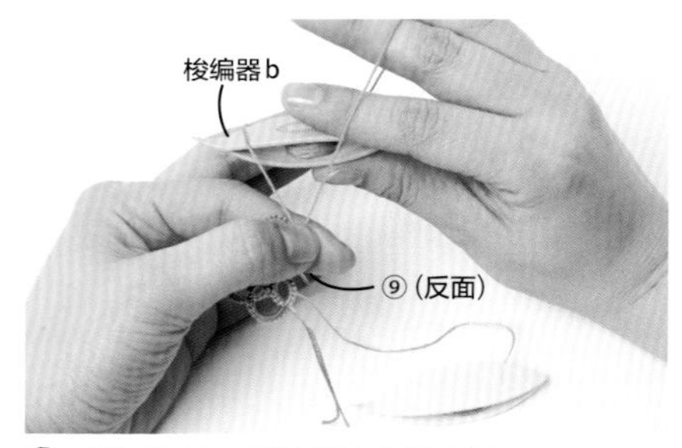

6 翻转环⑨，用梭编器 b 制作环⑩。

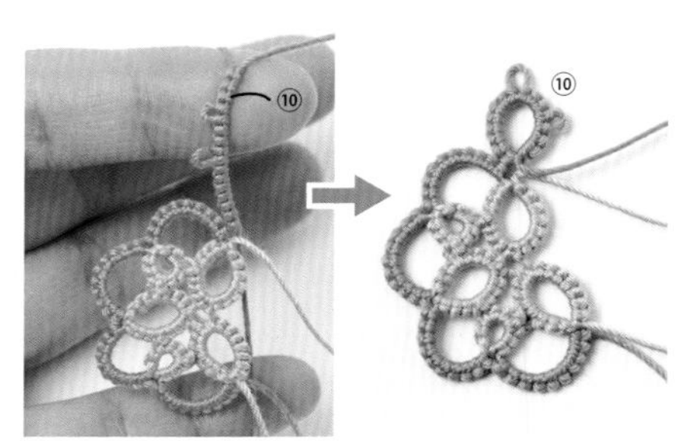

7 边梭编指定的针数，边拉梭编器 b 的线作成环。

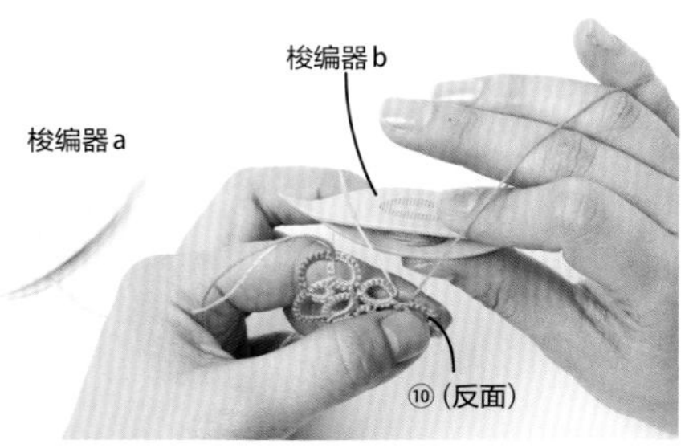

8 翻转环⑩，梭编器 a 的线挂在左手上，用梭编器 b 制作桥⑪。

9 桥⑪就完成了。

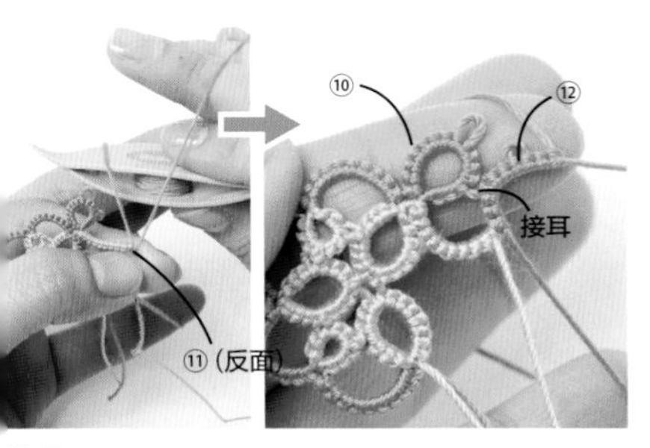

10 翻转环⑪，用梭编器 b 边和环⑩接耳，边梭编环⑫。

11 ⑫的环就完成了。

12 按步骤 **8～11** 的要领，梭编至环⑱，留约长 5cm 的线断线，进行线的收尾（参考 p.42）。

梭编的基础花片 花样 Y-1～4 …p.17

材料

Y-1 丝线 / 浅绿色、杏黄色 …各 1.5m

Y-2 丝线 / 米色、杏粉色 …各 1.5m

Y-3 丝线 / 米色、杏粉色 …各 1.5m
角珠 / 玫瑰金色 …24 颗

Y-3 丝线 / 米色、杏粉色 …各 1.5m
角珠 / 玫瑰金色 …32 颗

工具

2 个梭编器、穿珠针（仅 **Y-3**、**4**）、10 号蕾丝钩针、剪刀、木工胶、牙签、量尺

制作方法

参考花样 **Y**，针数相同换线的颜色，**Y-3**、**4** 是加入了珠子制作。

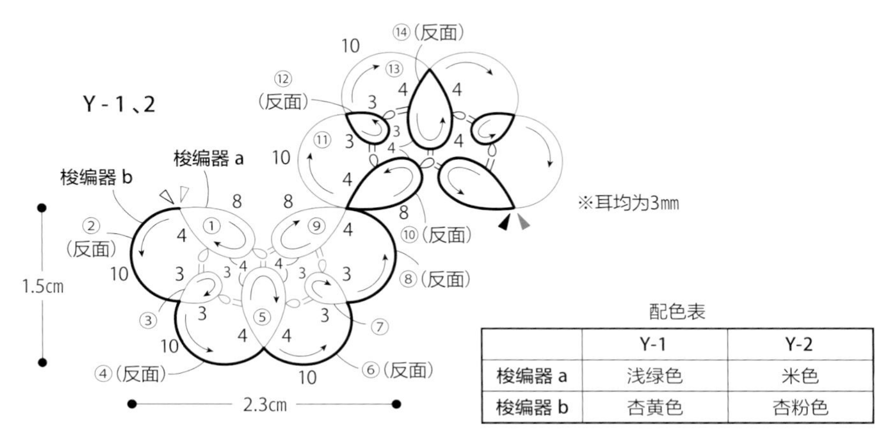

配色表

	Y-1	Y-2
梭编器 a	浅绿色	米色
梭编器 b	杏黄色	杏粉色

Y-3

分别在梭编器 a、b 上的线穿入 12 颗珠子（参照 p.48）绕在梭编器上开始制作

角珠
梭编器 a（米色）
梭编器 b（杏粉色）
1.7cm
2.7cm

（Y-3、4 通用）
梭编完环⑨后，将珠子移靠在环⑨的一旁（参考 p.59）
不放入珠子的耳为 3mm

Y-4

分别在梭编器 a、b 上的线穿入 16 颗珠子（参照 p.48）绕在梭编器上开始制作

角珠
梭编器 a（米色）
梭编器 b（杏粉色）
1.8cm
2.7cm

花样 Y 的套索项链…p.33

尺寸 宽 5m 长 76cm

材料

丝线 / 米色 …43m
杏粉色 …38m

角珠 / 玫瑰金色 …984 颗

工具

2 个梭编器、穿珠针、10 号蕾丝钩针、剪刀、木工胶、牙签、量尺

制作方法的重点

制作大件物品时，绕入大概数量的珠子。绕线时不指定数量，"10m 长穿入 25～28cm的珠子"(◎)，待线用完边准备◎接入新线边制作。

※ 此作品是先梭编第 1 行，第 2 行是边和第 1 行相连边制作。

❶ 第 1 行是将 28cm长的珠子穿在 10m 的米色线上（参考 p.48"将珠子穿在线上"）

❷ 按下列顺序绕线（参照 p.59"将珠子绕在梭编器上"）

空绕 20 次→重复（10 颗珠子 + 空绕 9 次）
→待珠子用完后从另一侧的线头上再次穿入珠子，10m 全都绕（此为**梭编器 a**）

❸ 杏粉色线是按步骤①、②的要领将步骤① 28cm的珠子换成 25cm、步骤②的 10 颗珠子换成 8 颗（此为**梭编器 b**）

❹ 参考图示，第 1 行开始使用梭编器 a、b 来制作。中途线用完的话，和步骤❶、❷相同，将珠子和线绕在梭编器上，边参考图示接线边梭编。

❺ 第 2 行的米色和步骤❶、❷相同，杏粉色如下所示。

将 10cm长的珠子穿在线上→空绕 20 次
→ 重复（4 颗珠子 + 空绕 14 次）
→ 待珠子用完后，和步骤❷一样，将 10m 线全都绕入

❻ 用接耳方式，边连接第 1 行边梭编第 2 行

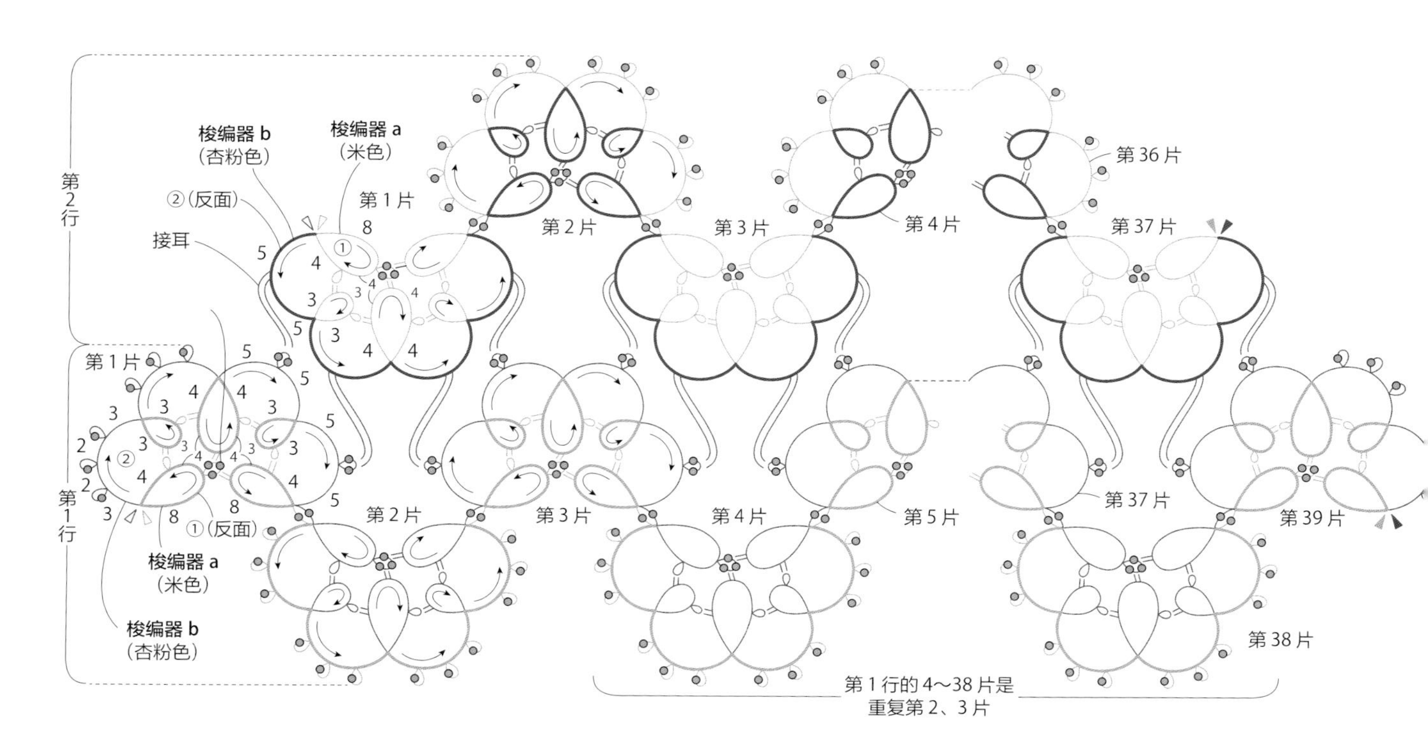

●梭编器的线用完时（接线方法） 以米色线的接线方法进行解说。

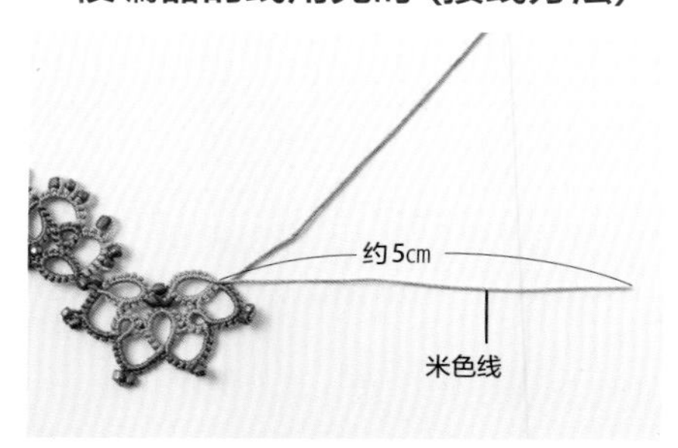

1 留约 5cm的米色线头断线。

2 将米色线绕在梭编器上，距线头 6cm处用手指拿着继续梭编。

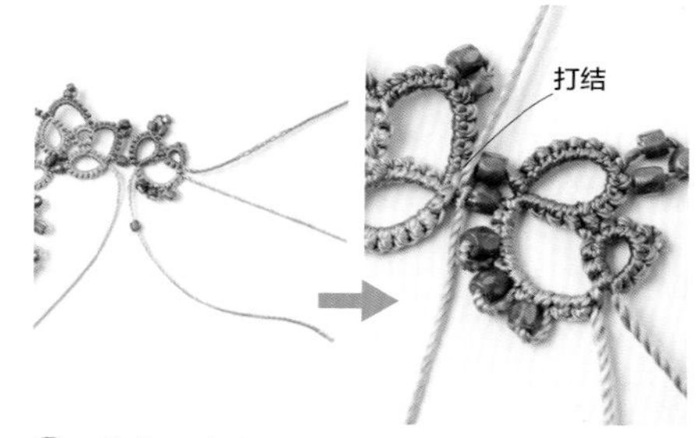

3 接着再稍梭编一些后，将米色线的线头打结，进行线的收尾（参考 p.42）。

开始制作第 2 行

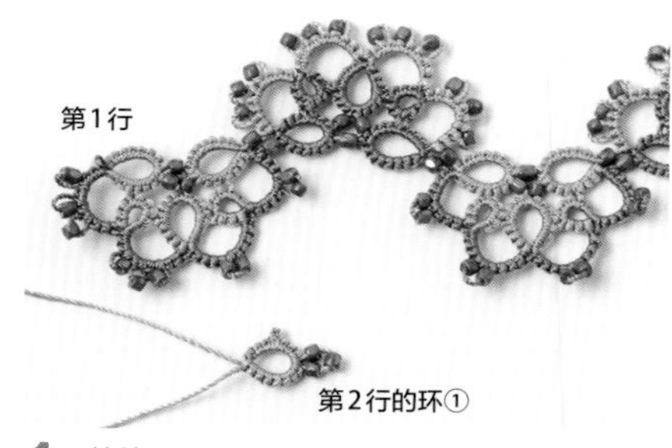

1 梭编环。

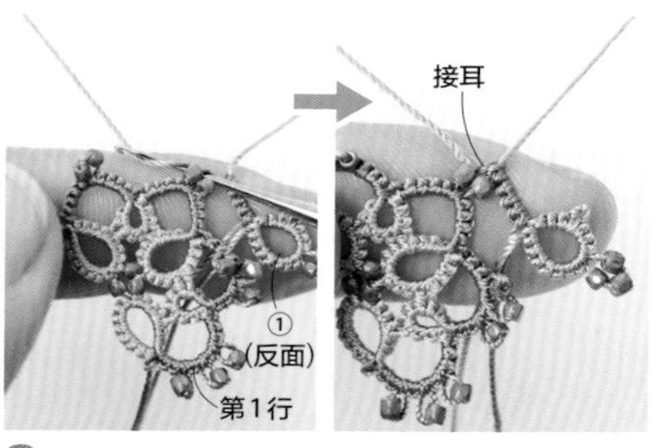

2 参考图示，翻转环①（翻面），并在梭编环②的桥的过程，和第 1 行的指定耳处接耳（参考 p.52）。

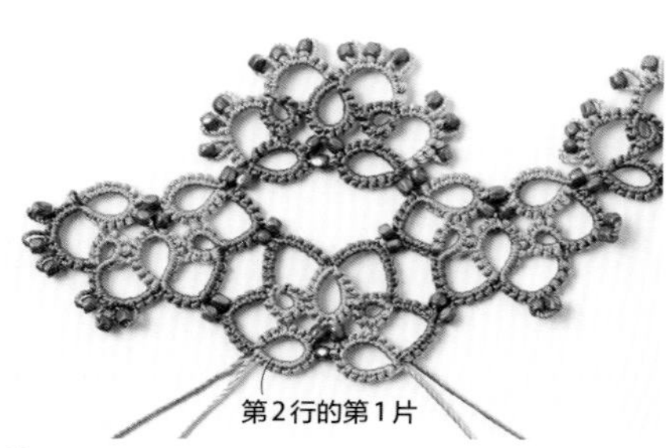

3 第 2 行的第 1 片就完成了（之后，第 3 片、第 5 片等的奇数片和第 1 片进行相同的制作）。

花样Z的制作方法 …p.7

第1行为1个梭编器制作，
第2行为2个梭编器来制作。

线 奥林巴斯（OLYMPUS）梭编蕾丝线·中粗／米色（T202）…6.1m

工具 2个梭编器、10号蕾丝钩针、剪刀、木工胶、牙签、量尺

※为便于理解，更换了线进行解说。

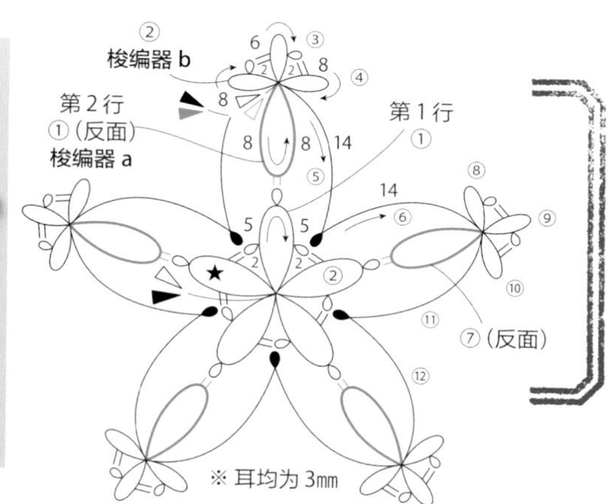

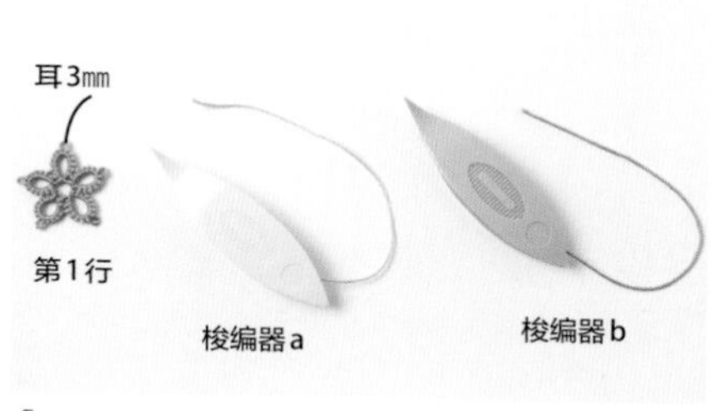

1 第1行是将1.3m的线绕在梭编器上［最后的环（图示★）是，参考p.61“连接成圆Ⅱ”接耳相连］。第2行是将1.6m、3.2m的线分别绕在梭编器a、b上。

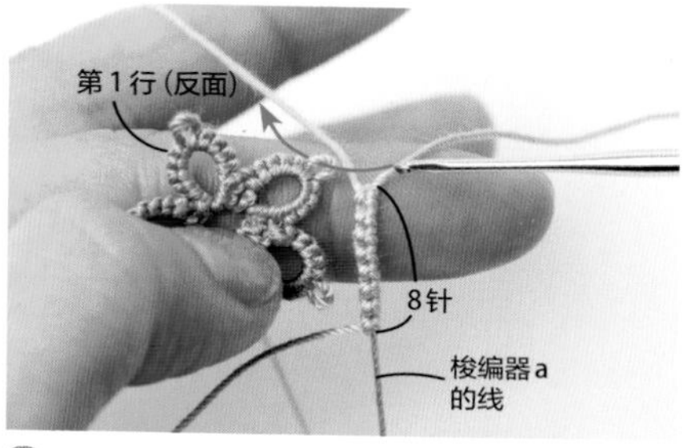

2 第2行。用梭编器a制作环①的8针。在第1行的耳上插入蕾丝钩针，进行接耳（参考p.52）。

3 接耳完成了。

4 接着梭编8针，拉动梭编器上的线制作成环。

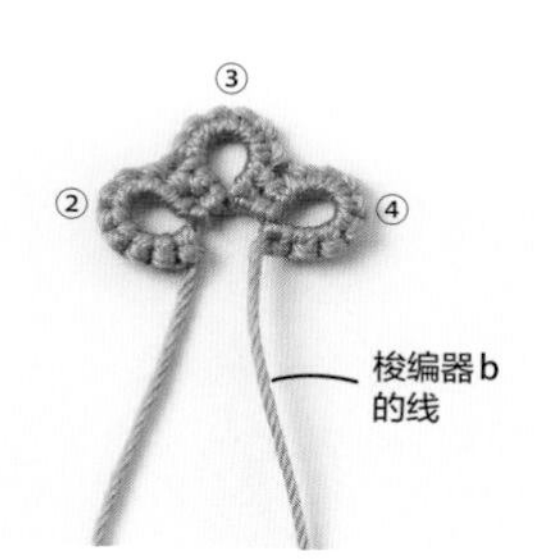

5 用梭编器b制作环②～④（环③和④开始的正结，和p.52的步骤**2**相同）。

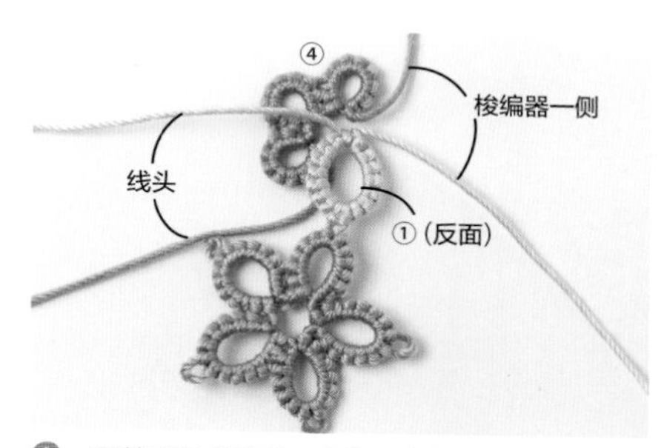

6 翻转环①（翻面），环④和底部对接。

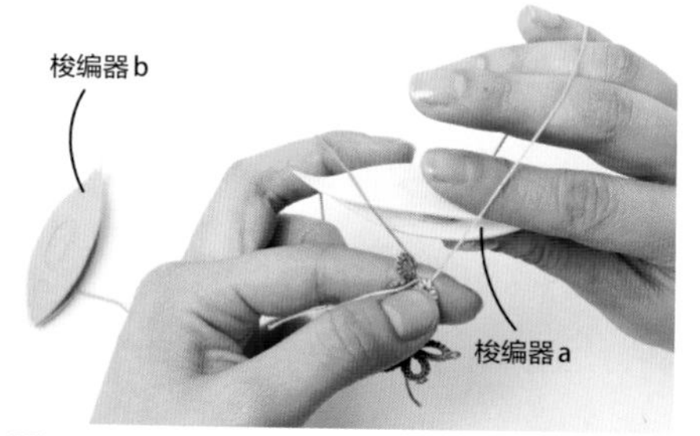

7 将环①和④一起拿着，梭编器b的线挂在左手上，用梭编器a制作环⑤的桥（参考p.72的“制作桥”）。

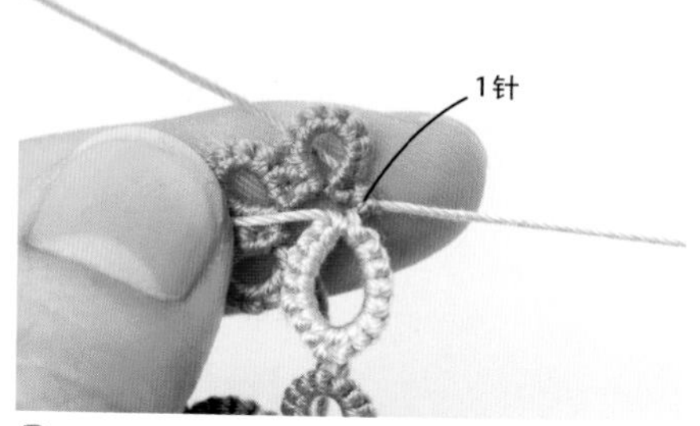

8 在环①和环④紧边处梭编1针。

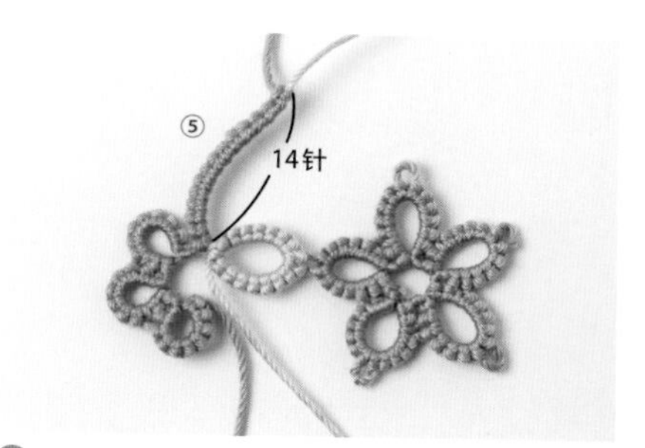

9 共梭编14针，环⑤的桥就完成了。

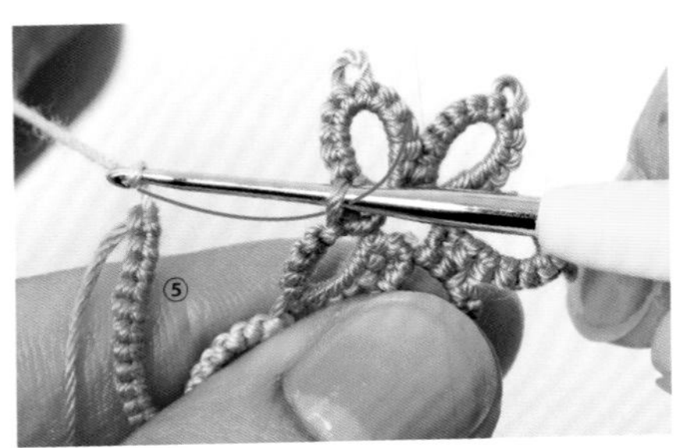

10 接着接耳。在第 1 行的耳内插入蕾丝钩针，挂梭编器 a 的线带出。

11 取下蕾丝钩针，穿过梭编器 a。

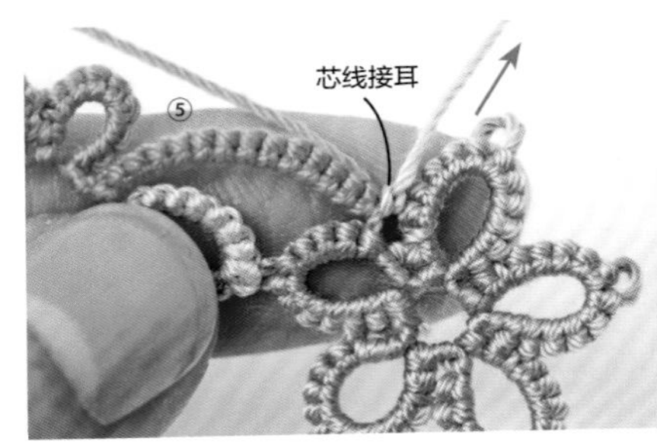

12 拉动梭编器 a 的线。芯线接耳就完成了。

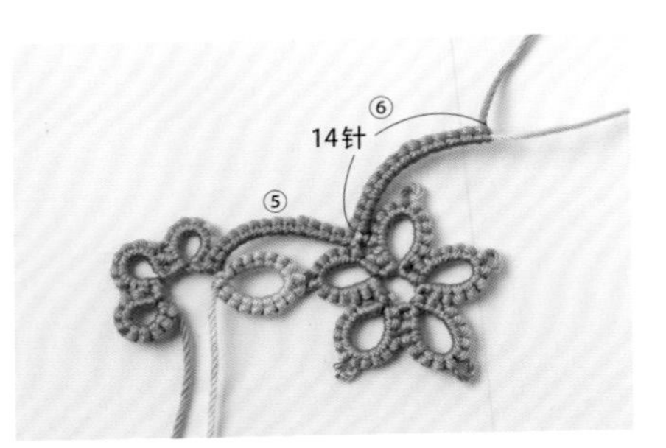

13 接着梭编环⑥的桥（14 针）。

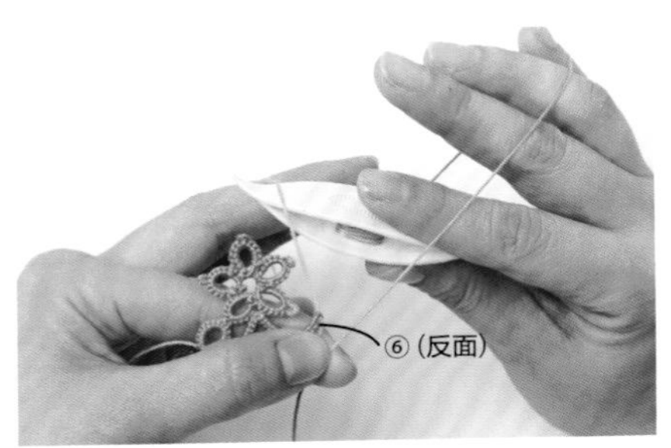

14 翻转环⑥，用梭编器 a 制作环⑦。

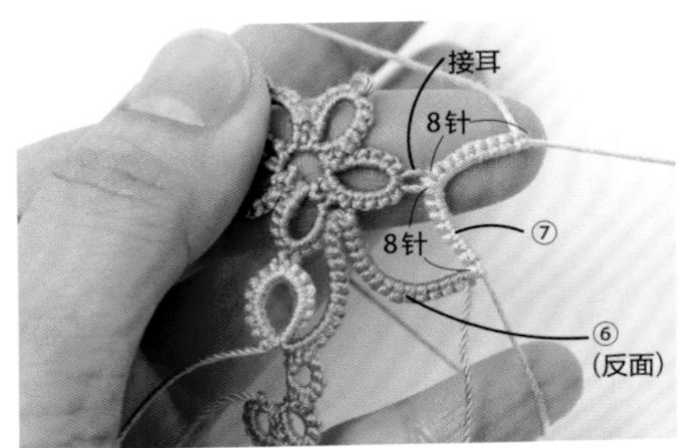

15 环⑦和环①相同，制作过程中，在第 1 行的耳上接耳。

16 拉动梭编器 a 的线，制作成环。环⑦就完成了。

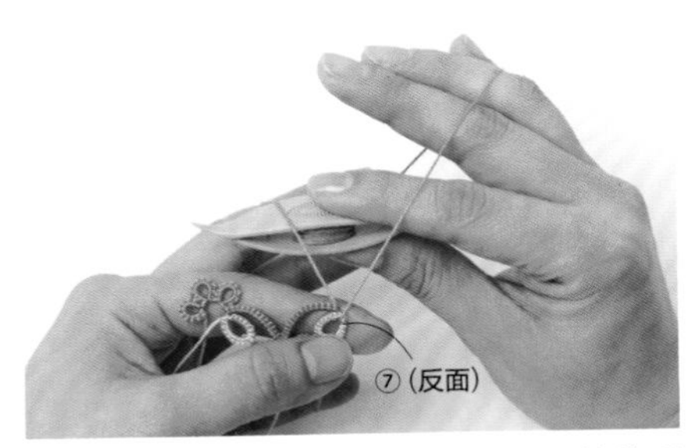

17 翻转环⑦，和环②～④相同，梭编环⑧～⑩。

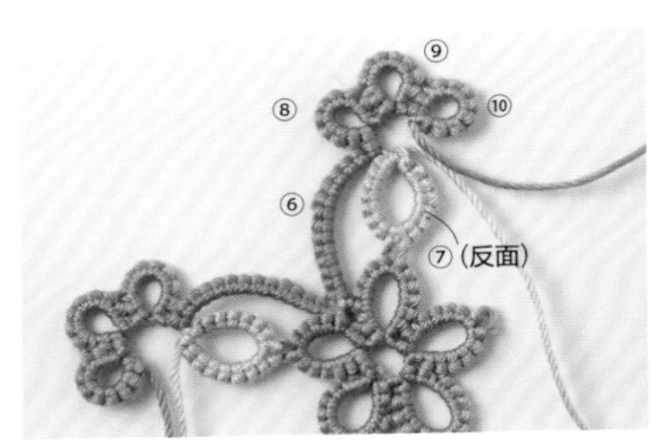

18 环⑧～⑩就完成了。

19 重复 3 次环⑤～⑩，接着梭编桥、芯线接耳、桥。

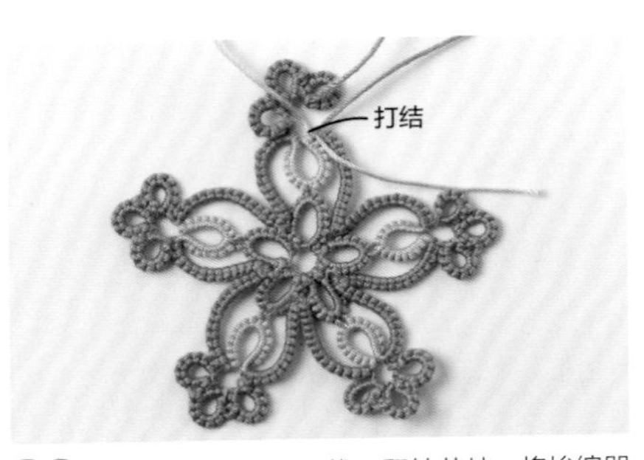

20 留约 5cm的线头断线，翻转花片。将梭编器 a 的 2 根线头打结，进行线的收尾。

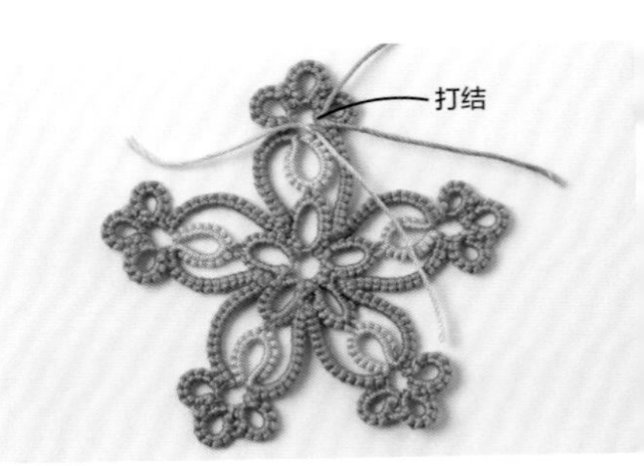

21 打结梭编器 b 的 2 根线头，进行线的收尾。

编的基础花片 花样 Z-1～3 …p.17

材

1 丝线 / 桃粉色 …5.6m

2 丝线 / 紫红色、粉色 … 各 1.3m　亮粉色 …3m

3 丝线 / 亮粉色、粉色 … 各 1.3m　紫红色 …3m

具

个梭编器、10 号蕾丝钩针、剪刀、木工胶、牙签、量尺

作方法

考花样 **Z**，按针数相同更换线的颜色制作，

1 均为桃粉色，

2、**3** 为指定配色，同样方法制作。

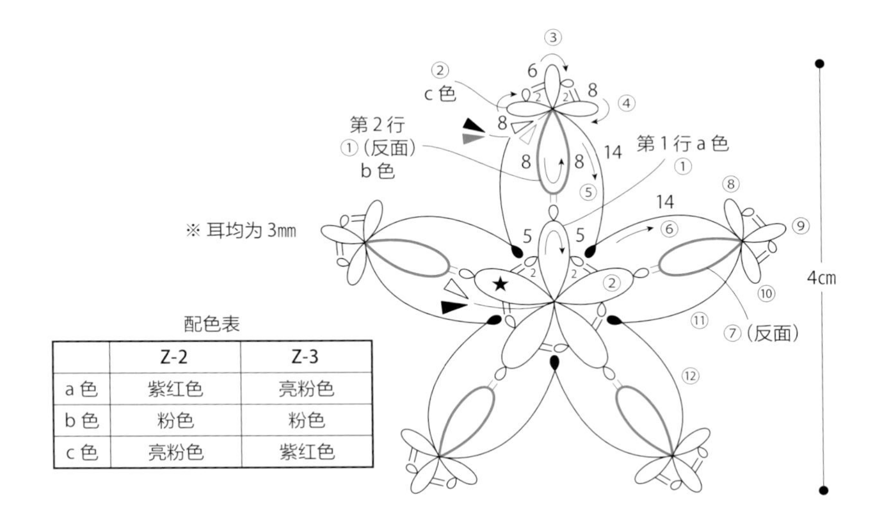

配色表

	Z-2	Z-3
a 色	紫红色	亮粉色
b 色	粉色	粉色
c 色	亮粉色	紫红色

样 Z 的项链 …p.28

寸　总长 65㎝（花片除外）

料

丝线 / 粉色 …8.3m　紫红色 …3m　亮粉色 …1.3m

特小圆米珠 / 珍珠 … 长 55㎝ +65 颗

龙虾扣 / 消光金（约 10㎜ × 5㎜）…1 个

工具

2 个梭编器、穿珠针、10 号蕾丝钩针、剪刀、

木工胶、牙签、量尺

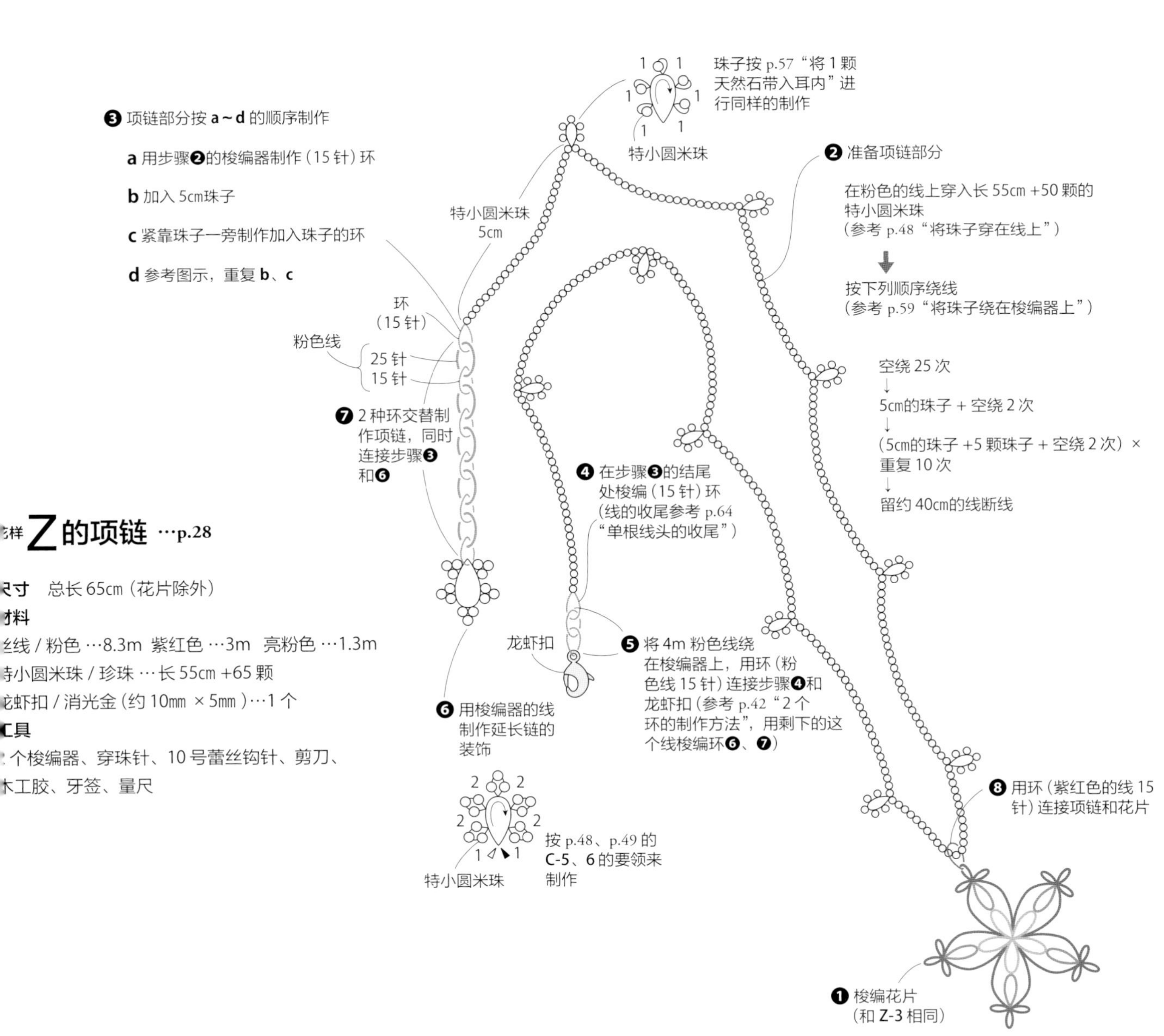

山中惠 Megumi Yamanaka
和手工作家、姑妈荒木孝子共同成立了"紫罗兰（BJ sumire）"培训班。
擅长制作将珠子、缎带等不同材料与梭编蕾丝组合在一起的作品，运用不同材料的混搭效果，设计富有特色的作品。

绫（aYa）
任职于"紫罗兰（BJ sumire）"培训班。
对使用珠子和丝线创作的纤细梭编蕾丝作品十分有兴趣，师从荒木孝子和山中惠，擅长活用梭编蕾丝制作技法创作适合在日常生活中使用的饰品。

日文原版图书工作人员
书籍设计 / 崛江京子（netz inc.）
摄影 /（封面、P1~33）三好宣弘（RELATION）
（制作过程）中辻涉
款式 / 神野里美
摹写 / 米谷早织
编辑 / 冈野丰子（Little Bird）

摄影协助
AWABEES
UTUWA

原文书名：はじめてのモチーフA to Z タティングレース
原作者名：山中惠、aYa
HAJIMETE NO MOTIF A to Z TATTING LACE by Megumi Yamanaka, aYa

Original Japanese edition published by Asahi Shimbun Publications Inc
This Simplified Chinese language edition is published by arrangement with Asahi Shimbun Publications Inc, Tokyo in care of Tuttle-Mori Agency, Inc., Tokyo through Shinwon Agency Co., Beijing Representative Office

著作权合同登记号：图字：01-2020-6538

图书在版编目（CIP）数据

梭编蕾丝完全技法：A-Z /（日）山中惠，（日）绫著；虎耳草咩咩译. -- 北京：中国纺织出版社有限公司，2023.5（2024.10重印）
ISBN 978-7-5229-0277-7

Ⅰ.①梭… Ⅱ.①山… ②绫… ③虎… Ⅲ.①钩针－编织 Ⅳ.①TS935.521

中国国家版本馆CIP数据核字（2023）第002006号

责任编辑：郭 婷　　责任校对：寇晨晨　　责任印制：王艳丽

中国纺织出版社有限公司出版发行
地址：北京市朝阳区百子湾东里 A407 号楼　邮政编码：100124
销售电话：010—67004422　传真：010—87155801
http://www.c-textilep.com
中国纺织出版社天猫旗舰店
官方微博 http://weibo.com/2119887771
北京雅昌艺术印刷有限公司印刷　各地新华书店经销
2023 年 5 月第 1 版　2024 年 10 月第 3 次印刷
开本：787×1092　1/16　印张：7
字数：100 千字　定价：59.80 元

凡购本书，如有缺页、倒页、脱页，由本社图书营销中心调换